河南地球科学通报

2019 年卷

河南省地质学会
河南省国土资源科学研究院　　组织编写

中国矿业大学出版社

内 容 简 介

《河南地球科学通报》（2019年卷）收录的论文主要来自河南省地勘单位中的地质科技人员，其专业范围涵盖了矿产地质、水工环地质、方法技术和其他等几方面的内容，从不同的角度和视野深入、系统地探讨了矿产地质等方面出现的一系列问题及其防治措施和方法。该书本着为广大地质科技工作者学习交流、促进地质科技发展和青年地质科技人员成长服务的初衷，由河南省地质学会、河南省国土资源科学研究院组织编写。

图书在版编目（C I P）数据

河南地球科学通报. 2019年卷 / 河南省地质学会，
河南省国土资源科学研究院组织编写. —徐州：中国矿
业大学出版社，2019.7
 ISBN 978-7-5646-4503-8

 Ⅰ.①河… Ⅱ.①河… ②河… Ⅲ.①地球科学－文
集 Ⅳ.①P-53

 中国版本图书馆 CIP 数据核字（2019）第 145334 号

书 名 河南地球科学通报（2019年卷）
组织编写 河南省地质学会 河南省国土资源科学研究院
责任编辑 姜 华
出版发行 中国矿业大学出版社有限责任公司
    （江苏省徐州市解放南路 邮编 221008）
营销热线 （0516）83884103 83885105
出版服务 （0516）83995789 83884920
网 址 http://www.cu mtp.co m **E- mail**：cu mtpvip@cu mtp.co m
印 刷 江苏凤凰数码印务有限公司
开 本 889×1194 1/16 **印张** 16 **字数** 460 千字
版次印次 2019年7月第1版 2019年7月第1次印刷
定 价 99.00 元
（图书出现印装质量问题，本社负责调换）

目　　录

其　他

矿 产 地 质

青海省门源县克克赛勘查区
地质地球化学特征及评价预测

徐镇华，张　　晨，禹明高

摘　　要: 克克赛勘查区属于北祁连成矿带托莱山-大坂山成矿亚带红沟火山岩型铜、金矿带。通过对勘查区开展 1∶1 万土壤地球化学测量，依据异常下限值的 1 倍、2 倍、4 倍绘制各单元素异常，结合成矿地质条件，分析了元素组合特征、综合异常特征，圈定 11 个综合异常。经初步查证发现了良好的找矿线索，为下一步找矿工作指明了方向。

关键词: 克克赛勘查区;成矿地质条件;地球化学异常特征;评价预测

克克赛勘查区(图 1)属于北祁连铜、金、铅、锌成矿带托莱山-大坂山成矿亚带红沟火山岩型铜、金矿带[1]。多年来，围绕红沟铜矿、松树南沟金矿、中多拉金矿、巴拉哈图金矿等一系列与火山岩有关的矿床、矿(化)点开展了勘查和研究工作[2-6]，取得了较大成果。土壤地球化学测量作为一种有效、快速的直接找矿方法得到了验证[7-8]。2015 年河南省有色金属地质矿产局第六地质大队在勘查区开展了以土壤地球化学测量为主的地质勘查工作。通过对元素异常组合、异常分布特征等土壤地球化学特征进行综合分析，结合勘查区成矿地质条件，对异常进行初步查证、剖析和解释，以指导下一步的地质找矿工作。

1　区域地质背景

勘查区位于祁连造山带北祁连造山亚带中东段。区域出露地层有古元古界、中元古界、奥陶系、志留系、二叠系、三叠系、侏罗系、古近系、新近系、第四系。其中上奥陶统扣门子组是一套中性-中基性的火山岩夹碎屑岩及碳酸盐岩组成的深海相沉积，中基性火山岩含铜丰度平均值达 100×10^{-6}，高出克拉克值达 3～5 倍;含金丰度 11×10^{-4}～42×10^{-9}，平均值达 30×10^{-9}，是区域铜、金矿的主要赋矿层和矿源层[9-10];第四系以剥蚀堆积作用为主，其阶地底部沙砾层近代河漫滩及河床是青海省沙金主要赋集场所。区域位于北祁连造山亚带与中祁连元古宙古陆块体结合部位北侧，区内构造以断裂为主。大坂山断裂是北祁连造山亚带与中祁连元古宙古陆块体构造单元的分界，在其北侧依次形成较多的次级断裂，次级断裂附近的岩石破碎蚀变及片理化现象发育，形成了多条与区域构造线方向一致的破碎蚀变带，与金矿化有密切的空间关系。区域岩浆侵入活动强烈、频繁，持续时间较长，并表现出多期次、大规模的特征。主要为晚奥陶世、早志留世岩浆活动，岩性以中性和中酸性岩为主。在空间展布上与区域构造方向一致，呈 NW～SE 向带状分布。

徐镇华:男,1985 年生。工程师,主要从事矿产勘查工作。河南省有色金属地质矿产局第六地质大队。
张晨:河南省有色金属地质矿产局第六地质大队。
禹明高:河南省有色金属地质矿产局第六地质大队。

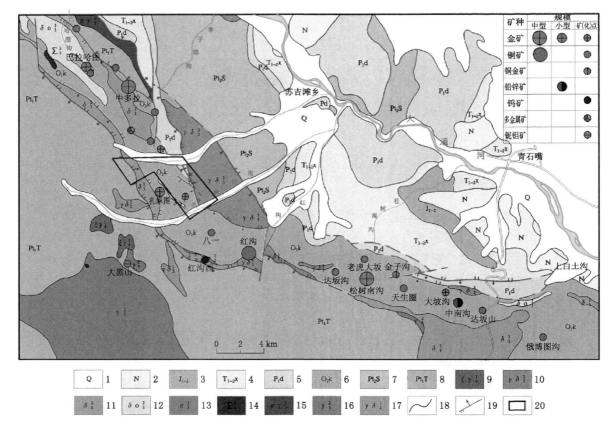

图 1 克克赛勘查区地质矿产简图

1——第四系;2——古近系和新近系;3——侏罗系;4——三叠系西大沟组;5——二叠系大黄沟组;
6——上奥陶统扣门子组;7——中元古界石英片岩组;8——古元古界托赖岩群;9——加里东晚期钾长花岗岩;
10——加里东晚期花岗闪长岩;11——加里东晚期闪长岩;12——加里东晚期石英闪长岩;
13——加里东晚期蛇纹石、化辉石、橄榄岩;14——加里东晚期超基性岩;15——加里东中期伟晶花岗岩;
16——加里东中期花岗岩;17——晋宁期片麻状花岗岩;18——地质界线;19——断层;20——勘查区

2 勘查区地质特征

2.1 地层

  勘查区出露地层有古元古界托赖岩群、上奥陶统扣门子组、二叠系大黄沟组及第四系。古元古界托赖岩群主要分布于勘查区西部,北西向分布,主要岩性为深灰色斜长片麻岩、大理岩、黑云角闪片麻岩及斜长角闪岩。上奥陶统扣门子组分布于勘查区大部,北西向展布,主要岩性为灰绿色片理化凝灰岩、安山岩、蚀变玄武岩夹薄层状粉晶灰岩,灰岩中局部见铅锌矿化和矽卡岩型铜矿化,与上覆地层断层接触。二叠系大黄沟组出露于勘查区中部,呈北西向展布,主要岩性为暗紫色长石砂岩、长石石英砂岩、粉砂岩,底部为复成分砾岩。第四系分布于沟谷、山坡低洼处,由冲洪积、残坡积形成的砂土、砾石层组成(图 2)。

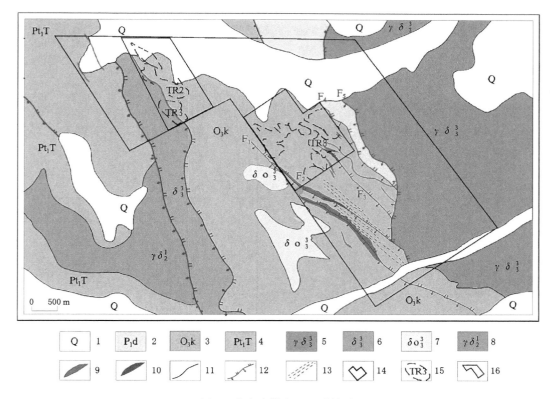

图 2 克克赛勘查区地质简图

1——第四系；2——二叠系大黄沟组；3——上奥陶统扣门子组；4——古元古界托赖岩群；

5——加里东晚期花岗闪长岩；6——加里东晚期闪长岩；7——加里东晚期石英闪长岩；

8——晋宁期片麻状花岗岩；9——破碎蚀变带；10——金矿体；11——地质界线；12——断层；

13——韧性剪切带；14——土壤测量范围；15——土壤地球化学综合异常；16——勘查区

2.2 构造

受区域断裂影响，北西-南东向片理化带和破碎断裂带及韧性剪切带发育，宽 200～250 m，长 500～5 000 m 不等，总体向南西倾，倾角 50°～80°，由各种糜棱岩组成，面理可见，但线理不十分明显，定向性好，具浅构造相韧性剪切带特征。走向上具尖灭再现、膨胀闭合等特征，具有继承性和多期性，多属成矿前和成矿期断裂。

2.3 岩浆岩

勘查区主要岩浆岩为加里东晚期花岗闪长岩、闪长岩、石英闪长岩。这些岩体(脉)走向与区域构造方向一致，且严格受断裂构造控制，对区内成矿作用提供了热动力。

3 勘查区地球化学特征

3.1 本次野外工作情况

勘查区南部以往做过 1∶1 万土壤地球化学测量，本次土壤测量位于勘查区北部，分为两个工作区(图 2)。按测线方位 55°，100 m×20 m 规则测网开展采样，完成面积约 4 km²，采样深度一般距地表20～50 cm,采样介质多为C层,少部分B+C层,完成样品采集1 860件,样品全部过一10～+60目不锈钢筛,根据《地质矿产实验室测试质量管理规范》(DZ/T 0130—2006)进行加工和测试,分析元素为Au、Ag、Cu、Pb、Zn、As、Sb、Bi。

3.2 数据整理成图情况

利用相关软件对测试取得的化验数据进行室内处理,首先计算出各元素平均值、标准方差、异常下限,结合区域地质地球化学特征,对计算的各元素异常下限值做相应调整,最终确定各元素成图异常下限值(表1)。

表1 勘查区土壤测量各元素异常下限值一览表

元素	Au	Ag	Cu	Pb	Zn	As	Sb	Bi
平均值	3.74	0.10	46.75	31.20	88.99	15.30	1.61	0.46
标准方差	2.65	0.04	17.32	13.04	18.38	7.48	0.57	0.16
计算异常下限	9.04	0.18	81.38	57.28	125.75	30.26	2.75	0.78
成图异常下限	6.0	0.2	80.0	60.0	120.0	30.0	3.0	1.0

注:Au为10^{-9};其他10^{-6}。

根据表2,以确定的各元素成图异常下限值T,按T、$2T$、$4T$值绘制元素异常内、中、外带,制成单元素数据异常,综合研究各元素异常在空间上、成因上的关系,结合勘查区地质特征,以异常套合好、元素组合与地质体关系密切为原则,在单元素异常基础上圈定出11个综合异常。其中以Au元素为主综合异常8处,以Pb元素为主综合异常2处,以Sb元素为主综合异常1处。依据综合异常区地质及构造特征、单元素异常特征、综合异常特征及找矿前景,将勘查区综合异常进行了分类排序(表2)。勘查区内1:1万土壤测量所圈定的综合异常对1:5万水系沉积物异常进行了有效分解,进一步缩小了找矿靶区。

表2 勘查区土壤测量综合异常分类排序表

异常编号	特征元素组合	异常分类	评序
TR1	Pb-As	乙$_3$	7
TR2	Pb-As-Ag	乙$_1$	3
TR3	Au-As	乙$_1$	1
TR4	Au-Bi-Cu	乙$_3$	6
TR5	Au-Zn	丙	11
TR6	Au-Zn	丙	10
TR7	Sb-Au-Pb	乙$_1$	2
TR8	Au-Cu-Zn-Pb	乙$_1$	4
TR9	Au-Ag	乙$_2$	8
TR10	Au-Zn-As-Ag	乙$_2$	5
TR11	Au-Zn	丙	9

3.3 主要综合异常特征及查证情况

3.3.1 TR3 综合异常

位于勘查区西部南端,TR3 综合异常呈北西向椭圆状展布,南东向未封闭,元素组合以 Au、As 为主,伴生 Ag、Sb、Pb 等。该综合异常强度较高,规模较大,异常套合较好。其中 Au 元素异常面积 0.082 km²,浓度分带和浓集中心明显,有明显的内、中、外带,异常峰值 7 700×10^{-9},平均值 194.94×10^{-9},强度高,且连续性、渐变性较好;As 元素异常面积 0.070 km²,浓度分带和浓集中心明显,有较明显的内、中、外带,异常峰值 201×10^{-6},平均值 65.69×10^{-6},强度高,且连续性、渐变性较好(表 3、图 3)。

表 3　　　　　　　　　　　　TR3 综合异常特征参数表

元素	最高值	平均值	衬度	标准方差	变化系数	面积/(km²)	规模	浓度分带
Au	7 700	194.94	32.49	1 171.84	6.01	0.082	2.648	内、中、外
Ag	0.74	0.34	1.72	0.18	0.51	0.032	0.056	中、外
Cu	113	102.7	1.28	14.51	0.14	0.003	0.003	外
Pb	367	179.26	2.99	116.17	0.65	0.010	0.029	内、中、外
Zn	214	147.33	1.23	34.64	0.23	0.010	0.012	外
Sb	18.9	6.31	2.11	3.26	0.52	0.056	0.118	内、中、外
As	201	65.69	2.19	32.45	0.49	0.070	0.153	内、中、外

注:Au 为 10^{-9};其他 10^{-6}。

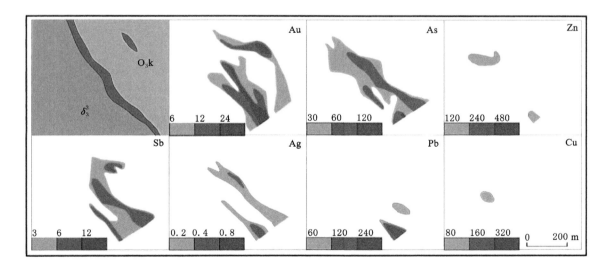

图 3　TR3 综合异常剖析图

3.3.2 TR2 综合异常

位于 TR3 综合异常北侧,TR2 综合异常呈北西向带状展布,元素组合以 Pb、As、Ag 为主,伴生 Au、Sb、Zn 等。该综合异常强度较高,规模较大,异常套合较好。Pb 元素异常面积 0.066 km²,浓度分带和浓集中心明显,有明显的内、中、外带,异常峰值 1 233×10^{-6},平均值 160.98×10^{-6},强度高,且连续性、渐变性较好。As 元素异常面积 0.59 km²,浓度分带和浓集中心明显,有较明显的内、中、外带,异常峰值 313×10⁻⁶,平均值 62.43×10⁻⁶,强度高,且连续性、渐变性较好(表 4、图 4)。

表 4 　　　　　　　　　　　　　　　　TR2 综合异常特征参数表

元素	最高值	平均值	衬度	标准方差	变化系数	面积/(km²)	规模	浓度分带
Au	39.6	19.85	3.31	10.45	0.53	0.033	0.109	内、中、外
Ag	2.08	0.47	2.36	0.53	1.11	0.038	0.089	内、中、外
Pb	1 233	160.98	2.68	214.69	1.33	0.066	0.178	内、中、外
Zn	1 023	303.33	2.53	354.98	1.17	0.014	0.036	内、中、外
Sb	60.7	8.53	2.84	13.68	1.60	0.027	0.077	内、中、外
As	313	62.42	2.08	53.35	0.85	0.059	0.122	内、中、外

注:Au 为 10⁻⁹;其他 10⁻⁶。

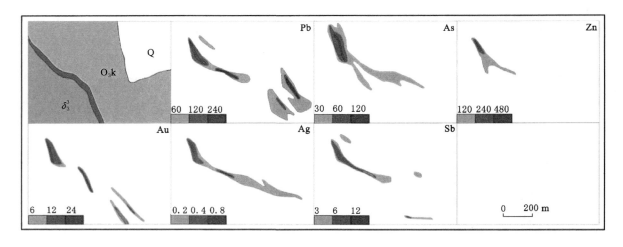

图 4 　TR2 综合异常剖析图

TR2、TR3 异常区出露岩性为细粒闪长岩和上奥陶统扣门子组片理化安山质凝灰岩、安山岩等。在异常浓集中心发现一条破碎蚀变带,为细粒闪长岩和扣门子组接触带,呈北西向展布,南东向延伸出勘查区部分为扎麻图金矿(小型,图 1)。勘查区内破碎蚀变带长约 2 000 m,宽 15～50 m,主要为褐铁矿化、黄铁矿化、硅化及绿泥石化等,地表采样 Au 品位 0.21×10⁻⁶～0.63×10⁻⁶。异常区发现一处遥感异常,见北西向线性构造及环形影像;作为金矿前缘晕元素的 As、Sb 元素异常发育,推测金矿(化)体剥蚀程度较低。因此 TR2、TR3 异常区可作为勘查区今后的重点工作区域之一,开展进一步的异常查证工作。

3.3.3　TR8 综合异常

位于勘查区中部,TR8 综合异常呈北西向椭圆状展布,元素组合以 Au 为主,伴生 Cu、Ag、Pb、Zn 等。该异常强度一般,各元素套合较好。其中 Au 元素异常面积 0.073 km²,浓度分带和浓集中心较明显,有较明显的内、中、外带,异常峰值 92.1×10⁻⁹,平均值 21.2×10⁻⁹(表 5、图 5)。

表 5 **TR8 综合异常特征参数表**

元素	最高值	平均值	衬度	标准方差	变化系数	面积/(km²)	规模	浓度分带
Au	92.1	21.2	3.53	19.46	0.92	0.073	0.258	内、中、外
Ag	1.14	0.30	1.51	0.20	0.67	0.039	0.060	内、中、外
Cu	111	91.7	1.15	10.84	0.12	0.014	0.106	外
Pb	1 141	173.89	2.90	305.06	1.75	0.023	0.066	外
Zn	624	177.75	1.48	100.59	0.56	0.052	0.077	内、中、外
Bi	1.96	1.46	1.46	0.29	0.20	0.038	0.055	外

注:Au 为 10^{-9};其他 10^{-6}。

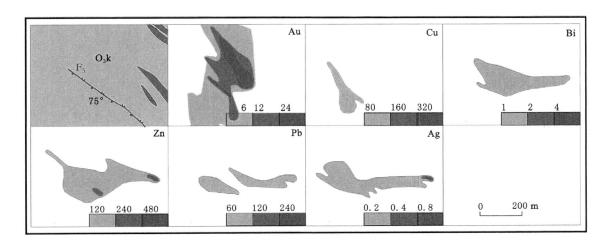

图 5 TR8 综合异常剖析图

TR8 异常区出露岩性为细粒闪长岩和上奥陶统扣门子组片理化安山质凝灰岩、安山岩等。在异常区东南部发现一条破碎蚀变带,走向北西-南东向,长度超过 2 000 m,异常区内长度超过 500 m,宽 2~20 m,岩石裂隙发育,较为破碎,主要蚀变为硅化、褐铁矿化、黄铁矿化及孔雀石化等,地表采样 Au 品位 0.02×10^{-6}~0.19×10^{-6},Cu 品位 0.10%~1.50%。在异常区 Au 异常浓集中心发现一条逆断层,走向北西-南东向,倾向南西,倾角 60°~75°,长度超过 2 000 m,异常区内长度超过 500 m,宽 5~12 m,岩石裂隙发育,较为破碎,主要蚀变为褐铁矿化、黄铁矿化及孔雀石化等。异常区内在断层施工了探槽,揭露发现一条金矿体,工程见矿厚度 1.45 m,Au 品位 4.24×10^{-6},估算金矿石量(334)50 112 t,金金属量 212.47 kg,显示该异常具有较好的找矿前景。因此,该异常区可作为勘查区今后的重点工作区域之一,开展进一步的异常查证工作。

4 结论

(1)勘查区具有良好的成矿地质条件,即托莱山-大坂山成矿亚带红沟火山岩型铜、金矿带。勘查区新发现的矿(化)体成矿地质条件与区域所发现矿床(点)类似,赋存于上奥陶统扣门子组安山质凝灰岩、安山岩等北西-南东向的破碎蚀变带、上奥陶统扣门子组与岩浆岩内外接触带附近,主要蚀变为硅化、褐铁矿化、黄铁矿化及孔雀石化等,为重要的找矿标志。

(2)勘查区的主要成矿元素为 Au 和 Cu 等有色金属,所圈定综合异常均分布于上奥陶统扣门子组北西-南东向的破碎蚀变带、上奥陶统扣门子组地层与岩浆岩内外接触带附近。勘查区发现的金矿体初步探求(334)金金属量 212.47 kg,显示勘查区具有较好的找矿前景。

(3)通过对勘查区 1:1 万土壤地球化学异常进行查证发现矿化线索,显示土壤地球化学测量对勘查区金及多金属矿找矿的有效性,充分说明在勘查区开展大比例土壤地球化学测量是一种快速发现异常、缩小找矿靶区的手段。

(4)根据勘查区综合异常特征及地质成矿条件,圈出了 11 处综合异常,并且进行了初步查证,为勘查区进一步开展地质找矿工作提供了必要依据。

参 考 文 献

[1] 韩生福,杨生德,潘彤,等.青海省第三轮成矿远景区划研究及找矿靶区预测[R].青海省国土资源厅,2005.

[2] 潘彤,王福德.初论青海省金矿成矿系列[J].黄金科学技术,2018,26(4):423-430.

[3] 甘国明,梁向红.青海巴拉哈图金矿床地质特征及成因浅析[J].四川地质学报,2015,35(增刊):11-18.

[4] 王国强,李向民,徐学义,等.青海门源地区红沟铜矿床含矿基性火山岩 LA-ICP-MS 锆石 U-Pb 年龄[J].地质通报,2011,30(7):1060-1065.

[5] 刘建华,燕宁,陈玉华,等.青海松树南沟金矿成矿地质特征及外围找矿前景分析[J].矿产勘查,2011,2(3):260-264.

[6] 伊有昌,陈树云,文雪峰.青海北祁连松树南沟造山型金矿床地质特征及矿床成因[J].黄金,2006,27(10):16-19.

[7] 付怀林,马东升,汪传胜,等.云南省小水井铜金多金属矿床土壤地球化学特征及找矿意义[J].地质找矿论丛,2013,28(1):134-141.

[8] 陈乐柱,肖惠良,鲍晓明,等.广东始兴良源钶铌钽钨多金属矿区勘查地球化学特征及找矿方向[J].矿物岩石地球化学通报,2014,33(4):466-471.

[9] 梁海川,卫岗,刘洪川,等.青海省门源县达坂山地区铜多金属资源评价报告[R].青海有色地质勘查局地质矿产勘查院,2008.

[10] 王福德,李云平,贾妍慧.青海金矿成矿规律及找矿方向[J].地球科学与环境学报,2018,40(2):162-175.

河南海陆过渡相页岩含气性主控因素

瓮纪昌,王　鹍,安西峰

摘　要:随着长宁-威远、焦石坝等区块页岩气勘查开发取得重大突破,中国已成为继美国、加拿大之后第三个实现页岩气商业开发的国家。页岩含气性受多种复杂因素的控制,主要包括页岩的原始有机质丰度、有机质类型、成熟度、矿物组分、物性、微孔隙结构、裂缝发育、构造特征及地层厚度、埋深(温度、压力)、湿度及盖层情况等。通过对河南海陆过渡相页岩气研究区实钻资料进行分析,可知对页岩含气性起主要作用的因素体现在页岩气的生成、聚集及保存三大方面——有机质是影响页岩气生成及赋存的关键;泥页岩层厚度越大,自身封盖性能越好,越有利于页岩气的保存;泥页岩埋深不但影响页岩气的生产和聚集,而且还直接影响页岩气的经济性评价;泥页岩裂缝发育的程度决定了页岩气储量和可能的开采量。

关键词:海陆过渡相;页岩;含气性;主控因素;河南

2011 年 12 月,国土资源部油气资源战略研究中心完成的《全国页岩气资源潜力调查评价及有利区优选报告》中公布的资源量计算结果显示,我国页岩气可采资源量 25.08 万亿 m^3,其中海陆过渡相页岩气可采资源量 8.97 万亿 m^3,占可采资源总量的 35.77%。河南省普遍发育石炭-二叠系海陆过渡相页岩,面积约 6.8 万 km^2,页岩气可采资源量 3.60 万亿 m^3,占华北地台页岩气总可采资源量 5.04 万亿 m^3 的 71.40%,占全国海陆过渡相页岩气总可采资源量 8.97 万亿 m^3 的 40.13%。初步证实河南省上古生界富有机质泥页岩地质基础较好,具有较大的页岩气资源勘探潜力。

2012 年国土资源部第二轮页岩气探矿权首次在河南省设立区块。自获得温县、中牟两区块页岩气探矿权后开展了大量的勘查工作,牟页 1 井率先取得了海陆过渡相页岩气勘查重大发现,郑东页 2 井又取得了重大进展。目前,页岩含气性主控因素研究已成为制约海陆过渡相页岩气勘探突破的关键问题之一。前人通过对页岩含气性影响因素的研究,认为主要包括页岩的原始有机质丰度、有机质类型、成熟度、矿物组分、物性、微孔隙结构、微裂缝、构造特征以及地层厚度、埋深(温度、压力)、湿度及盖层情况等[1-9]。页岩气一般具有大面积分布、连续成藏的特点[10]。本文通过对中牟区块牟页 1 井、郑东页 2 井两口页岩气参数井实钻资料以及区域资料研究发现:页岩含气性在区域上和垂向上存在较大差异,反映了页岩含气性受多种复杂因素的控制[11-12]。研究区对页岩含气性起主要控制作用的因素体现在页岩气的生成、聚集及保存三个方面,生成是基础,聚集是过程,保存是关键。

基金项目:河南省重大科技专项项目"河南页岩气勘查开发及示范应用研究"(151100311000)。

瓮纪昌:男,1968 年 8 月生。工程硕士,教授级高级工程师,主要从事固体矿产、页岩气勘查研究工作。河南豫矿地质勘查投资有限公司,河南省地质调查院,地下清洁能源勘查开发产业技术创新战略联盟。

王鹍:河南豫矿地质勘查投资有限公司,河南省地质矿产勘查开发局第二地质勘查院,地下清洁能源勘查开发产业技术创新战略联盟。

安西峰:河南豫矿地质勘查投资有限公司,河南省航空物探遥感中心,地下清洁能源勘查开发产业技术创新战略联盟。

1　地质背景

研究区位于南华北盆地通许隆起与开封坳陷交汇部位（图 1）。南华北盆地横跨华北地块、华北地块南缘构造带，同时紧邻北秦岭褶皱带，为在华北地台基础之上发育起来的中、新生代叠合盆地[13-15]，后期构造活动强烈，断裂构造发育，主要呈北西西向、北东向和北北东向展布。研究区主要目的层为上古生界二叠系太原组、山西组，在区域上受沉积环境及后期构造改造的影响，分布是相对稳定的。其中，太原组下段沉积期经历了由早期以滨海-沼泽相与滨海-潟湖沼泽相组合为主到晚期以海湾潟湖沼泽相与浅海相组合为主的转变[16]；至太原组上段沉积期，沉积格局经历了以早期滨海潟湖沼泽相与远岸砂坝潟湖相、沼泽相与海湾潟湖沼泽相组合，岩性主要以泥页岩、砂岩、灰岩为主，并夹有薄层煤线。山西组沉积期整体呈现为三角洲沉积体系的景观，其中山西组下段以潮坪沉积为主，主要发育页岩、粉砂质泥页岩、砂岩、碳质泥页岩以及薄煤线，到了山西组上段则以三角洲平原体系为主体，主要发育细砂岩、暗色砂质页岩、页岩以及薄煤线。太原组和山西组地层垂向岩性变化频繁，具有显著的韵律性特征，反映在基地缓慢沉降背景下海平面的频繁变化，多种沉积体系交互发育，平面和垂向上沉积相变化较快，不过总体以水体变浅为特征。

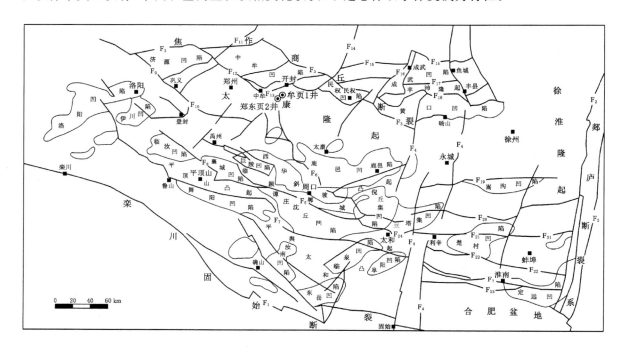

图 1　构造位置图

2　主控因素

研究区目前已完成了牟页 1 井和郑东页 2 井的施工，在对各井泥页岩样品采样测试结果统计分析的基础上（表 1），通过相关性综合对比研究，探寻泥页岩含气性的主控因素。

表1 泥页岩样品分析结果

项目	井号	
	牟页1井	郑东页2井
总有机碳含量（TOC）/平均值 ％	0.22~11.89/2.81	0.58~10.75/2.95
热解峰温（T_{max}）/平均值 ℃	456~600/505	240~600/489
岩石热解生烃潜量（S_1+S_2）/平均值（mg/g）	0.04~0.56/0.19	0.02~0.16/0.06
最大吸附气量/平均值（m³/t）	0.86~3.36/1.79	1.02~4.30/2.35
总含气量/平均值（m³/t）	0.85~4.20/2.09	0.24~6.03/1.40
比表面积/平均值（m²/g）	4.38~26.52/10.58	9.47~28.59/15.85
孔径/平均值 nm	2.35~11.46/8.29	3.35~6.70/4.78
总孔体积/平均值（mL/g）	0.009 63~0.052 79/0.021 3	0.004~0.08/0.020 9
孔隙度/平均值 ％	0.30~4.50/2.65	1.26~2.43/1.83
成熟度/平均值 ％	3.00~3.80/3.50	4.08~4.47/4.21
干酪根类型	Ⅲ	Ⅲ
黏土矿物成分及含量/平均值 ％	伊利石 4~99/54.27 高岭石 0~40/18.82 绿泥石 1~41/10.77 伊-蒙混层 0~44/20.14	伊利石 17~31/23.89 高岭石 2~25/8 绿泥石 1~9/5.22 伊-蒙混层 48~75/66.44
黏土矿物含量/平均值 ％	25~65/48	43~60/52.25

2.1 有机质

有机质是影响页岩气生成及赋存的关键。有机质既是页岩烃类气体生成的物质基础，也是页岩吸附气的主要载体之一；有机质的含量不但决定了页岩的生烃强度、孔隙空间的大小和吸附能力，对富有机质页岩的含气量起决定性的作用。总有机碳含量（TOC）和岩石热解生烃潜量（S_1+S_2）不但是衡量有机质丰度的重要指标，而且 TOC 也是确定页岩气资源潜力的一个重要指标[17-19]。

由 TOC 与含气性间的关系（图2）可知，随着 TOC 增大，总含气量和最大吸附量均具有明显增

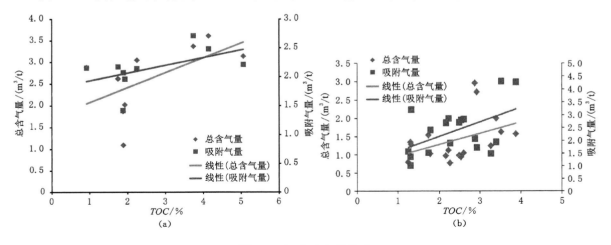

图2 TOC 与含气性关系

（a）牟页1井；（b）郑东页2井

大的趋势,呈现出较好的正相关关系,表明研究区页岩中 TOC 越高,其含气性越好,页岩气资源量也越高[20],这可能是随着 TOC 增大,孔隙表面积和总孔隙体积增加的缘故[21]。由此可知,页岩吸附性能主要受控于 TOC,总体反映有机质对含气性具有明显的控制作用。

有机质成熟度对甲烷吸附能力(极限吸附量 V_L)的影响比较复杂。一方面,随着有机质成熟度的升高,在生排烃过程中可形成更多的纳米级孔隙,从而提供更大的比表面积(S_{BET})和总孔体积用于甲烷分子的吸附和贮存;另一方面,因为生排烃作用使得 TOC 含量降低,削弱了甲烷吸附作用。尽管数据表明 TOC-S_{BET} 与 R_o 呈正相关关系,V_L 与 R_o 呈负相关关系(图3),但这很可能是由于 TOC 含量随着 R_o 的升高而下降、Ⅲ型干酪根对甲烷的吸附能力远大于Ⅰ型和Ⅱ型干酪根等因素造成的[22]。

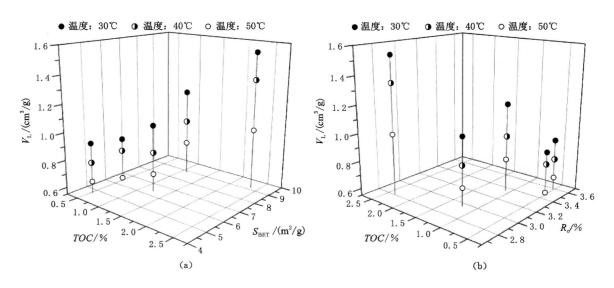

图3 不同温度下 TOC、S_{BET} 及 R_o 与 V_L 关系
(a) TOC、S_{BET} 和 V_L;(b) TOC、R_o 和 V_L

2.2 孔渗性

一般来说,泥页岩比表面积与吸附气量呈正相关性,总孔体积与总含气量呈正相关性。但由图4分析可知,研究区泥页岩孔隙度、比表面积和总孔体积与含气性存在一定的相关性,但相关性不强。其中,孔隙度与吸附气量呈负相关,与总含气量基本不相关;比表面积与总含气量呈弱正相关,与吸附气量的相关性是相反的;总孔体积的表现与比表面积相似。引起这种现象的原因可能为:一是牟页1井样品数量相对较小,代表性不强;二是与实验过程中产生的人工裂缝有关;三是与泥页岩不同的孔隙类型及特征有关。

研究区泥页岩孔隙类型主要为无机孔、有机(孔)缝和微裂缝(图5)。无机孔主要发育粒间孔、晶间孔和溶蚀孔;孔径变化较大,一般为 $50\sim600$ nm。由 BJH 和 DFT 两种测试结果可知,泥页岩孔隙孔喉半径主要集中分布于 $2\sim25$ nm,平均 4 nm,孔隙类型以中孔为主,微孔、大孔亦有分布。普遍发育的微裂缝为页岩气提供了有效的赋存空间;规模较大的构造裂缝是沟通各类微观孔隙的桥梁,在页岩气开采压裂时与矿物相互作用形成相互连通的网络孔隙,为页岩气运移提供重要的渗流通道。

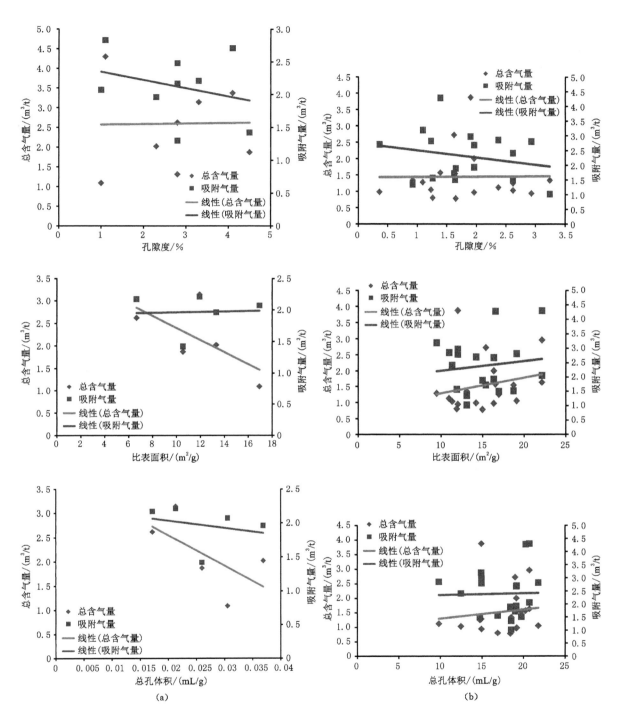

图 4　泥页岩孔隙度、比表面积、总孔体积与含气性关系

(a) 牟页 1 井；(b) 郑东页 2 井

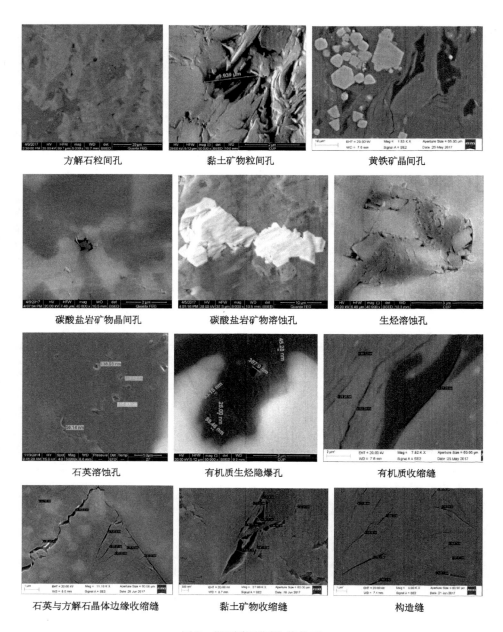

方解石粒间孔　　　　　　黏土矿物粒间孔　　　　　　黄铁矿晶间孔

碳酸盐岩矿物晶间孔　　　　碳酸盐岩矿物溶蚀孔　　　　生烃溶蚀孔

石英溶蚀孔　　　　　　有机质生烃隐爆孔　　　　　有机质收缩缝

石英与方解石晶体边缘收缩缝　　黏土矿物收缩缝　　　　　构造缝

图5　泥页岩不同孔隙类型

2.3　黏土矿物

　　通常情况下,黏土矿物含量的增加能够增加页岩的晶间孔、收缩缝等储集空间,且能够明显增大页岩的比表面积,有利于吸附态气体的贮存和含气量的提升[23-27]。黏土矿物中伊利石含量较高,说明泥页岩成岩作用较高,与高成熟度相对应。

　　牟页1井和郑东页2井泥页岩中黏土矿物都以伊-蒙混层为主,次为伊利石、高岭石、绿泥石(表2)。不同类型黏土矿物其吸附能力不同,由图6可知,伊-蒙混层与含气量为弱的负相关,伊利石与含气量为弱的负相关或不相关,而高岭石、绿泥石与含气量为弱的正相关。这说明研究区泥页岩含气量受黏土矿物影响较弱,不是主要的控制因素。

表 2 黏土矿物含量分析结果

井名	岩性	在黏土矿物中含量/%			
		伊利石	高岭石	绿泥石	伊-蒙混层
牟页1井	灰黑色泥岩	48	20	14	18
	灰黑色泥岩	51	22	14	13
	灰黑色泥岩	77	14	9	0
	灰黑色泥岩	57	23	11	9
	灰黑色泥岩	35	24	12	29
	灰黑色碳质泥岩	42	12	9	37
	深灰色泥岩	35	19	10	36
	灰黑色泥岩	52	16	8	24
	深灰色泥岩	42	21	11	26
	灰黑色泥岩	38	20	14	28
	灰黑色碳质泥岩	63	3	2	32
郑东页2井	灰黑色页岩	7	12		81
	深灰色粉砂质泥岩	20	3	5	72
	深灰色页岩	15	12	9	64
	深灰色页岩	25	12	9	54
	深灰色泥岩	31	16		53
	灰黑色页岩	27	30	9	34
	深灰色泥岩	28	20	8	44
	灰黑色泥岩	35	23	9	33
	深灰色泥岩	34	8	6	52
	深灰色泥岩	11	32		57
	灰黑色泥岩	15	41		44
	灰黑色泥岩	29	52		19
	深灰色泥岩	22	35		43
	深灰色泥岩	22	27		41
	灰黑色泥岩	40	18		42
	深灰色泥岩	17	6		77
	深灰色泥岩	17	6		77
	灰黑色碳质泥岩	29	1		70
	灰黑色碳质泥岩	26			74

2.4 厚度与埋深

页岩层厚度决定着页岩气生成的数量及聚集空间大小;埋深决定了页岩层的温压条件,温度增加会降低富有机质页岩的吸附能力,任何富有机质页岩在高温条件下吸附能力都会明显下降,温度升高1倍,吸附能力下降近2倍,即随着地温的不断增加,富有机质页岩的吸附能力不断下降,游离气的比例不断增加;地层压力的增大可以增强页岩的含气能力,但页岩的吸附能力是不可能无限增大的,当达到饱和后,将不再随压力的增大而增加;相反,页岩层的释压会导致页岩气的解析作用,降低页岩的含气量。

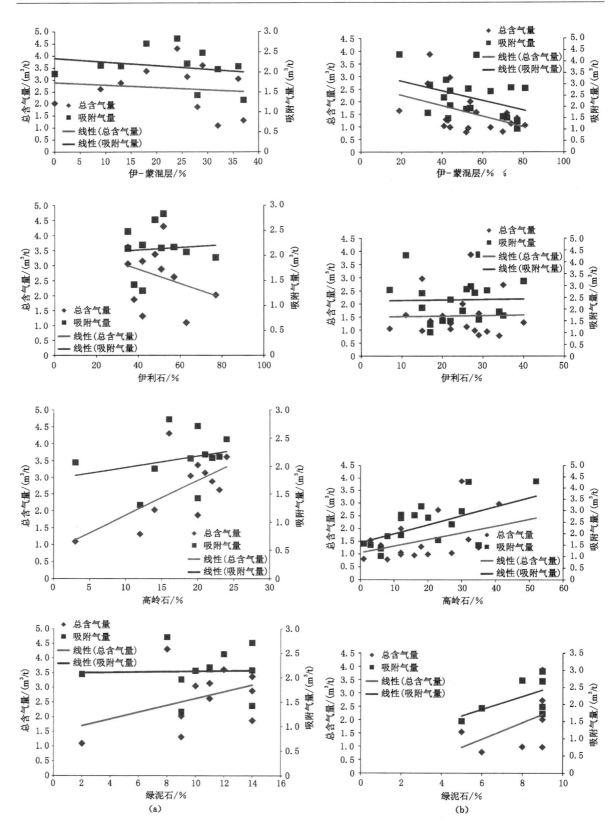

图 6　泥页岩黏土矿物与含气性关系

（a）牟页 1 井；（b）郑东页 2 井

2.4.1 厚度

泥页岩必须达到一定的厚度,才有可能成为有效的烃源岩层和储集层,在一定的条件下形成工业性的页岩气藏。

太原组泥页岩主要分布在中段和下段的上部,泥页岩底部和顶部均为大套灰岩,中间夹一层厚度不等的灰岩。泥页岩单层厚度和累计厚度均较大,单层厚度最大可达 25 m,累计厚度自西向东 20～60 m,顶、底灰岩之间泥页岩地层累计厚度基本保持在 40 m 左右(柴 1 井除外),区域分布较为稳定。

山西组地层多呈砂岩和泥岩不等厚互层夹煤层的特点,泥页岩单层厚度和累计厚度较大,单层厚度最大约 30 m,累计厚度 25～80 m。太原组与山西组相比,泥页岩累计厚度略小,但区域分布较稳定。

泥页岩厚度指标不是孤立的,而是与含气量相关的,只有当泥页岩含气丰度达到一定值时才具有勘探的价值,这也是确定泥页岩厚度的评价标准。对于页岩气储层而言,本身集生、储、盖等多种成藏要素于一体,因此泥页岩层厚度对页岩气充分聚集及有效保存的影响不可忽视。较大的页岩层厚度才能保证气态烃的大量生成并提供充足的储集空间,从而使页岩气得到充分聚集;另外,泥页岩层本身可以作为所赋存天然气的直接盖层,其自身封盖性能对于页岩气的保存具有重要影响。根据盖层的封闭性能,盖层厚度对于封盖性能影响较大。因此,泥页岩层厚度越大,其自身封盖性能越好,越有利于页岩气的保存而不至于大量散失,从而决定着现今页岩的含气性及保有资源储量。

2.4.2 埋深

在地层条件下,泥页岩的埋深不但影响页岩气的生产和聚集,而且还直接影响页岩气的开发成本,因为泥页岩埋深达到一定的深度(一定的温度、压力条件)才能形成烃类气体(包括生物成因气、热成因气)。随着泥页岩层所处埋深的变化,相应的温压条件及其孔隙结构等也随之改变,随着埋深的增加,压力逐渐增大,孔隙度减小,不利于游离气富集,但有利于吸附气的赋存。因此,压力和温度在很大程度上控制着页岩气的聚集和解析作用,进而影响着页岩的含气性。

根据牟页 1 井太原组 JX49 号岩芯样品(井深 2 948.60 m)的等温吸附实验(图 7),在 30 ℃温度条件下,泥页岩的吸附气量在开始阶段随压力的增大而迅速增加;当达到一定压力(6 MPa)之后,泥页岩吸附量增加变得较为缓慢;当达到一定上限压力(13 MPa)之后,泥页岩的吸附气量增加极少,最大吸附气量达到 2.55 m³/t,吸附能力较强。由上述实验情况可知,在温度恒定的条件下,地层压力的增大可以增强泥页岩的含气能力,但泥页岩的吸附能力是不可能无限增大的,当达到饱和后,将不再随压力的增大而增加。相反,泥页岩层的释压会导致页岩气的解析作用,降低泥页岩的含气量。

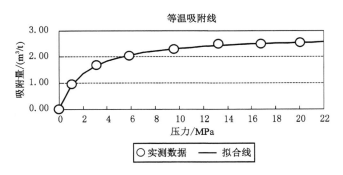

图 7　牟页 1 井太原组 JX49 号样品等温吸附曲线

JX49号样品的现场含气量解析实验结果表明,在开始阶段,泥页岩在地表常温(23.4 ℃)下自然解析,当累计解析时间到60 min后,自然解析基本结束,得到的自然解析气量为260 mL;随后,加温至104 ℃进行解析,当累计解析时间到860 min后,得到的解析气量为9 485 mL,远远大于自然解析气量;为了更加充分地进行解析,加温至120 ℃经220 min解析,得到解析气量为625 mL,大于自然解析气量。上述实验表明,在高温条件下可以使滞留在泥页岩内部的气体得到充分解析,而这部分气体主要以吸附态存在。因此可以说明,在地层条件下较高温度有利于气体的解析作用,而不利于页岩气的聚集成藏。

根据上述实验分析,温度和压力对于页岩气的聚集具有相反的作用,在地层条件下,随着地层埋深的增大,地层温度和压力都在增加,使页岩气充分聚集就需要达到一个合适的温压匹配状态。

研究区上古生界页岩目的层埋深变化较大,在2 500~7 000 m之间,分布在通许隆起的页岩层普遍在4 500 m以浅,而分布在开封坳陷的页岩层则在4 500 m以深,由南向北埋深整体逐渐增大,整个研究区均有利于上古生界页岩气的聚集和保存。

2.5 微裂缝

大型断裂的发育对于页岩气的保存具有破坏性,但同时断裂可使岩层发育微裂缝,成为页岩气贮存的主要空间及运输通道,微裂缝是控制页岩含气性的关键因素;前人研究指出[28-30],裂缝的形成主要与有机质生烃、岩石脆性、地层孔隙压力、各向异性的水平压力、褶皱和断裂等因素有关。裂缝发育区多处于断裂带的末端、拐点处、不同走向断裂带相交处和相同走向的断层夹持带等应力集中部位。在富有机泥页岩中,裂缝发育程度与总含气量和游离气量呈正相关关系,决定了页岩气储量和可能的开采量,页岩裂缝越发育,其含气量越大,产气量也越高[31]。所以泥页岩裂缝是页岩气勘探和开发非常重要的研究对象。

对于泥页岩裂缝按成因可以分为构造缝和非构造缝,无论是从规模上还是对页岩气勘探开发的贡献上,构造缝都是至关重要的。按照裂缝发育规模可分为巨型、大型、中型、小型和微型共五类[32]。对于中小型和微型裂缝发育的泥页岩而言,这类裂缝一般不与外界沟通,不会导致泥页岩的大量排烃,只会因生烃膨胀作用而排出富余的烃,且此类裂缝的发育也增加了泥页岩的储集空间[33-34]。裂缝发育对于页岩气藏的形成具有双重作用,主要取决于裂缝的发育程度和性质等。

研究区3口井电成像测量段所见到的裂缝类型包括高导缝、高阻缝。高导缝属于以构造作用为主形成的天然裂缝,对于储层的形成和改造具有重要作用,对油气的储渗具有现实意义;高阻缝也属于以构造作用为主形成的天然裂缝,但裂缝间隙被高电阻率矿物(方解石)部分或全部充填,裂缝有效性差。整体而言,3口井电成像测量段高导缝发育程度一般,主要集中在云岩中,其次在泥岩中。统计结果表明,高导缝的倾角主要在20°~86°之间,走向优势方向为北东东-南西西向和北西-南东向,与主应力方向一致;高阻缝走向优势方向为近东西向。

3 结论

(1)有机质是影响页岩气生成及赋存的关键。有机质既是页岩烃类气体生成的物质基础,也是页岩吸附气的主要载体之一,泥页岩中TOC越高,其含气性越好,页岩气资源量也越高,有机质对含气性具有明显的控制作用。孔隙度、比表面积、总孔体积、黏土矿物含量与含气性存在一定的相关性关系,但不是主要的控制因素。

(2)对于页岩气储层而言,其本身集生、储、盖等多种成藏要素于一体。泥页岩层厚度对页岩气聚集及有效保存的影响不可忽视,其埋深不但影响页岩气的生产和聚集,而且还直接影响页岩气的开发成本。目前研究区以3 500 m以浅为勘探重点。

（3）大型断裂的发育对于页岩气的保存具有破坏性,但同时断裂可使岩层发育微裂缝,成为页岩气贮存的主要空间及运输通道,因而微裂缝是控制页岩含气性的关键因素。研究区经历了多期次构造改造,断裂较发育,对上古生界泥页岩含气性有一定影响。

参 考 文 献

[1] 余川,程礼军,曾春林,等.渝东北地区下古生界页岩含气性主控因素分析[J].断块油气田,2014,21(3):296-300.

[2] 林腊梅,张金川,唐玄,等.南方地区古生界页岩储层含气性主控因素[J].吉林大学学报:地球科学版,2012,42(S2):88-94.

[3] 邹才能,董大忠,王社教,等.中国页岩气形成机理、地质特征及资源潜力[J].石油勘探与开发,2010,37(6):641-653.

[4] 聂海宽,张金川,李玉喜.四川盆地及其周缘下寒武统页岩气聚集条件[J].石油学报,2011,32(6):959-967.

[5] 胡博文,李斌,鲁东升,等.页岩气储层特征及含气性主控因素——以湘西北保靖地区龙马溪组为例[J].岩性油气藏,2017,29(3):83-91.

[6] 张鹏,张金川,黄宇琪,等.黔西北五峰-龙马溪组海相页岩含气性及主控因素[J].大庆石油地质与开发,2015,34(1):169-174.

[7] 党伟,张金川,黄潇,等.陆相页岩含气性主控地质因素——以辽河西部凹陷沙河街组三段为例[J].石油学报,2015,36(12):1516-1530.

[8] 魏晓亮,张金川,党伟,等.牟页1井海陆过渡相页岩发育特征及其含气性[J].科学技术与工程,2016,16(26):42-50.

[9] 李波文,张金川,党伟,等.海相页岩与海陆过渡相页岩吸附气量主控因素及其差异性[J].科学技术与工程,2017,17(11):44-51.

[10] 范昌育,王震亮.页岩气富集与高产的地质因素和过程[J].石油实验地质,2010,32(5):465-469.

[11] 葛明娜,张金川,李晓光,等.辽河东部凸起上古生界页岩含气性分析[J].断块油气田,2012,19(6):722-726.

[12] 程鹏,肖贤明.很高成熟度富有机质页岩的含气性问题[J].煤炭学报,2013,38(5):737-741.

[13] 徐汉林,赵宗举,杨以宁,等.南华北盆地构造格局及构造样式[J].地球学报,2003,24(1):27-33.

[14] 解东宁.南华北盆地晚古生代以来构造沉积演化与天然气形成条件研究[D].西安:西北大学,2007.

[15] 余和中,吕福亮,郭庆新,等.华北板块南缘原型沉积盆地类型与构造演化[J].石油实验地质,2005,27(2):111-117.

[16] 宋慧波,胡斌,张璐,等.河南省太原组沉积时期岩相古地理特征[J].沉积学报,2011,29(5):876-888.

[17] HILL R J,ZHANG E,KATZ B J,et al. Modeling of gas generation from the Barnett Shale,Fort Worth Basin,Texas[J]. AAPG Bulletin,2007,91(4):501-521.

[18] MICELI-ROMERO A,PHILP R P. Organic geochemistry of the Woodford Shale,southeastern Oklahoma:How variable can shales be? [J]. AAPG Bulletin,2012,96(3):493-517.

[19] RODRIGUEZ N D,PAUL P R. Geochemical characterization of gases from the Mississippian Barnett Shale,Fort Worth Basin,Texas[J]. AAPG Bulletin,2010,94(11):1641-1656.

[20] 张金川,林腊梅,李玉喜,等.页岩气资源评价方法与技术概率体积法[J].地学前缘,2012,19(2):194-191.

[21] DANG W,ZHANG J C,WEI X L,et al. Geological controls on methane adsorption capacity of lower Permian transitional black shales in the Southern North China Basin,Central China:Experimental results and geological implications[J]. Journal of Petroleum Science and Engineering,2017,152:456-470.

[22] DANG W,ZHANG J C,TANG X,et al. Investigation of gas content of organic-rich shale:A case study from lower Permian shale in southern North China Basin,central China[J]. Geoscience Frontiers,2018,2:559-575.

[23] 毕赫,姜振学,李鹏.页岩含气量主控因素及定量预测方法[J].大庆石油地质与开发,2014,33(1):160-164.

[24] 吉利明,邱军利,张同伟,等.泥页岩主要黏土矿物组分甲烷吸附实验[J].地球科学-中国地质大学学报,2012,3(5):1043-1050.

[25] 张志平,程礼军,曾春林,等.渝东北志留系下统龙马溪组页岩气成藏地质条件研究[J].特种油气藏,2012,19

(4):25-28.

[26] 杨庆杰,张恒发,张革,等.页岩气成藏与纳米油气基本理论问题[J].大庆石油地质与开发,2013,32(3):150-156.

[27] 关富佳,吴恩江,邱争科,等.页岩气渗流机理对气藏开采的影响[J].大庆石油地质与开发,2011,30(2):80-83.

[28] 张盼盼,刘小平,王雅杰,等.页岩纳米孔隙研究新进展[J].地球科学进展,2014,29(11):1242-1248.

[29] 王社教,王兰生,黄金亮,等.上扬子区志留系页岩气成藏条件[J].天然气工业,2009,29(5):45-50.

[30] 杨超,张金川,李婉君,等.辽河坳陷沙三、沙四段泥页岩微观孔隙特征及其成藏意义[J].石油与天然气地质,2014,35(2):286-294.

[31] 丁文龙,李超,李春燕,等.页岩裂缝发育主控因素及其对含气性的影响[J].地学前缘,2012,19(2):212-220.

[32] 聂海宽,张金川.页岩气储层类型和特征研究——以四川盆地及其周缘下古生界为例[J].石油实验地质,2011,33(3):219-225.

[33] BOWLER K A. Barnett shale gasproduction, Fort Worth Basin: Issues and discussion[J]. AAPG Bulletin, 2007,91(4):523-533.

[34] MONTGOMERY S L,JARVIE D M,BOWKER K A,et al. Mississippian Barnett Shale, Fort Worth Basin, north-central Texas:Gas-shale play with multi-trillion cubic foot potential[J]. AAPG Bulletin,2005,89(2):155-175.

河南栾川伊源玉地质特征及开发利用

岳紫龙,周世全

摘　要:伊源玉矿位于洛阳栾川县,矿体主要呈透镜体状,产于华北地台南缘陶湾群秋木沟组中部的白云石大理岩中。伊源玉主要由蛇纹石矿物组成,为蛇纹石类玉石,可分三种类型即蛇纹石类、方解石-蛇纹石类和白云石-蛇纹石类;矿床属多成因层控变质矿床。伊源玉按工艺要求分为三个品级,目前已开发6大类100多种产品,发展前景较好。
关键词:伊源玉;秋木沟组;蛇纹石;栾川

河南伊源玉开发使用历史悠久,但由于历史原因曾停止开采,目前由于古老采洞被发现而复采。伊源玉为多成因层控变质型矿床,以蛇纹石矿物为主,玉石颜色多样,以绿色为好[1]。在中国经济快速发展的今天,伊源玉的开发利用不但可以丰富我国的玉石种类和玉石资源,而且对于发展区域经济、推动当地经济增长也具有现实意义。

1　概况

伊源玉矿位于栾川县陶湾一带的伊河源头,属于伏牛山脉腹地。地理坐标为东经111°23′00″~110°23′24″,北纬33°53′29″~33°54′18″。伊源玉历史悠久,根据现存的石碑记载,此处为商朝名相伊尹的"耕莘古地",在附近古遗址中,发现有龙山文化至仰韶文化时期的夹砂红陶、玉石弹、玉刀和玉石残片,玉矿因年代久远而被湮没[2]。至2002年,根据群众提供线索,开采玉石的老洞才重新被发现,目前当地已开发利用,并有少量供应外地。

2　玉矿地质特征

伊源玉矿位于华北地台南缘,黑沟-栾川断裂与潘河-马超营断裂之间,青和堂-庄科背斜的南翼,区内地层为下古生界陶湾群秋木沟组(图1),岩性主要为云母片岩、白云质大理岩、蚀变大理岩、叠层石大理岩、二云片岩、长石二云片岩、石英岩、赤铁白云片岩等,系一套浅海相陆源碎屑岩-碳酸盐岩建造[3]。地层总体倾向北东25°~37°,倾角约58°~68°。玉矿产于秋木沟组中上部白云石大理岩中,矿体呈不规则的透镜体、囊状、脉状产出。大理岩顶、底部均为二云片岩或长石云母片岩。矿体规模一般长50~100 m,厚度5~10 m,呈大小不等的透镜体,在白云石大理岩中,沿走向呈串珠状,沿倾向则多个叠加形成平面上和剖面上的鱼群状架态[4]。玉石与围岩常呈渐变过渡,有时两者界线清楚。据目前资料,整个含矿带总长约200~250 m,宽约15~22 m。玉石按矿物成分基本上可以分为三大类型:蛇纹石类,蛇纹石含量在95%~99%;方解石-蛇纹石类,蛇纹石含量在85%~95%;白云石-蛇纹石类,蛇纹石含量在90%~95%。玉石的矿物成分主要为蛇纹石,次

岳紫龙:男,1979年生,河南省南阳人。博士,研究方向为玉文化及矿产资源。南阳师范学院珠宝玉雕学院。
周世全:河南省地质矿产勘查开发局第一地质勘查院。

要矿物为方解石、白云石等,微量矿物为铁质、石棉、透闪石、橄榄石等。化学成分为镁硅酸盐类,主要是 SiO_2、MgO、CaO、Fe_2O_3 及少量 Al_2O_3 等。据光谱分析资料,含有铁、锌、钠、钾等 10 余种对人身体有益的元素和微量元素(表1)。玉石呈纤维块状变晶结构、交代结构、致密块状构造。玉石常由多种颜色组成,主要为深绿、暗绿、酱紫、浅绿、绿白及灰白等色;莫氏硬度一般在 3.5～5.5 之间,相对密度为 2.5～2.9,微透明至半透明,油脂或蜡状光泽。蛇纹石由于含量和种类的不同,从而形成花斑玉、绿条玉和花玉等种类。花斑玉在其白色的基底上带有绿色斑块和其他不规则形状的绿色块;绿条玉是在白色基底上由绿色条纹或条带组成绿白、粗细相间的纹彩;花玉则在白色基底上存在酱紫、黑、暗绿等斑块或条带。一般是利蛇纹石易形成绿色、叶蛇纹石多呈浅绿白色或白色,以利蛇纹石为主并有叶蛇纹石、纤维蛇纹石时常呈黄或黄绿色。

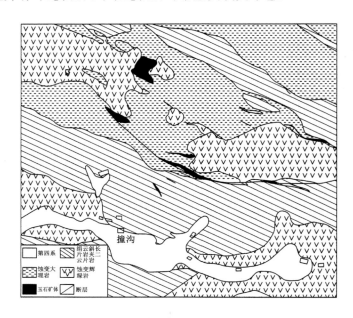

图 1　栾川伊源玉矿床地质简图(据王宗炜等,2015)

表 1　　　　　　　　　　　　微量元素分析结果表　　　　　　　　　　$w_B/10^{-6}$

项目	Cu	Pb	Zn	Ag	W	Mo	Bi	Sn	Ni	Co	Mn	Ba	Cr	V	Ti	Sb	As	P
样品 1	13	10	120	0.15	12	1.8	0.00	<2.0	<5.0	6.0	2500	<100	<10	20	<100	0.00	0.00	0.00
样品 2	15	10	110	0.10	10	1.5	0.00	<2.0	<5.0	6.0	2500	<100	<10	15	<100	0.00	0.00	0.00

　　伊源玉赋存于低压区域动热变质作用形成的低绿片岩相的陶湾群中,富镁的碳酸盐岩在低压动热区域变质和断裂动力变质过程中,产生大量富含 SiO_2 的热液,形成区域性的蛇纹石化,并且在临近的燕山期花岗岩岩浆侵入活动中也带有大量热液,温度增高,通过一定通道在层控环境中重复交代,在两者的重叠部位或中心地带,蛇纹石化强烈,形成质量好的蛇纹石玉。因此,该矿属于层控变质热液交代为主、重叠岩浆期后热液作用为辅的多成因变质矿床。

3　玉石品级及质量

　　按照玉石的基本特点,结合工艺美术要求的颜色、光泽、透明度、硬度、杂质、裂纹和块度等,将本区蛇纹石玉划分为三个品级[5]:

　　Ⅰ级深绿、白色,颜色均一,质地致密,半透明,油脂或蜡状光泽,无裂纹、杂质,无干白块,块度适应工艺要求。

Ⅱ级暗绿或黑绿、浅绿、酱紫色等,颜色基本均匀或多种色配置适宜,质地致密,油脂光泽,微透明至半透明,裂纹极少,无杂质或少量杂质,块度较大或大。

Ⅲ级黄绿、绿白或多色组成,质地致密,颜色大体均匀,油脂或半油脂光泽,有一定的细裂纹和杂质,块度大。

4 资源开发利用

伊源玉是近些年发现的玉石新成员。2002年始开采利用,开发进展较快,在老采洞附近,以阶梯式方法开采,形成了一定规模的露天采玉场,年采出玉石量在100 t以上,一级品可占30%左右。伊源玉不仅具有较好的使用和装饰性,而且加工性能良好,目前利用此玉开发出近100种工艺品,主要大类有人物、花卉、鸟兽、器具、时尚品及一系列小型挂件、饰件、肖像等,被上海、北京、深圳、新疆、福建及河南等16个省、市、自治区的厂商购买,产品供不应求。在我国当前玉石资源渐趋紧张的情况下,伊源玉的开发利用不但可以丰富我国的玉石种类和玉石资源,而且在推动我国玉雕产业可持续发展的过程中,起到增砖添瓦的作用。同时,伊源玉作为当地新的经济增长点,对发展区域经济、推动当地百姓发家致富,也具有现实意义。由此,伊源玉"星星之火",必定会"燎原"珠宝玉器大市场,并占有一定市场份额,伊源玉的前景必定会更加美好。

参 考 文 献

[1] 河南省地质矿产局.河南省区域地质志[M].北京:地质出版社,1989:101-103.

[2] 邓燕华.宝(玉)石矿床[M].北京:北京工业大学出版社,1991:161-163.

[3] 王宗炜,王勇,刘伟芳,等.河南伊源玉矿床地质特征及开发利用前景[J].矿产保护与利用,2015(5):9-12.

[4] 王宏伟,王学.探秘伊源玉[J].资源导刊,2013(12):50.

[5] 崔世俊,孙江河.栾川天赐公司与三家国内外企业携手开发伊源玉矿[J].资源导刊,2012(10):36.

河南省卢氏县班子沟矿区锑矿成矿规律及找矿标志

胡 伟

摘 要:班子沟锑矿床地处华北地台和扬子地台两大构造单元的过渡地带,北秦岭褶皱带东段,其赋矿围岩为古元古界秦岭群雁岭沟组,主要岩性为白云大理岩、黑云斜长片岩、斜长角闪片岩、云母石英片岩等。辉锑矿赋存在构造破碎带中,矿体呈脉状或透镜状展布,具强烈硅化,主要金属矿物为辉锑矿,其他矿物极少,因而矿石工业类型为石英脉型锑矿。本区秦岭群地层属Sb高背景区,该区已查明锑矿床10余处,班子沟矿区位于锑异常富集区中部,找矿前景广阔。

关键词:锑矿床;成矿规律;找矿标志;班子沟

班子沟锑矿床地处华北地台和扬子地台两大构造单元的过渡地带,构造区划属秦岭褶皱系一级构造单元。本区地处北秦岭褶皱带东段,区域构造线呈 NNW-SEE,构造作用强烈,形式复杂。瓦穴子及双槐树两条区域性断裂将区内割裂为三个不同的独立地体,它们在沉积建造、岩浆活动、形变特征及矿产方面都具有明显的差异。由于来自两大古陆块的南北挤压,本区长期处于强应变构造环境,变形变质强烈,岩浆活动频繁,地质构造复杂。

1 区域地质特征

1.1 地层

地层区划属秦岭褶皱系北秦岭分区,基本上以瓦穴子和双槐树两条断裂为界,可进一步划分为北宽坪南召小区、云架山二郎坪小区、商南小区三个地层小区。区内地层自老至新依次为:古元古界秦岭群(Pt_1q):石槽沟组(Pt_1s)、雁岭沟组(Pt_1y);中元古界长城系峡河岩群(Pt_2x):寨根岩组(Pt_2z)、界牌组(Pt_2j);中元古界宽坪群(Pt_3k):广东坪组(Pt_3g)、四岔口组(Pt_3s)、谢湾组(Pt_3x);下古生界二郎坪群(Pz_1er):火神庙组(Pz_1h)、大庙组(Pz_1d)、二进沟组(Pz_1e)、干江河组(Pz_1g);上古生界粉笔沟组(Pz_2f);中生界三叠系(T);新生界古近系(E)等。地层分布于朱-夏断裂和瓦穴子-乔端断裂之间,为一套陆源碎屑岩、碳酸盐岩、火山碎屑岩、细碧岩-角斑岩,已遭受不同程度的区域变质及混合岩化作用。

1.2 构造

(1)褶皱。班子沟矿区地处华北地台和扬子地台两大构造单元的过渡地带,隶属东秦岭北锑-汞成矿带的大河沟-掌耳沟锑矿田中东部,构造区划属秦岭褶皱系一级构造单元。

(2)断裂构造。区内断裂构造极为发育,主要形迹为北西西-南东东向,次为北东向和北西向。

胡伟:男,1985年9月生。本科,工程师,主要从事地质勘查工作。河南省有色金属地质矿产局第三地质大队(河南,郑州,450016)。

瓦穴子断裂:断裂由数条平行裂面组成,单条裂面宽数米,总体形成数十米至四百余米的挤压破碎带、构造透镜体及劈、片理化带,具强烈的挤压特征,主体北倾,倾角 70°～80°,显示由北向南逆冲特征。

双槐树断裂:断裂北西西向,断裂面主体北倾,局部南倾,倾角 55°～70°,宽度数十米到数百米。

大河沟断裂:一束北西西或近东西的断裂,向西撒开,向东在大河沟口汇合并与双槐树-朱阳关断裂交会,交角 15°～20°,属压性断裂,局部有张性复合,产状陡立、南倾,沿倾斜呈舒缓波状。

刘家沟段断裂:南部的一个较大构造,走向北西西,倾向北北东,倾角 80°左右,属压性断裂。

1.3 岩浆岩

本区内侵入岩多呈 NWW-SEE 展布,与区域构造线一致。侵入岩主要有加里东期狮子坪基性-超基性岩,岩性主要有角闪岩,次为角闪橄榄岩,呈 NWW 向小岩株侵入于秦岭群地层中;灰池子黑云二长花岗岩(γ_3^2),呈 NW 向侵入秦岭群地层中;曹家院-白花场花岗伟晶岩脉群($\gamma\rho_3^3$),长几米至数百米,最大可达数千米以上,含铌、铍、锂、钽。燕山期侵入岩有蟒岭二长花岗岩体($\eta\gamma_5^2$),为大的岩基,中-粗粒,属磁铁矿-磷灰石型。燕山晚期侵入岩有沿瓦穴子断裂出露的爆发熔角砾岩(λ_5^3)和沿双槐树断裂分布的斜长花岗岩(γ_5^3)小岩体。

火山岩主要有下古生界二郎坪群火神庙组变火山岩系,为一套富钠质海相细碧岩-角斑岩系,伴随火山喷发活动,广泛发育有火山相岩床、岩墙,如分布在四合院～大河面一带的斜长花岗岩-石英闪长岩即属此类。

2 矿区地质特征

2.1 地层

矿区地层较简单,主要为秦岭群雁岭沟组(Pt_1y)及第四系残、坡积物(Q)。雁岭沟组主要岩性为白云大理岩、黑云斜长片岩、斜长角闪片岩、云母石英片岩等,局部见少量变质砂岩。

2.2 构造

(1)褶皱。矿区褶皱属瓦房背斜的一部分,在矿区表现为单斜构造,走向 290°左右,倾向 20°左右,倾角 55°～70°。

(2)断裂构造。受区域运动影响,区内断裂构造形态复杂,从老到新皆有分布。

F1 断层:向东交会于双槐树(朱阳关-夏馆)断裂之上,向西经南沟至庆家沟,全长 4 km,在矿区内的一段长为 1 250 m,宽 1.5～10 m,在走向上具分支复合现象。该断裂走向为 130°左右,倾向 355°～44°,倾角 71°～86°,断层带内发育有碎裂岩、角砾岩、糜棱岩及糜棱岩化岩石,具强烈硅化的地段普遍具锑矿化。

F4 构造矿化带:地表因第四系覆盖,出露约 20 m,坑道揭露长约 200 余米,宽 2～8 m,倾向 183°～211°,倾角 65°～87°,矿化较连续且较好,但分布极不均匀,局部形成富矿。

次级构造或层间构造:分布在 F1 断层两侧,次级断裂构造形态复杂,南倾、北倾、交叉现象普遍,一般规模不大,长几十米至百余米,宽 0.5～3.0 m,层间构造基本与地层产状吻合,规模较小。

由于矿区范围小,没有发现岩浆岩,但在矿区北侧双槐树断裂以北三叠系砂岩中有一些顺层侵入的花岗细晶岩,形态为脉状,局部呈岩滴状,出露宽度一般为 1～3 m,个别可达 50 余米。

3 矿床地质特征

3.1 矿体特征

经过大比例尺地质测量、槽探、坑探、钻探等工程揭露控制和取样分析,矿区共圈出锑矿体 3 个,编号分别为 K1、K2、K3,矿体特征见表 1。

表 1　　　　　　　　　　班子沟锑矿矿体特征一览表

矿体编号	形态	控制最大延伸/m	规模/m		产状/(°)		矿石品位极值区间/%
			长度	厚度	倾向	倾角	Sb
K1	层状、似层状	116	145	1.5~4.4	183~211	65~87	0.76~9.37
K2	层状、似层状	106	106	0.7~2.9	181~233	54~89	0.9~5.9
K3	层状、似层状	109	135	0.85~6.5	355~44	55~87	0.96~6.01

3.2 矿石质量特征

3.2.1 矿石矿物成分

矿石中金属矿物主要为辉锑矿,次要矿物有锑华、黄铁矿,微量矿物有赤铁矿、褐铁矿,其他金属矿物含量极微。脉石矿物主要有石英、方解石、白云母、绢云母、绿泥石、绿帘石、高岭土、斜长石等。

3.2.2 矿石结构、构造

辉锑矿多为自形-半自形柱状结构,具较完整的结晶外形,有时见有碎裂结构和角砾状结构。构造有浸染状构造、角砾状构造、网脉状构造及星点状构造。

3.2.3 矿石类型

(1)矿石的自然类型

矿石的自然类型按结构、构造划分为:角砾状矿石、块状矿石、脉状-网脉状矿石。

(2)矿石的工业类型

矿石赋存在构造破碎带中,矿体(化)呈脉状或透镜状展布,具强烈硅化,主要金属矿物为辉锑矿,其他矿物极少,因而矿石工业类型为石英脉型锑矿。

3.2.4 围岩蚀变

矿体围岩蚀变范围广泛、种类较多,与锑矿化关系密切的围岩蚀变主要为硅化、方解石化,次为黄铁矿化(含量 1% 左右),地表为褐铁矿化,可作为一种明显的找矿标志。

4 矿床成因探讨

4.1 成矿物质来源

根据与本区成矿地质条件相同的邻区大河沟锑矿 4 个硫同位素组成,$\delta^{34}S$ 变化范围在 1.8‰ ～2.6‰之间,平均值为 2.3‰,极差为 0.8‰,说明硫来自地壳深部,与岩浆热液矿床硫同位素组成有明显的近似之处。

本区构成辉锑矿床的 Sb 元素在各时代区域地层及各类岩石中的含量见表 2,可以明显看出,区域上与辉锑矿带有关的地层秦岭群及上三叠统为 Sb 的高背景区,辉锑矿带两侧岩石秦岭群大理岩及上三叠统变质砂岩的 Sb 丰度值较高,分别为地壳克拉克值(维诺格拉多夫,1962)的 2.2 及 6.8 倍。在班子沟、王庄矿区及附近秦岭群的石英方解片岩(70 个样)的 Sb 平均含量为 $6.8×10^{-6}$,直接赋矿围岩大理岩(46 个样)的 Sb 平均含量为 $76.3×10^{-6}$,分别为地壳克拉克值的 13.6 倍及 152.6 倍,位于同一锑矿带上的陕西秦岭群碳酸盐岩中 Sb 丰度值为几至几十 10^{-6},以上均说明秦岭群是 Sb 的"矿源层"。秦岭群中夹有多层斜长角闪(片)岩,经原岩恢复为基性火山岩的变质产物,在相邻的掌耳沟锑矿区斜长角闪岩中 Sb 丰度值为 $2.8×10^{-6}$,是地壳克拉克值的 5.6 倍,说明基性火山岩也可提供部分成矿物质。此前在矿区分布有较多的花岗细晶岩脉,联系到在同一锑矿带上的陕西高岭的辉锑矿在空间上与花岗岩有关,那么岩浆热液也可能携带部分锑矿的成矿物质。

总之,地层火山作用、岩浆热液均可成为 Sb 的物质来源,可见锑的来源应该是多元的。

表 2 　　　　　　　　　　　　　　各时代岩石类型主要成矿元素含量表

地质时代	样品数	岩石名称	元 素 含 量/10^{-6}						
			Sb	Hg	As	Cu	Pb	Zn	Ag
上三叠统	79	砂岩	3.44	0.02	7.45	29.25	26.20	84.28	0.33
	114	板岩	2.81	0.019	5.74	35.80	26.74	110.88	0.32
二郎坪群	54	细碧岩类	1.06	0.015	0.74	30.07	24.07	45.35	0.32
	14	角斑岩类	1.84	0.05	1.11	28.87	33.52	56.45	0.49
	21	石英角斑岩类	1.34	0.02	1.09	14.94	21.46	40.04	0.25
宽坪群		大理岩	0.02	0.01	0.53	16.67	47.30	28.09	2.80
		云母石英片岩	0.26	0.01	0.26	23.23	19.23	85.58	0.43
		斜长角闪片岩	0.24	0.005	0.12	43.27	20.03	205.00	2.32
秦岭群	53	绿泥钙质片岩	1.13	0.03	5.34	25.71	21.49	45.25	0.08
	54	浅粒岩、变粒岩	1.22	0.03	11.32	33.14	18.40	54.80	0.08
	137	云母石英片岩	0.58	0.023	9.59	37.50	18.73	64.64	0.07
	49	斜长角闪岩	1.10	0.03	4.82	70.73	11.23	65.25	0.08
	6	大理岩	1.10	0.03	2.29	14.52	15.57	14.34	0.08
地壳克拉克值	维诺格拉多夫(1962)		0.50	0.083	1.90	47.00	16.00	33.00	0.07

4.2　区域地球化学背景及异常分布特征

4.2.1　区域地球化学背景

本区内各时代地层中多数元素在不同时代地层中波动不大,只有 Sb、As、Ag 变化较大。本区主要成矿元素 Sb 除在宽坪群中丰度低于地壳克拉克值外,在其他时代地层中都比较高,且自秦岭群向上至三叠系有逐渐增高的趋势。作为 Sb 的伴生元素 As 在宽坪群中亦很低,在秦岭群及三叠系中最高,分别为 $11.32×10^{-6}$ 和 $7.45×10^{-6}$。Ag 在宽坪群最高。Hg 普通低于地壳克拉克值。不难看出,以瓦穴子断裂为界,其南为 Sb、As 的高背景区,其北宽坪群为 As、Sb 的低背景区,这和区域上 Sb、As 矿产的分布规律是一致的。

4.2.2　异常分布特征

综合前人有关原生晕、天然重砂、分散流等异常特征资料,区内地球化学异常分布规律如下:

（1）Sn-W-Mo-Bi 等高温热液元素异常与西部蟒岭岩体有关,分布在岩体内部及其内外接触带部位。

（2）Cu-Pb-Zn-Au-Ag 等中温热液元素异常在区内普遍存在,但主要分布在双槐树断裂以北,与小花岗岩体、石英闪长岩体、石英脉有关,较有意义的 Au、Pb 异常则分布于瓦穴子断裂南北两侧。

（3）Nb-Ta-Be-Li 稀有元素异常分布在双槐树断裂以南,与西部、南部的花岗伟晶岩密集区吻合。

（4）Mn-V-Co-Ni 等铁族元素类异常分布在安坪-大河面褶段带内,与火神庙组变火山岩系有密切关系。

（5）Hg-As-Sb 低温热液元素异常在本区规模最大,连续性最好,沿双槐树断裂连续延伸可达30 余千米,且 Sb 具有明显的浓集中心,异常主要分布在双槐树断裂与狮子坪断裂之间的秦岭群地层中。As、Sb 异常在大河沟地区范围最大,浓度也最高。大河沟以东主要是低缓的 As 异常,Sb异常仅零星分布在 As 异常之中。大河沟以西主要是 Sb 异常,且自掌耳沟向西,异常逐渐向双槐树断裂收拢,As 异常伴随 Sb 异常出现。

（6）从区内各类元素异常的规模、元素组合、浓集系数以及梯度变化分析,锑最具成矿远景。

4.3 控矿因素

（1）构造控矿

锑矿带西起陕西商县高岭沟、丹凤察凹向东延伸到河南卢氏洞沟、南阳山、掌耳沟王庄、大河沟等地,上述各点锑矿均严格受近东西向商县-朱阳关-双槐树夏馆大断裂控制。锑矿床有的分布在主断裂带内或主断裂一侧的次一级断裂或在主、次断裂的交会处,辉锑矿具体赋存部位往往在断裂产状变化转弯处,在剖面上由陡变缓地段,或者在断裂下盘或在两组断裂交会处,总之双槐树大断裂及旁侧次一级断裂既是控矿构造又是容矿构造。

（2）地层岩性控矿

辉锑矿与地层岩性关系密切,从陕西(北矿带)到河南锑矿带上的锑矿床均赋存在秦岭群地层中,并多和大理岩有关。从物理性质而言,碳酸盐岩化学活动性强,易于被热液交代,并使岩石带出大量的 CO_2,带入大量的 SiO_2,产生强热硅化,放出的 CO_2 与碱硫化物起反应,促进硫化物的消耗,降低硫化锑的溶解度,加速硫化锑的沉淀,形成辉锑矿。从岩石中 Sb 含量来看,赋矿的秦岭群大理岩本身 Sb 的丰度值就很高,是成矿物质的主要来源。

4.4 找矿标志

根据矿产地质特征及化探资料,锑矿的主要找矿标志有:

（1）从空间上,含矿地层秦岭群大理岩分布区是找矿的方向,其次应在上三叠统变质砂岩中注意寻找锑矿。

（2）含矿地层中的双槐树断裂及其南侧的低序次断裂构造,尤其是构造分枝复合部位,是找矿的重要目标。

（3）强烈的硅化、碳酸盐化、黄铁矿化(地表褐铁矿)等围岩蚀变及锑矿化是直接找矿标志。

（4）物化探异常,特别是 Sb 异常浓度 $>10\times10^{-6}$ 化探异常区,具有一定规模时往往可形成锑矿床。

（5）次生氧化矿物锑华是地表矿化的直接标志。

（6）民采老硐是找矿的重要线索。

5 找矿方向

（1）根据已知矿体的深部探底摸边，班子沟锑矿区迄今为止所发现的矿体绝大多数都受构造控制，槽探、坑探、钻探化学分析结果显示，矿体的品位及厚度变化中等，且具尖灭再现现象，因此，已知矿体的深部勘查为区内今后的主要找矿方向。

（2）根据坑道揭露情况，区内层间破碎蚀变带分布较广，锑矿体有一定分布，一般多为盲矿体。目前虽然没有发现规模可观的锑矿体，但一般矿石较富，具有一定前景。

（3）开展大比例尺物化探工作，圈定物化探异常，充分研究物化探异常分布特征，结合地表地质情况进行深部工程验证，以求发现有前景的隐伏矿体。

（4）区内矿体围岩蚀变具有较强的规律性，绢云母化、硅化（局部硅化较强形成硅质岩）、绿泥石化、方解石化及黄铁矿化等蚀变与锑矿化关系密切，远离矿体蚀变逐渐减弱。

参 考 文 献

[1] 郭树银,胡伟.河南省卢氏县班子沟矿区锑矿详查[R].河南省有色金属地质矿产局第三地质大队,2006.8-2008.6.

[2] 李裕伟,严青山.中国矿床[M].北京:中国建材工业出版社,1992:55.

[3] 张本仁,李泽九,骆庭川,等.豫西卢氏-灵宝地区区域地球化学研究[M].北京:地质出版社,1987.

[4] 符光宏.河南省秦岭-大别造山带地质构造与成矿规律[M].郑州:河南科技出版社,1994:1-546.

[5] 罗铭久,黎世美,卢欣祥.河南省主要矿产的成矿作用及矿床成矿系列[M].北京:地质出版社:2000:20-80.

河南省鲁山县坡根金矿地质特征及找矿标志

尹　乐,赵亚飞,李　鹏,张良杰,鲁劲松

摘　要:鲁山县坡根金矿位于车村-鲁山大断裂附近,该断裂带是秦岭贵金属、多金属成矿带的东段,区内矿产资源储量丰富。通过对坡根矿区地质特征、矿体特征、矿石类型等进行研究,总结了金矿赋存特征及矿床成因,归纳了找矿标志。

关键词:鲁山县;坡根金矿;地质特征;找矿标志

引　言

河南省鲁山县处于秦岭成矿带的东段,蕴藏着丰富的金、银、铅、锌、钨、钼等贵金属和多金属矿产。区域内主要矿山有棚沟金矿、草店金矿、宿王店金矿、槐树庄金矿、马庄铅锌矿、银洞沟铅矿等。2007~2014 年,河南省有色金属地质矿产局第四地质大队在鲁山县坡根金矿区先后开展了普查和详查工作,并提交详查地质报告。本文通过对鲁山县坡根金矿区地质特征、矿体特征、矿石质量等方面的研究,总结了矿体地质特征和找矿标志,可为寻找类似矿床提供依据。

1　区域地质特征

坡根矿区在区域上位于华北地台南缘,华熊台缘坳陷,渑池-鲁山台陷。区内地层划分属华北区华熊分区崤山-鲁山小区。以车村-鲁山大断裂为界,南部为新元古界伏牛山序列(Pt$_3$F$\eta\gamma$),早白垩世神林超单元(K$_1$S$\eta\gamma$)、第一单元(K$_1$SR$\eta\gamma$)、四棵树序列(K$_1$SK$\eta\gamma$),北部为中元古界长城系熊耳群鸡蛋坪组(Pt$_2$j)、马家河组(Pt$_2$m),汝阳群云梦山组(Pt$_2$y)、百草坪组(Pt$_2$bc)(图 1)。

区域构造线方向为东西向,为一向斜通过本区,轴向近东西,核部为中元古界熊耳群火山岩和汝阳群沉积岩,北翼为太古界太华群,南翼为车村-鲁山大断裂所切。车村-鲁山大断裂位于鲁山、下汤、赵村、车村一线,呈近东西走向,长 66 km,影响宽度 4~6 km。

区域内岩浆岩较为发育,主要为燕山晚期侵入岩,为造山后陆内地壳隆起伸展、岩浆大规模上侵沿断裂带成群成带出现,岩性以酸性、中粗粒花岗岩为主。主要分布于车村-鲁山大断裂的南侧和区域西部,呈东西向展布,北部侵入到熊耳群火山岩中。岩体与围岩的接触带处蚀变较强,有硅化、黄铁矿化等。矿化普遍,在岩基北部主要为铅、锌、金、钼等矿化,后期脉岩有花岗闪长斑岩、黑云母伟晶岩脉、细晶岩脉及石英脉等。

尹乐:男,1983 年生。本科,工程师,长期从事地质矿产勘查工作。河南省有色金属地质矿产局第四地质大队。
赵亚飞:河南省有色金属地质矿产局第四地质大队。
李鹏:河南省有色金属地质矿产局第四地质大队。
张良杰:河南省有色金属地质矿产局第四地质大队。
鲁劲松:河南省有色金属地质矿产局第四地质大队。

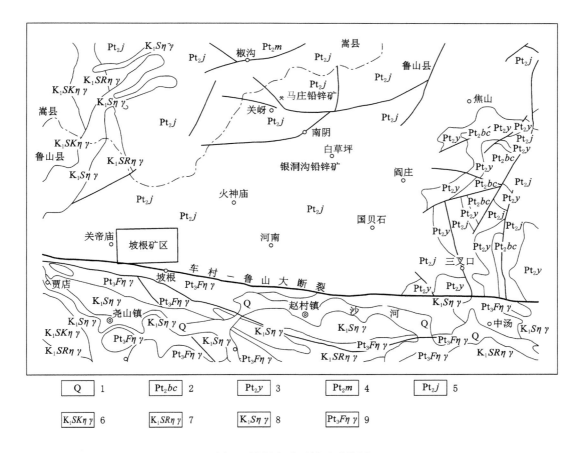

Q 1　　Pt₂bc 2　　Pt₂y 3　　Pt₂m 4　　Pt₂j 5

K₁SKηγ 6　　K₁SRηγ 7　　K₁Sηγ 8　　Pt₃Fηγ 9

图 1　坡根金矿区域地质简图

1——第四系；2——百草坪组(Pt₂bc)；3.——云梦山组(Pt₂y)；4——马家河组(Pt₂m)；5——鸡蛋坪组(Pt₂j)；
6——四棵树序列(K₁SKηγ)；7——第一单元(K₁SRηγ)；8——神林超单元(K₁Sηγ)；9——伏牛山序列(Pt₃Fηγ)

2　矿区地质特征

2.1　地层

　　矿区内地层较简单,主要为中元古界长城系熊耳群鸡蛋坪组(Pt₂j),是一套以英安岩为主的钙碱性火山岩系,系陆相火山喷发产物。地层走向 5°～30°,倾向 SN,倾角 12°～46°,其南部与区内燕山期花岗岩呈构造接触。根据其岩性和相互关系,鸡蛋坪组由老至新分为两个岩性段。

　　1 段(Pt₂j¹)主要为绿黑色、紫褐色英安岩,夹少量凝灰岩。地层走向 5°～30°,倾向南东东,倾角 12°～46°。

　　2 段(Pt₂j²)主要为沉凝灰岩,局部夹钙质硅质岩。地层走向北东,倾向南东,倾角 5°～33°。与下伏鸡蛋坪组 1 段(Pt₂j¹)整合接触。

2.2　构造

　　矿区岩层构成为向南东倾的单斜构造,鸡蛋坪组英安岩和沉凝灰岩整合接触,地层走向北东,倾向南东,倾角为 5°～33°。

矿区断裂发育,以矿区南部的车村-鲁山大断裂为主导,其他小型断裂均属张扭性或压扭性破碎带,两盘无明显相对位移,为该断裂的次级或旁侧构造,沿大河口河谷两侧散布,走向近东西或近南北向不定,这些破碎带又控制着区内金矿化的展布。

车村-鲁山大断裂坡根段位于矿区南侧,呈近东西展布,从矿区西南角穿过,断裂北侧是熊耳群鸡蛋坪组英安岩,南侧是早白垩世中-粗粒花岗岩。断裂带宽约 160 m,角砾主要为英安岩、中粒钾长花岗岩、沉凝灰岩,大小多为 1~3 cm,棱角状,胶结物为岩粉、硅质。露头风化严重,松散破碎,局部见硅化、黄铁矿化,断裂内见多条后期充填的石英脉。

2.3 岩浆岩

岩浆岩分布于矿区的西南角,出露燕山晚期中酸性侵入体及脉岩。侵入体岩性为中-粗粒黑云钾长花岗岩,脉岩主要以石英脉为主。花岗岩体呈近东西向展布,与熊耳群地层呈构造接触关系,岩体本身即受区域上深大断裂控制,沿大断裂带呈带状分布,局部斑状结构明显。该时期同类型的花岗岩是东秦岭金及多金属矿床的主要成矿母岩,是构成秦岭有色金属、贵金属成矿带的主要因素之一。石英脉主要为近南北向小规模分布,宽度几十厘米至几米不等。

2.4 地球化学特征

通过在本区开展 1∶1 万土壤地球化学测量,分析和研究 Au、Ag、Cu、Pb、Zn、W、Sn、Mo、As、Sb 等元素的地球化学特征,初步查明了上述元素在矿区分散富集规律和地球化学异常分布规律。Pb 元素在本矿区有着高的平均含量、高的富集系数和高的变异系数,以及元素双峰分布,其成矿的可能性最大;Au、Ag、Mo 元素富集系数较低,但有较大的变异系数,在一定的地质条件下,有局部富集成矿的可能性;Zn、As、W、Sn、Sb 元素富集系数较高,变异系数较小,在本区分异能力不大,成矿可能性不大;Cu 元素富集系数和变异系数均很小,在本区较难成矿,无找矿前景。

根据元素含量分布频率直方图、异常元素组合及所处地质环境,本区异常地质成因属于多期次的中温热液类,即以多金属为主元素的多期次中温热液矿化或富集引起的异常。

本区内元素异常以不规则的面状、带状及线状呈南北向或东西向展布,主要分布于矿区东南部,以 Pb、Zn、Au、Mo、Ag 组合为主;其次为东北部,以 W、Sn、Mo、Au 组合为主;西南部有少量的 Pb、Zn 异常。异常强度总体上表现为东西向强于南北向,并有由北向南、由西向东逐渐变强的特征。

3 矿体特征

矿区目前发现 1 个矿段,即大河口矿段,该矿段由 7 个含矿破碎带组成,均出露于车村-鲁山大断裂的大河口次级断裂带内。破碎带走向从北西向至近东西向,长度 30~400 m,产状 350°~95°∠56°~85°。矿体形态以不规则脉状为主,严格受构造破碎带控制,矿体产状与破碎带产状一致。通过对含矿破碎带进行老硐清编、槽探和钻探工程控制及样品分析测试等工作,圈定矿体 2 个,其中金铅银矿体 1 个,编号为 K2;铅矿体 1 个,编号为 K5。

3.1 K2 矿体

K2 矿体赋存于 F2 断裂带的上部地段,矿体产状严格受含矿破碎带控制,走向近东西,倾向 5°~10°,倾角平均 67°,矿体形态呈不规则脉状,沿走向和倾向呈舒缓波状弯曲,膨胀变化明显。矿体平均厚度 2.86 m,厚度变化系数 63.64%,属较稳定。通过野外观察及样品测试结果可以看出,破碎带与围岩的接触界面光滑、清晰,在破碎带内矿化明显,越过边界进入围岩后矿化迅速减弱。矿体内部由工程 K2TC202、TC212-1、K2LD2 控制形成金铅银伴生铜的富集区,金属矿物主要有自然金、黄铁矿、黄铜矿、方铅矿等。此区域矿体 Au 品位在 $1.32 \times 10^{-6} \sim 7.35 \times 10^{-6}$ 之间,平均品位 3.36×10^{-6},品位变化系数 97.70%,属均匀;Pb 品位在 5.53% $\sim$ 15.11% 之间,平均品位 10.46%,品位变化系数 49.85%,属均匀;Ag 品位在 $39.65 \times 10^{-6} \sim 100.90 \times 10^{-6}$ 之间,平均品位 82.88×10^{-6},品位变化系数 43.25%,属均匀;Cu 品位在 0.32% $\sim$ 0.37% 之间,平均品位 0.35%,品位变化系数 7.56%,属均匀。在上述区域的外围矿体中形成铅伴生银的富集区,Pb 品位在 0.97% $\sim$ 5.16% 之间,平均品位 3.51%,品位变化系数 71.14%,属均匀;Ag 品位在 $12.45 \times 10^{-6} \sim 15.58 \times 10^{-6}$ 之间,平均品位 13.93×10^{-6},品位变化系数 12.94%,属均匀。金属矿物主要有方铅矿、黄铜矿、闪锌矿、黄铁矿等。矿石主要呈块状、角砾状,围岩蚀变主要有硅化、碳酸盐化、高岭土化、绿泥石化等。

3.2 K5 矿体

K5 矿体赋存于 F5 断裂带的中部地段,矿体产状严格受含矿破碎带控制,走向北西-南东向,倾向 10° $\sim$ 95°,倾角平均 25°,矿体形态呈不规则脉状,沿走向和倾向呈舒缓波状弯曲,膨胀变化明显。矿体厚度 0.49 $\sim$ 3.57 m,平均厚度 2.42 m,厚度变化系数 69.49%,属较稳定。通过野外观察及系统采样分析测试结果可以看出,破碎带与围岩的接触界面光滑、清晰,在破碎带内矿化明显,越过边界进入围岩后矿化迅速减弱。矿体受构造控制作用明显。矿体的 Pb 品位在 1.26% $\sim$ 4.18% 之间,平均品位 2.85%,品位变化系数 59.22%,属均匀;Ag 品位在 $2.00 \times 10^{-6} \sim 21.60 \times 10^{-6}$ 之间,平均品位 10.24×10^{-6},品位变化系数 46.97%,属均匀。矿石主要呈块状、角砾状,金属矿物主要有方铅矿、黄铜矿、闪锌矿、黄铁矿等,围岩蚀变主要有硅化、碳酸盐化、高岭土化、绿泥石化等。

4 矿石特征

4.1 矿石类型

根据矿石中矿物组分及金属矿物组合特点,矿石类型分为破碎带蚀变岩型金铅银矿石和破碎带蚀变岩型铅矿石两种。

4.2 矿石成分

金铅银矿石的金属矿物以自然金、黄铁矿、方铅矿、闪锌矿、黄铜矿等为主,脉石矿物主要为石英,其次为方解石。铅矿石的主要金属矿物有方铅矿、白铅矿,次有黄铁矿、黄铜矿、闪锌矿等,还有少量铜蓝、磁铁矿、赤铁矿、褐铁矿等,矿石呈灰色、锈褐色,矿内方铅矿聚集呈团状分布,脉石矿物主要有石英、重晶石等。

矿石化学成分中有益元素为 Au、Pb、Ag、Cu。Au 含量最高为 7.35×10^{-6},最低 $< 0.10 \times 10^{-6}$;Pb 含量最高为 15.110%,最低 $< 0.01\%$;Ag 含量最高为 100.90×10^{-6},最低 $< 2.0 \times 10^{-6}$;Cu 含量最高为 0.91%,最低 $< 0.01\%$。

4.3 矿石结构、构造

矿石结构主要有半自形-他形粒状结构、交代结构、固熔体分离结构等。碎裂蚀变岩型金铅银矿石以浸染状构造、团块状构造为主,碎裂蚀变岩型铅矿石以浸染状、脉状-条带状、角砾状构造为主。块状构造一般有较明显的界线,其他构造之间多为过渡关系,即以块状构造为中心,向外侧依次为脉状、角砾状、条带状、团块状至细脉浸染状、斑点状及浸染状构造。

4.4 矿石品级

金铅银矿石中 Au 品位在 $1.32 \times 10^{-6} \sim 7.35 \times 10^{-6}$ 之间,平均品位 3.36×10^{-6};Pb 品位在 $5.53\% \sim 15.11\%$ 之间,平均品位 10.46%;Ag 品位在 $39.65 \times 10^{-6} \sim 100.90 \times 10^{-6}$ 之间,平均品位 82.88×10^{-6};Cu 品位在 $0.32\% \sim 0.37\%$ 之间,平均品位 0.35%。铅矿石中 Pb 品位在 $0.97\% \sim 5.16\%$ 之间,平均品位 3.09%;Ag 品位在 $4.50 \times 10^{-6} \sim 15.58 \times 10^{-6}$ 之间,平均品位 11.57×10^{-6}。

5 矿床成因及找矿标志

5.1 矿床成因

通过对矿体的分布特征进行深入研究,发现该区的矿(化)体多分布于北(北)东向及北西向断裂构造中,在北(北)东向与北西向构造交会部位矿体分布较为集中,这与本区所做地面高精度磁测工作解释断裂构造特征基本一致,也直接说明了矿区内矿化受断裂构造控制。

矿石结构、构造特征也表明矿石多呈碎裂结构,局部具有交代结构特征,因此初步确定该区矿化为受构造控制的中低温热液型矿化。

5.2 找矿标志

通过对本区的矿体分布特征及次生晕异常分布特征等进行归纳总结,该地区的找矿标志可归纳为以下四个方面。

(1)多组断裂构造交会部位,尤其是北东向构造与北西向构造交会部位。

(2)围岩蚀变发育地段:与矿化有关的围岩蚀变主要为硅化、黄铁矿化等,具强烈蚀变地段是找矿的有利地段。

(3)化探异常分布地段:该区植被发育,露头较差,找矿难度相应也较大,次生晕测量是比较直接、有效的找矿方法之一,因此化探异常分布地段也是较有找矿前景的远景地段。

(4)地表出露古采硐或有前人工作痕迹的地段:前人在该地段曾进行过金铅锌矿的找矿工作,留下了大量的民采坑,采矿痕迹也是直接的找矿标志之一。

6 结论

本区出露地层简单,以中元古界长城系熊耳群鸡蛋坪组英安岩为主,区内构造以断裂为主,矿体严格受构造破碎带控制,化探工作揭示了 Au、Ag、Pb 等元素具有局部富集的可能性。区内主要找矿标志为多组断裂交会处、围岩蚀变发育地段、化探异常浓集处以及前人采矿遗迹。综上所述,初步认为该区的矿体为局部富集成矿,加强该区地质勘查工作,有望发现新的成果。

参 考 文 献

[1] 刘显成,武建勇,孟玮,等.河南省鲁山县草店金矿地质特征及找矿方向[J].化工地质矿产,2017,39(4):199-205.

[2] 李鹏,霍明宇,谢永德,等.河南省鲁山县坡根金矿详查报告[R].河南省有色金属地质矿产局第四地质大队,2014.

[3] 罗铭玖,黎世美,卢欣祥,等.河南省主要矿产成矿作用及矿床成矿系列[M].北京:地质出版社,2000:19-21.

［4］燕长海,刘国印,等.豫西南地区铅锌银成矿规律［M］.北京:地质出版社,2009:85-86.

［5］张正伟,林潜龙,杨晓勇,等.鲁山棚沟金矿床包裹体特征及找矿意义［J］.河南地质,1997,15(2):85-92.

［6］刘国范.东秦岭金银多金属成矿带成矿规律及找矿标志［J］.地质找矿论丛,2003(3):178-184.

［7］王团华,谢桂清,叶安旺,等.豫西小秦岭-熊耳山地区金矿成矿物质来源研究［J］.地球学报,2009,30(1):27-38.

河南省嵩县瓦房院金矿成矿条件浅析

崔晓梅,高银梅

摘　要: 嵩县瓦房院金矿位于秦岭造山带华北地台南缘构造活动亚带熊耳山变质核杂岩体的北东端,北西侧由洛宁-山前断裂构成坳陷,南东侧由陶村-马元断裂构成嵩县坳陷,北东侧有三门峡-鲁山断裂带通过,西南侧为近东西向的马超营断裂围陷。本文对该矿床的地质特征、成矿条件、找矿标志进行了讨论。

关键词: 嵩县;瓦房院金矿;地质特征;成矿条件

黄金储备的多少是一个国家富有和实力的象征。在地壳中金的平均含量很低,只占十亿分之五。调查区位于华北地台南缘熊耳山变质核杂岩体的东北部,处在熊耳山有色金属、贵金属成矿带的东端,是华北地台南缘构造蚀变岩型金矿的最佳找矿区域。本文以嵩县瓦房院金矿为例,浅析其成矿条件及地质特征。

1　成矿地质条件

1.1　区域地质背景

调查区位于秦岭造山带华北地台南缘构造活动亚带熊耳山变质核杂岩体的北东端,北西侧由洛宁-山前断裂构成坳陷,南东侧由陶村-马元断裂构成嵩县坳陷,北东侧有三门峡-鲁山断裂带通过,西南侧为近东西向的马超营断裂围陷。

区域内出露的主要地层是太古界太华群(Ar_th)、中元古界熊耳群(Pt_2xl^{1-2})及新生界第四系(Q)。区域内出现的主要褶皱为庞沟-三合坪背斜,背斜轴近东西,北翼走向东西-南东,北倾,倾角$20°\sim79°$;南翼走向北东-南东东,南倾,倾角$25°\sim30°$。区域内断裂大致分为NE、NW两组,将地质体切割为不规则的菱形块,主要断裂有洛河大断裂、木柴断裂、三合坪断裂和瓦房沟断裂。区域内侵入岩主要为闪长岩且岩体状产出,大面积分布于调查区南部、中部。岩脉有正长斑岩、细晶闪长岩脉等,分布于调查区中部。区域内矿产种类繁多,金属矿产有金、银、铅、锌、铜等,其中以金矿找矿远景最好。

1.2　矿区地质特征

1.2.1　地层

调查区位于华北地台南缘,属华北地层豫西地层分区确山～渑池地层小区。矿区出露地层主要为太古界太华群、中元古界熊耳群及新生界第四系。

崔晓梅:女,1990年1月生。本科,助理工程师,从事地质找矿工作。河南省有色金属地质矿产局第四地质大队(河南,郑州,450016)。

高银梅:河南地矿职业学院(河南,郑州,450018)。

太古界太华群(Arth):出露于矿区南部,主要岩性为黑云斜长角闪片麻岩、斜长角闪片麻岩、角闪斜长片麻岩、变粒岩、石英岩、混合岩化角闪片麻岩、混合岩化黑云斜长片麻岩、条带状混合岩和均质混合岩。北东向含金构造破碎带多集中分布于太华群地层内。

中元古宙熊耳群(Pt_2xl^{1-2}):出露于矿区东部,由大斑(玄武)安山岩、杏仁状安山岩、安山玢岩、玻璃质安山岩和安山质玄武岩组成。

1.2.2 构造

调查区内构造主要为北东向和北西向断裂。断裂构造岩主要为蚀变岩、碎裂岩、矿化蚀变岩和矿化碎裂岩等。金矿(化)体分布于北东向的蚀变破碎带之中。较大的断裂构造有 6 条(F13、F14、F15、F16、F17、F18),分述如下:

F13:长 600 m,宽 0.6~1.2 m,倾向 300°~305°,倾角 70°~73°。此断层为正断层,围岩均为闪长岩,硅化、黄铁矿化较多,见少量绢云母化。

F14:长 500 m,宽 0.2~1.3 m,倾向 300°~310°,倾角 80°~85°。此断层为正断层,围岩均为闪长岩,矿化不明显。

F15:长 300 m,宽 0.4~0.7 m,倾向 300°~305°,倾角 70°~73°。此断层为正断层,围岩均为闪长岩,未见明显金属矿化,有少量硅化。

F16:长 500 m,宽 0.8~3.0 m,倾向 305°~310°,倾角 68°~75°。此断层为正断层,围岩为闪长岩,硅化、黄铁矿化较多,见少量绢云母化。

F17:长 700 m,宽 0.6~1.8 m,倾向 310°~320°,倾角 50°~55°。此断层为正断层,围岩为闪长岩,黄铁矿化明显,次为硅化,少量绢云母化。

F18:长 850 m,宽 0.3~1.0 m,倾向 310°~316°,倾角 59°~68°。此断层为正断层,围岩为闪长岩,矿化不明显。

1.2.3 变质作用

调查区内主要变质作用有区域变质作用和动力变质作用。太华群原岩为基性火山岩和碎屑沉积物,区域变质作用使太华群变质程度达到角闪岩相以上。中生代燕山晚期构造活动强烈,形成了多种形式的断裂构造,加上后期热液活动的参与,使片麻岩中暗色矿物角闪石、黑云母被交代,出现广泛的绿泥石化、绿帘石化的面型蚀变。

1.2.4 岩浆岩

调查区侵入岩主要为闪长岩呈岩体状产出,大面积分布于普查区南部、中部。岩脉有正长斑岩、细晶闪长岩脉等,分布于调查区中部。调查区内的岩浆岩与金矿成矿关系不明。

2 矿体地质特征

调查区金矿体赋存于蚀变破碎带中,矿体特征严格受蚀变破碎带制约。根据样品分析结果,结合矿体空间形态,调查区共发现 3 条金矿体,其中 F16 号矿体是近来新发现的矿化体,地表品位较高,厚度较宽,具有较好的成矿前景,为下一步工作的重点。

F13-1 矿体:矿体基本连续,呈薄板状。深部由 ZK13032 控制,矿体走向长约 100 m,沿倾向最大延伸约 73 m。顶底板均为闪长岩,见大量黄铁矿化,少许黄铜矿化。矿体赋存标高 +879~+820 m,埋深 0~55 m。矿体在 ZK13032 处厚,向四周变薄,直至尖灭,平均水平厚度 1.98 m。倾向 301°~290°,倾角 70°~73°。矿石 Au 的最高品位 2.37×10^{-6},平均品位 1.83×10^{-6}。

F17-1 矿体:矿体呈薄层状产出。深部由 ZK17032 控制,矿体走向约 90 m,沿倾向最大延伸约 58 m。顶底板均为闪长岩,见黄铁矿化、黄铜矿化。矿体赋存标高 +806~+872 m,埋深 0~52 m。

矿体在 ZK17032 处变厚,向四周尖灭,平均水平厚度 2.02 m。倾向 296°～302°,倾角 53°～56°。矿石 Au 的最大品位 $6.00×10^{-6}$,平均品位 $4.78×10^{-6}$。

F16-1 矿体:蚀变带呈薄层状产出,长 500 m,宽 0.8～3.0 m,倾向 305°～310°,倾角 68°～75°。为正断层,围岩为闪长岩,硅化、黄铁矿化、黄铜矿化较多,见少量绢云母化。Au 的最高品位 18.00 $×10^{-6}$。

3 矿石特征

调查区内矿体未作物相分析,可根据邻近矿区的矿石情况及肉眼判断。根据矿石氧化程度,金矿石可分为氧化矿石、混合矿石和原生矿石三种自然类型。氧化矿石产于埋深 10～20 m 的氧化带内,褐铁矿化、高岭石化发育,矿石多呈蜂窝状,流失孔发育。混合矿石多产于埋深 20～60 m 左右的淋滤带内。原生矿石主要产于中深部,地表硅化强烈的矿石也以原生矿石为主。

按矿石矿物成分和组合特征可分为石英-黄铁矿型、石英-多金属硫化物型和石英-褐铁矿型三种类型。石英-黄铁矿型和石英-多金属硫化物型为原生矿石,见于中深部,以石英-多金属硫化物型为主。石英-褐铁矿型主要产于地表及浅部。

金矿石的矿石结构以碎裂结构、细晶质粒状结构、蚀变交代结构为主,矿石构造以碎裂构造、块状构造、空洞状构造、浸染状构造为主,次为角砾状构造、细脉浸染状构造和梳状构造。调查区主要金属矿物为黄铁矿,氧化矿石中主要金属矿物为褐铁矿,其次为黄铜矿、辉铋矿、方铅矿、闪锌矿和磁铁矿等,非金属矿物为石英、方解石、长石和黑云母等。金的主要矿物为自然金,金矿石中普遍伴生有银、铜。

4 成矿条件及找矿标志

4.1 成矿条件

矿区处在熊耳山银(金)多金属矿化集中区内,南侧分布的有祁雨沟、大小公峪和石盘沟等众多金矿区。根据资料,矿区太华群地层中金丰度值为 $15.1×10^{-6}$～$30.5×10^{-6}$,明显高于金的地壳克拉克值,为金矿床的良好"矿源层"。区内早期的区域变质作用及混合岩化作用,初步使"矿源层"中的金元素向有利部位迁移、富集。

中生代的伸展运动,使太华群老地层抬升,并形成熊耳山长垣状变质核杂岩,熊耳群安山岩对矿的形成起到了封闭或半封闭作用。中生代燕山期强烈的岩浆活动为太华群地层中金元素的迁移提供了热动力,岩浆同化了太华群地层,使其中的金元素富集于岩浆热液中迁移,在断裂构造中充填、交代成矿。北东向断裂是导矿及容矿构造,且在熊耳群地层的不整合面附近矿化较好。尤其是北东向断裂和太华群与熊耳群拆离断层交汇部位,金矿化强烈。

4.2 找矿标志

(1) 矿体露头及铁帽:部分矿体延至地表,形成矿体露头,多被风化形成铁帽(矿线)。

(2) 近矿围岩标志:近矿围岩出现与金矿化密切相关的黄铁矿化(褐铁矿化)、硅化、绢云母化、绿泥石化等蚀变。

(3) 北东向陡倾斜断裂:矿区几乎所有的北东向陡倾斜断裂都有金矿化。

(4) 人工标志:采空区和古采坑,是找矿的直接标志。

(5) 物探异常:激电异常可作为找矿的间接标志。

参 考 文 献

[1] 卢克学.河南省嵩县瓦房院-宜阳金矿可行性报告[R].2016.

[2] 王志光,崔毫,徐孟罗,等.华北地块南缘地质构造演化与成矿[M].北京:冶金工业出版社,1997.

[3] 陈衍景,富士谷.豫西金矿成矿规律[M].北京:地震出版社,1992.

[4] 王长明,邓军,张寿庭.河南熊耳山地区花山花岗岩与金矿化的关系[J].现代地质,2006(2):315-321.

[5] 吴发富.熊耳山矿集区燕山期金成矿系统[D].北京:中国地质大学(北京),2010.

建筑石料用灰岩矿矿产地质特征及矿床开采技术条件

———— 以禹州市宏彬建材有限公司为例

杨永印

摘　要：本文介绍了河南省禹州市宏彬建材有限公司所属的矿山灰岩矿的地质概况、矿床地质特征及矿床成因；查明了区内的地层发育情况、构造特征、含矿层位及矿石特征；阐述了区内矿床开采技术条件。

关键词：灰岩矿；石料；地质特征；矿体特征

1　工作区地质

该区位于嵩箕中台隆起的白沙-许昌复向斜的北翼。区域地层出露完整，构造较为简单，岩浆岩不发育，矿产资源较丰富。区域地层属华北地层区豫西分区嵩箕小区。出露地层为古生界寒武系、奥陶系中奥陶统、石炭系上石炭统、二叠系和新生界第四系。由老至新分述如下：

古生界寒武系：为一套完整海相碎屑岩和碳酸盐建造，碳酸盐中含有较丰富的古生物化石，总厚度 900 m。按沉积特征、岩性组合和生物化石分为下、中、上三统七个组。

奥陶系中奥陶统：为海相钙镁碳酸盐岩，含较丰富的牙形石化石，厚度 42～294 m。与下伏寒武系上寒武统及上覆石炭系上石炭统均为平行不整合接触。

石炭系上石炭统：主要为含铁、铝、煤层的碎屑岩、钙镁碳酸盐岩，后者含较多燧石条带及较丰富的蜓科类化石，厚度 51～105 m。与上覆二叠系山西组呈整合接触。

二叠系：分布在矿区南部，主要为一套含煤建造，以碎屑岩为主，含较丰富的植物化石。其上多被第四系覆盖。厚度近千米。

新生界第四系：分布在山前平原、低山缓坡和现代河床及两侧。主要为红色黏土、黄色亚黏土及灰黄色亚砂土、砂砾石等。

区域构造表现为先期以轴向北西西的宽缓褶皱为主，后期主要表现为断裂。

褶皱构造有白沙向斜。白沙向斜在区域上长达 30 km，轴向北西，只出露轴部和北翼部分，由古生代地层组成，区内只显露一部分，大部被第四系所覆盖。

断裂按方向可分为北东向、近东西向两组，其中以北东向断裂最为发育。北东向断裂发育在矿区西北部，走向 20°～60°，走向延长大多在 2 km 以上，少数大于 5 km，断层倾向多为北西，少数为南东，倾角一般在 20°～60°之间。断层破碎带宽度一般小于 1 m，少数可达 5 m。自北而南依次有接官亭正断层、唐庄正断层、连庄正断层、文湾正断层、牛头山正断层、沙锅洞正断层、塔林坡正断层。近东西向断裂主要为上白庙正断层，倾向北或南，倾角一般在 45°～80°。近东西向断裂形成时间较早，北东向断裂形成时间稍晚。

杨永印：男，1982 年生，河南省中牟县人。地质工程师，从事地质找矿工作。河南省有色金属地质矿产局第四地质大队。

先期褶皱构造明显控制本区古生界铝土矿、煤、黏土矿以及建筑石料用灰岩的展布。这些矿产多分布在背斜或向斜的翼部,其走向与褶皱轴向一致。后期断裂构造多切割前期褶皱而破坏矿体的连续性。

区域矿产较丰富,主要有煤、铝土矿、耐火黏土、建筑石料用灰岩及建筑用石材、石料。煤和铝土矿为本区优势矿产。

除上述优势矿产外,还有与煤、铝伴生的陶瓷黏土、山西式铁矿及黄铁矿等正被开采利用。

区内广泛分布的下古生界寒武系徐庄组、张夏组中的厚层灰岩,可烧制水泥、白灰,也可作建筑材料。

2 矿区地质

2.1 地层

矿区内地层出露简单,主要为古生界寒武系上寒武统崮山组和中寒武统张夏组及零星分布的第四系。

(1)寒武系上寒武统崮山组($\epsilon_3 g$):主要分布在矿区东部,岩石主要为灰、灰白色厚层状白云岩、鲕粒白云质灰岩、白云质灰岩。中部常夹泥质灰岩及泥质白云岩。与下伏的张夏组灰岩呈平行整合接触。

(2)寒武系中寒武统张夏组($\epsilon_2 z$):矿区大部分为该组地层,主要由条带状鲕粒灰岩和竹叶状灰岩组成。风化面呈浅褐色,新鲜面呈灰色、浅灰色,鲕粒结构,隐晶质结构,条带状、厚层状构造。矿物成分:方解石96%,白云石2.2%,泥铁质1.8%,填隙物主要为亮晶方解石,鲕粒较为粗大(>3 mm)且粒度不均匀。

(3)第四系(Q):主要分布于矿区的东南部,主要为残坡积物和废渣,属亚砂土、腐殖土等。覆盖厚度不一,约为2 m。矿山在开采前应对覆盖物提前进行剥离。

2.2 构造

矿山范围内地质构造较简单,地层为单斜形态,地层总体走向北西~南东向,倾向190°~205°,倾角25°~30°。区内发现一条断裂构造F1,该断层为正断层,宽25~35 m,走向为近东西向,断层面倾向190°,倾角55°。断层内岩性为角砾岩,角砾由白云岩及灰岩角砾组成,钙质胶结,角砾大小10~50 mm不等。矿区内近地表处岩石节理、裂隙较发育,裂隙充填有泥质,对矿石质量有一定影响。

3 矿体特征

3.1 矿体形态、产状、规模

本区内矿体为寒武系上寒武统崮山组白云质灰岩和中寒武统张夏组的条带状鲕状灰岩、竹叶状灰岩,矿体呈缓倾斜、厚层状,走向280°~295°,倾向190°~205°,倾角25°~30°,矿体沿走向及倾向延伸稳定。根据禹州市国土资源局下发的矿区范围批复,允许开采矿体赋存最高标高为+286 m,资源储量估算最低标高为+212 m;估算矿体在矿区内走向长约400 m,倾向宽约700 m,分布在整个矿山范围内。如图1所示。

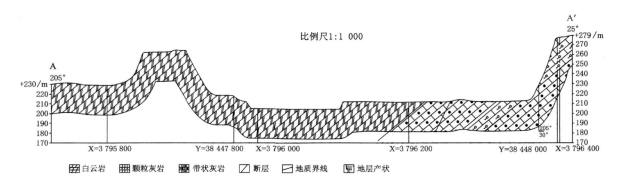

图 1 宏彬建材有限公司建筑石料用灰岩矿剖面图

3.2 夹石及顶底板

该区矿体位于山坡上,且裸露于地表,由于长期开采,主要矿体上没有覆盖层,矿山范围内矿体无直接顶板。矿体底板为张夏组的条带状鲕状灰岩。矿体中偶有夹石,厚度在 0.3～0.8 m,夹石为薄层泥质灰岩,含量少,厚度薄。夹石范围较小,开采中无须剔除。

4 矿石质量特征

4.1 矿石矿物成分

本区矿石主要为白云质灰岩、鲕粒灰岩和竹叶状灰岩。

(1)白云质灰岩:灰、灰白色,细～粉晶结构,残余鲕粒结构、交代结构,中～厚层状,块状构造。岩石矿物成分:方解石约占 63%,白云石约占 25%,其他矿物少量。

(2)鲕粒灰岩:灰黑色,鲕粒、豆粒结构,块状、条带状构造。矿物成分主要为方解石,约占 96%;次为白云石,占 2%～2.5%;少量黏土矿物及铁质。

(3)竹叶状灰岩:深灰色,残余鲕粒结构、晶粒结构,厚层,块状构造。岩石矿物成分主要为自形～半自形白云石,约占 97%;少量方解石、黏土和铁质,一般小于 5%。

4.2 矿石化学成分

本次工作未对矿石的化学成分进行取样分析,参考 2012 年洛阳千山矿业科技有限公司编写的《河南省禹州市宏彬建材有限公司建筑石料用灰岩矿资源储量核实报告》中同层位分析结果可知:

(1)崮山组岩石平均化学成分为:CaO,48.66%;MgO,3.76%;SiO_2,2.84%;Al_2O_3,0.82%;K_2O+Na_2O,0.46%。

(2)张夏组岩石化学成分为:CaO,50.61%～51.40%,平均 50.91%;MgO,1.53%～3.37%,平均 2.37%;K_2O+Na_2O,0.28%～0.49%,平均 0.40%。

4.3 矿石结构、构造

矿石结构:细晶、粉晶结构,鲕粒结构。
矿石构造:层状、块状、条带状构造。

4.4 矿石自然类型

根据矿石矿物成分、结构、构造,区内矿石为鲕粒灰岩一个自然类型。

鲕粒灰岩由亮晶鲕粒灰岩和粉泥晶白云质灰岩条带两部分组成。亮晶鲕粒灰岩颗粒主要为鲕粒，局部为豆粒。鲕粒呈圆形、椭圆形，成分主要为方解石，部分被白云石交代。粉泥晶白云质条带由他形方解石和自形-半自形白云石组成。二者相间分布呈条带状，为矿区内主要矿石类型。

4.5 矿石物理性能及分级

本次所采取的样品测试结果：样品 HB-1 的抗压强度 40.5 MPa，坚固性（质量损失）6.8％，碎石压碎指标 20％；HB-2 的抗压强度 75.6 MPa，坚固性（质量损失）0.92％，碎石压碎指标 7.1％；HB-3 的抗压强度 67.7MPa，坚固性（质量损失）0.89％，碎石压碎指标 13.0％。

样品 HB-1 因受矿山开采、采样等因素的影响，其质量指标不准确，不能参与石料等级评定。依据其他样品测试结果，本矿区石料等级亦可定为Ⅱ类。

根据本区所取的样品测试结果和以往的地质成果，本区矿石的物理性能如下：

矿石小体重：2.69 t/m³　　　　矿石大体重：2.688 t/m³

吸水性：≤0.01　　　　　　　松散系数：1.69

安息角：35°～39°　　　　　　抗压强度：50～111 MPa

摩氏硬度：≥5　　　　　　　　坚固性：0.92％～11％

碎石压碎指标：7.1％～20％

5　矿石加工技术性能

本区矿石作为建筑石料用质量较高，开采后可直接销售原矿，也可加工成各种规格的石子销售。根据本矿山和周边矿山提供的矿石加工有关数据，矿石加工技术性能良好，矿石经粉碎分级后完全可以满足建筑行业对矿石粒度的要求。

6　矿床开采技术条件

6.1 水文地质

矿区内无地表水体，属单斜构造，最低可采标高＋212 m，高于当地最低侵蚀基准面（当地最低侵蚀基准面为＋200 m），采石场的充水因素主要为大气降水。由于矿体位于山坡上，未来采石场开采的各个阶段，大气降水均可沿山坡及平台径流自然排泄，顺岩石裂隙渗透或人工排水，对矿山开采影响不大，水文地质条件属简单类型。

6.2 工程地质

6.2.1　矿体工程地质岩组特征

矿区地质构造简单，断裂构造不发育，除地表 1～2 m 深度范围内因风化裂隙较发育岩石有破碎，局部见到一些小型坍塌外，风化带以下岩石一般均很完整、坚固，工程地质稳定性好。

矿区岩溶不发育，平均岩溶率仅 0.54％。所以矿区为岩溶发育极微弱的坚硬岩石区，据岩石物理力学性质试验，为坚硬类岩石。未来采石场开采边坡坡度不大于 65°，基本保证坚硬类岩石边坡的稳定性。

综上所述，矿山工程地质条件亦属简单型矿床。

6.2.2　矿石物理性能试验

根据 2012 年洛阳千山矿业科技有限公司编写的《河南省禹州市宏彬建材有限公司建筑石料用

灰岩矿资源储量核实报告》,本次采用的矿石各项物理性能指标如下:

矿石小体重:2.69 t/m³   矿石大体重:2.688 t/m³

松散系数:1.69   安息角:35°～39°

6.3 环境地质

6.3.1 地震

据《中国地震动参数区划图》(GB 18306—2015),本区地震基本烈度为Ⅵ度。[1]

6.3.2 山洪、泥石流、滑坡等地质灾害

矿区位于山坡上,多年采矿,形成较大采坑,基岩裸露,岩石坚硬,自身不存在产生滑坡的地质条件。矿区汇水面积小,形不成山洪和泥石流。

6.3.3 环境影响

矿区未来采用露天开采方式,地形有一定的坡度,有利于采场水的自然排泄。水中仅含有少量悬浮物,无有毒有害物质,故矿山排水不会造成水质污染,对当地居民生活、生产用水无影响。唯一影响周边环境的矿山因素为采剥和矿石加工过程中产生的粉尘污染,可采取湿式凿岩、喷雾洒水等措施进行防护治理,力争使矿山开采活动对周边环境造成的不利影响降低到最低程度。

采区爆破安全距离内(300 m)无铁路、公路、高压线及居民点等影响采矿的因素。但是在矿山开采、施工过程中,应切实注意与相邻矿山保持一定的安全距离(≥300 m),其爆破警戒线应统一进行圈定,并同时约定实施爆破的时间。

7 结论

建筑用石料在国民经济基础建设中具有重要作用,随着河南省城市化的发展要求,各类城市的建设规模不断扩大,高架桥、高速公路、高铁等重点工程相继开工,对水泥原料及建筑石材、石料的需求量将会成倍增加。禹州市宏彬建材有限公司开采的张夏组鲕粒灰岩是良好的建筑石料,可加工成各种规格的石子销售,在今后七八年内,其加工的建筑石料销售前景将非常广阔。

参 考 文 献

[1] 中华人民共和国国家质量监督检验检疫总局,中国国家标准化管理委员会.中国地震动参数区划图:GB 18306—2015[S].北京:中国标准出版社,2016.

马达加斯加北部铝土矿床地质特征及成因

庞文进,李小池,彭宗涛

摘 要:马达加斯加铝土矿为红土型铝土矿,主要赋存于第四系第二亚层中,属残余物质。铝土矿受地形地貌的控制明显。全区铝土矿体呈帽状、壳状、似层状、透镜状,近水平及缓倾斜产出。本区贮藏量多,勘查开发潜力大,前景广阔。

关键词:马达加斯加;成因;红土型铝土矿;地质特征

马达加斯加岛位于非洲大陆架东南,印度洋西南部,其北部发现大型铝土矿床一处,估算铝土矿资源量超过 3 亿 t。矿床主要为富铝岩石在湿热气候条件下,经风化、淋滤作用形成的风化壳(红土型)铝土矿床。

1 区域地质概况

马达加斯加岛由冈瓦纳古陆裂解而成,属非洲克拉通的一部分,主要由占该岛三分之二面积的东部前寒武纪基底和西部沉积盆地组成。东部前寒武纪基底主要由正、副变质岩和花岗岩组成。Ranotsara 剪切带将马达加斯加东部前寒武纪基底分为中北部和南部,其显著的地质特征就是剪切构造带发育,对整个马达加斯加岛而言,在前寒武纪底层中寻找与韧性剪切带有关的绿岩型金矿具有较好的前景。Collins et al.、Collins 和 Windley 将马达加斯加中北部前寒武纪基底分为 5 个构造单元(图 1):Antongil 板块、Antananarivo 板块、Itremo 岩席、Tsaratanana 岩席和 Bemarivo 带。

Tsaratanana 岩席分布于马达加斯加中北部,主要出露前寒武纪黑云角闪斜长片麻岩、花岗质片麻岩及其他,岩浆岩主要有镁铁质基性、超基性岩等。构造主要表现为一系列褶皱、断裂、韧性剪切带等,总体呈近南北向展布。

2 矿区地质特征

铝土矿区内地层岩性是由结晶基底和第四系盖层构成"二元结构"组合。

第四系盖层属第四系红土层,主要由沙壤土、砂土组成,黏性差。自上而下分为三层,上层为腐殖土层和黄色-浅红色黏土层。腐殖土层在矿区广泛分布,厚度 0～0.50 m,多含植物残叶、枝叶及有机质而呈灰-灰黑色,局部为黏土质矿物组成,形成铝土矿层的盖层;黄色-浅红色黏土层在矿区呈零星展布,主要分布于山坡、沟谷、河流等负地形处,主要是由于大气降水的强烈冲刷剥蚀了上层的铝土矿层。中层为铝土矿主要含矿层位,分布在山顶及其斜坡上段、平原地形等区域,与上覆的

庞文进:男,1988 年 10 月生。本科,助理工程师,主要从事地质调查与找矿工作。河南省有色金属地质矿产局第三地质大队。
李小池:河南省有色金属地质矿产局第三地质大队。
彭宗涛:河南省有色金属地质矿产局第三地质大队。

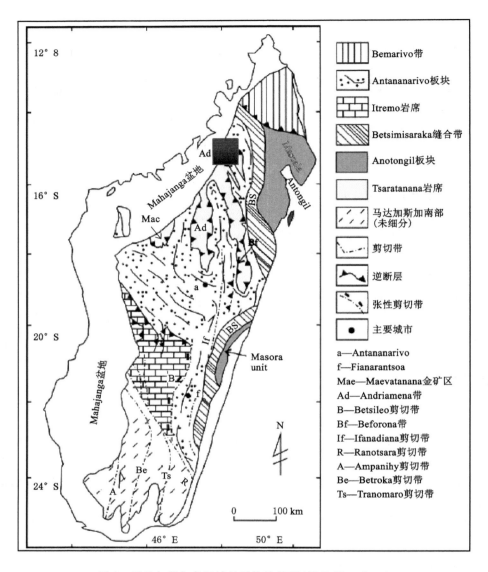

图 1　马达加斯加岛区域地质构造简图(据 Collins,2003)
(黑色方块为勘探区大致位置)

红土层呈渐变接触关系。下层为半风化层,呈灰白色-白色-黄色-浅红色,由黏土质(高岭石)矿物组成,可见基岩残块、石英等颗粒,与结晶基底直接接触,残块保留有基底原岩的结构、构造或假象,为本区铝土矿体的直接底板。

结晶基底由两部分组成,即各类岩浆岩(时代未分)和前寒武纪变质岩系。岩浆岩为中-酸性岩浆岩侵入岩,主要为石英(碱性)正长岩,还有少量的二长花岗岩、斜长花岗岩等;前寒武经变质岩系经历了多期变形、变质作用,由一套变质角闪、变粒相的岩系组成,岩性主要为黑云辉石长片麻岩、斜长角闪片麻岩、角闪二长片麻岩、角闪辉石二长片麻岩等,其中出露范围最大为角闪二长片麻岩。

3　矿体地质特征

3.1　含铝岩系地质特征

矿区铝土矿主要赋存于第四系第二亚层中,属残余物质。铝土矿层划分为两种类型:一种为铁硅铝土矿层,即硬壳层,它位于土状铝土矿上部,颜色呈斑杂色,以高铁为特征,主要由铁硅质胶结的团块状结核构成,粒状结构,多孔状(孔内铝核被淋失形成孔洞)、蠕虫状、团块状构造,硅质结核呈暗红色、红色等,介于腐殖层与土状铝土矿层之间,局部相互联结成似层状,仅部分区域出露。另一种为土状铝土矿层,区内共划分为5个分层:① 土状三水铝土矿,红褐色,多数为鳞片状-鲕状结构,结构较复杂,蜂窝状-结核状构造,岩石坚硬,胶结物为硅、铁质,可见有角砾状、鲕状-豆状铁铝质结核(砾),孔隙发育,空洞主要为长石风化或铝质皮壳风化流失形成的,该分层铝土矿品位较高,品质好,但资源量在全区占比极低;② 黄色-浅黄色土状三水铝土矿,鳞片-泥质-土状结构,结构疏松易碎,土状-砂状-角砾、砾状构造,主要矿物成分为三水铝石、石英、高岭石、白(水)云母,含少量褐铁矿、针铁矿,矿石成分极不均匀,其中石英颗粒粒径 2～5 mm,多为他形,嵌布在土状三水铝石集合体内;③ 红色、深红色土状三水铝土矿,外观像细砂岩,但结构疏松,泥质胶结,泥质-土状结构,土状-疏散块状构造,偶见层纹状构造,可见鲕状-豆状铁铝质结核(粒径 1～3 mm,含量 3%～5%),主要矿物成分为三水铝石、石英、高岭石、白云母,含少量褐铁矿、针铁矿、碳质颗粒,矿石成分不均匀,该分层为品位高、质量较好的铝土矿,是本矿区资源量占比较大的矿石类型之一;④ 红-浅黄色土状三水铝土矿,泥质-土状结构,结构疏松,泥质胶结,土状-砂土状构造,主要矿物成分为三水铝石、石英、高岭石等,偶见三水铝石矿物鲕状-豆状结核,石英颗粒,偶见原岩风化残块,该分层铝土矿是本矿区中资源量占比较大的矿石类型;⑤ 杂色铝土矿,微粒结构,偶见鲕状-豆状结构,土状或砂糖状构造或层纹状,主要组分为三水铝石、石英、高岭石、黏土矿物、铁氧化物、水云母等,泥质胶结,松散易碎,其底部有时可见大量云母团块(云母片径≤1 mm,略呈片麻理构造),可见原岩残块或石英团块,残块风化严重,原岩结构、构造已不可辨认,该分层在矿区内呈小片零散分布,仅少量工程可见。

3.2　矿体特征

铝土矿受地形地貌的控制明显,主要沿山脊、残丘的宽缓地带及缓坡分布,总体方向为近南北向,沟谷处和河流底及两岸周边的低洼处被(冲刷)剥蚀殆尽,或被红土(高岭石质黏土)覆盖,形成无矿窗。矿体形态一般沿丘陵、山丘的脊部、边坡处而呈长条状、近圆状、帽子状、不规则状展布。铝土矿的分布产状与地形坡向、坡度基本一致,坡角 0～20°,一般 5°～10°。在坡陡处,矿层坡角较大,在地形平缓处,矿层也较平缓,局部由于受后期地形的剥蚀、改造,矿层产状与地形坡向、坡度有一定差异。

全区铝土矿都呈帽状、壳状、似层状、透镜状近水平及缓倾斜产出。矿体顶、底板与铝土矿矿层在颜色、结构、构造上都呈渐变接触。区内地质构造简单,地表未见明显的褶皱、断裂构造。

全区根据工程见矿情况及区内河流、沟谷对矿体的切割情况,共划分为 9 个矿体,其中北部为 5 个矿体,南部为 4 个矿体(图 2)。

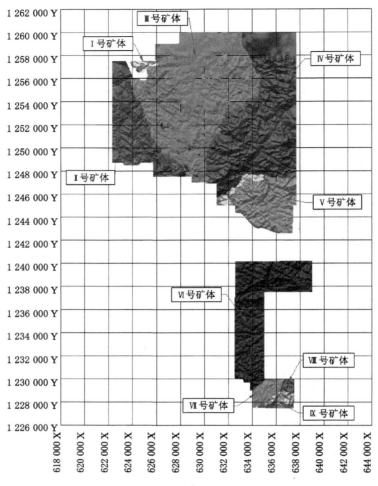

图 2　矿体分布位置示意图

　　按照见矿工程数量来说,最大的矿体在北部,呈纺锤形,南北向有 13 300 m,东西向北部是 4 600 m、中部是 10 500 m、南部是 1 400 m,在全区占比 45.72％;最小的矿体在南部,形状为正方形,长宽为 500 m,在全区占比 0.35％。矿层的见矿厚度 0.50～29.00 m(表 1),矿体内部结构简单,无夹层现象。

表 1　　　　　　　　　　　　　　　　　　矿体特征一览表

矿体编号	分布位置	大致形态	矿体规模		见矿工程数量	矿石量/万 t	全区占比/％	备注
			东西向/m	南北向/m				
Ⅰ号	西北部	近东西向矩形	2 000	1 000	14	685.77	0.63	
Ⅱ号	西部	南北向梯形	北部 900,南部 5 400	7 500	306	9 614.55	8.86	
Ⅲ号	中部	纺锤形	北部 4 600,中部 10 500,南部 1 400	13 300	1 714	49 595.81	45.72	北部矿区
Ⅳ号	东部	靴状	北部 4 000,南部 7 500	11 900	610	17 565.47	16.19	
Ⅴ号	南部	方形	4 600	4 900	79	8 773.82	8.09	

续表1

矿体编号	分布位置	大致形态	矿体规模		见矿工程数量	矿石量/万t	全区占比/%	备注
			东西向/m	南北向/m				
Ⅵ号	中北部	倒L状	北部6 700，南部2 700	10 800	178	20 493.18	18.89	南部矿区
Ⅶ号	南部	矩形	1 200	900	6	615.79	0.57	
Ⅷ号	南部	方形	500	500	3	383.07	0.35	
Ⅸ号	南部	东西向矩形	1 800	900	9	750.91	0.69	
合计						108 478.37	100	全区

3.3 矿石质量特征

矿石成分主要有三水铝石、石英、高岭石、白云母，含少量的褐铁矿、针铁矿，矿石成分极不均匀。矿石按矿物颗粒形态划分有鳞片状-鲕状-豆状-角砾、鳞片状-泥质-土状、泥质-土状、微粒、鲕状-豆状结构。矿石的构造类型有蜂窝状-结核状、块状构造、土状-砂状-角砾状、砾状、土状-疏散块状、层纹状、土状-砂状、砂糖状构造。

铝土矿的化学成分主要有 Al_2O_3、SiO_2、Fe_2O_3、TiO_2 等。全区单工程 Al_2O_3 品位 27.00%～44.41%，单矿平均品位28.50%～31.23%，单矿体 Al_2O_3 品位变化系数3%～10%，全区矿体平均 Al_2O_3 品位31.16%，Al_2O_3 品位变化系数10%，本区 Al_2O_3 品位总体比较稳定。A/S是衡量铝土矿的主要指标之一，全区单工程 A/S 0.50～7.80，单矿体平均 A/S 0.67～1.05，单矿体 A/S 变化系数11%～74%，全区矿体平均 A/S 0.88，A/S 变化系数49%，由此可说明本区 A/S 较稳定。

4 矿床成因探讨

铝土矿是红土化作用进行到最后阶段的产物，在红土型风化进行到最后阶段，土壤中活动性较强的元素基本上被彻底带出之后，Al_2O_3、SiO_2、Fe_2O_3、TiO_2 等地表条件下最为稳定的矿物被留了下来，构成铝土矿的主要成分。

红土型铝土矿的形成主要受气候、降水、地貌、水文地质条件、生物及母岩等因素控制。

（1）气候。匈牙利的地质学家 G. Bardossy 将红土型铝土矿发育的气候条件概括为：年平均气温高于 22 ℃；降雨量超过 1 200 mm，且分为多雨季节和旱季。红土型风化是一种以化学风化作用为主的风化作用，高温多雨的气候适合化学风化作用的进行，适当的水和较高的温度有利于提高化学风化作用的强度。

（2）丰沛的大气降水和良好的排泄条件。铝土矿化过程是其他元素被基本或完全带出的过程，大气降水是近似纯净的不含矿物质的不饱和水，是铝土矿形成的最好的介质，可以最大限度地溶解红土中的可移动矿物质；良好的排泄条件使得大气降水渗入红土后可以有效地排泄，带走矿物质。

（3）地貌。地貌对风化作用的影响巨大。对于铝土矿来说，地形高差较大的山区由于机械风化作用明显，使得地势较高处的地质体剥蚀速度较快，地表风化层在红土化之前就被剥蚀殆尽；地势较低的地方风化物质未达红土化程度就被埋到深处，从而不利于红土化及铝土矿成矿作用的进行；而地势起伏不大的高原台地、准平原地貌对铝土矿化是最为有利的，目前世界上大多数的红土型铝土矿分布在这类地貌上。本铝土矿区海拔为 1 000 m 左右，属高原台地地形中的平原-丘陵-低山地貌，其平均海拔与周边地貌有 300 余米的落差，这些有利于大气降雨的渗透后排泄，带有活泼的无利元素,更有利于风化作用由红土化作用向铝土矿化作用进行。

（4）水文地质条件。水文地质条件影响大气降水的下渗、排泄及矿物质的溶解和带出。铝土矿一般形成于大气降水下渗条件良好的地区,本矿区对于大气降水有良好的渗透作用,利于铝土矿化作用的进行,进而有利于铝土矿的形成。

（5）生物。植物、微生物及其分解物的作用,可以促进岩石的分解。植物的作用还有阻止大气降水、地表径流对土壤层的冲刷,使得化学风化作用长期进行;茂密的植物阻滞地表径流的发育,使得大气降水渗入地下,植物根系同时是大气地表水下渗的有利通道,利于对土壤进行化学作用并溶解、带走可移动矿物质;茂密的植物可以阻挡阳光的暴晒、降低土壤中水的蒸发速度,植物的作用还使得已经形成的铝土矿层不至于被冲刷、剥蚀,从而保留下来。

（6）母岩。母岩对铝土矿形成的影响是极为明显的,高铝、易风化的岩浆岩显然有利于铝土矿的形成,而高硅低铝的硅质岩、石英岩、砂岩不利于铝土矿的形成。最常见的成矿母岩包括本矿区的二长花岗岩、石英正长岩等酸性岩和片麻岩。

铝土矿的形成是以上各个因素综合作用的结果。本矿区地表覆盖二长花岗岩、石英正长岩等酸性岩和片麻岩,亦为铝土矿最有利的母岩之一,铝土矿层下部常常出现花岗岩类酸性岩和片麻岩的风化残留物。

本矿区位于马达加斯加岛北部的高原地区,降水丰沛,每年 5～10 月为旱季,11 月至翌年 4 月为雨季,有进行铝土矿作用的有利气候;矿区大气降水充足,植被不发育,地表为疏松的红土层,渗透性较好,高原台地地形保证了良好的泄水条件,高差相对适中的地势形成了极好的降雨排泄的条件,区内几条大的河流形成了快速搬运的通道,低铁的红土层难以形成厚大的铁硅铝质（硬壳）层,使得铝土矿化作用的深度持续增加;矿区广泛覆盖的岩浆岩体（酸性岩浆岩）、变质岩系岩石（片麻岩类）为铝土矿化提供了足够的物质基础。

参 考 文 献

[1] 巴尔多西 G,阿列瓦 G J J. 红土型铝土矿[M]. 顾皓民,等,译. 沈阳:辽宁科学技术出版社,1994.

[2] 袁海明,等. 马达加斯加共和国某矿区铝土矿勘探报告[R]. 2016.

[3] 黄国平,胡清乐,陈冬明,等. 马达加斯加重要矿产找矿潜力[J]. 资源环境与工程,2015(1):6-10,15.

[4] 黄国平,胡清乐,陈冬明,等. 马达加斯加地质矿产概况[J]. 资源环境与工程,2014(5):626-632.

西昆仑老并磁铁矿控矿因素和找矿标志

刘　颖，刘品德

摘　要：老并磁铁矿位于塔阿西大断裂西侧，矿体主要赋存于早古生代浅变质的碎屑岩-火山碎屑含铁岩系岩中。矿体多呈层状产出，与地层产状一致，层控作用比较明显；矿石主要为石膏磁铁矿和块状磁铁矿矿石；围岩蚀变特征明显。矿床类型属海相火山-沉积变质型铁矿，早古生代地层、构造、岩浆活动、岩相古地理控制着矿床的产出。在矿床地质特征和控矿因素的基础上总结了找矿标志，并提出了下一步的找矿方向。

关键词：磁铁矿；沉积变质型；西昆仑；老并

昆仑造山带横亘于青藏高原北缘，是"特提斯构造域"与"古亚洲构造域"的结合部位[1]，受自然条件限制，地质矿产研究开发程度较低。该区地质构造复杂，地层发育齐全，岩浆活动频繁，多种矿床类型发育，找矿潜力巨大 。近年来，随着地质勘探工作持续进行，在新疆境西昆仑塔什库尔干地区的铁矿找矿工作取得了重大进展。其中老并磁铁矿为河南省地质调查院在 2001～2003 年之间承担中国地质调查局国土资源大调查项目——新疆 1：25 万叶城县幅、塔什库尔干塔吉克自治县幅、克克吐鲁克幅区调[2]过程中发现的，经河南省地质调查院承担的"新疆塔什库尔干-莎车铁铅锌多金属矿评价"[3]项目初步评价，河南豫矿金源有限公司对其进行了普查、详查和部分矿段的勘探评价工作，提交(333)＋(334₁)类铁矿石资源量 3 亿多吨，为特大型磁铁矿床，该矿床为新的成矿类型——帕米尔式铁矿[4]，具有磁性铁比例高、易选、附加值高的特点。本文在研究老并磁铁矿床形成的地质背景、矿床地质特征的基础上简要分析其成因，总结控矿因素和找矿标志，以期为下一步的找矿勘探提供方向和理论指导。

1　区域地质背景

老并石膏磁铁矿位于西昆仑-喀喇昆仑造山带康西瓦构造带西侧，塔阿西构造带东侧，属西昆仑构造带塔什库尔干陆块。塔什库尔干陆块内主要出露地层单元为古元古界布伦阔勒岩群及下古生界志留系温泉沟组。岩浆活动强烈，岩浆侵入时代可划分为元古宙期、加里东期、华力西期、燕山期、喜马拉雅期等五期，岩石种类众多，主要为基性-超基性侵入岩、中酸性侵入岩等；火山岩主要分布于古元古界布伦阔勒岩群、下古生界志留系温泉沟组，岩石类型以基性为主，中酸性火山岩次之，火山岩均发生不同程度的变质、变形作用，火山作用以海相喷出-溢流相为主，陆相火山岩未见。成矿条件优越，与成矿有关的地层主要为下古生界含铁岩系，铁矿成因类型为沉积型磁铁矿，属于早古生代海相火山活动有关的火山-沉积型铁矿床。

刘颖：女，1988 年生。本科，助理工程师，目前从事化学分析工作。河南省地质科学研究所，河南省金属矿产成矿地质过程与资源利用重点实验室。

刘品德：河南省地质调查院。

2 矿区地质特征

2.1 地层

矿区内出露地层为下古生界含铁岩系(Pz_1TH)和第四系(Q)以及沿河谷和缓坡的第四系(Q)松散沉积覆盖物(图1)。

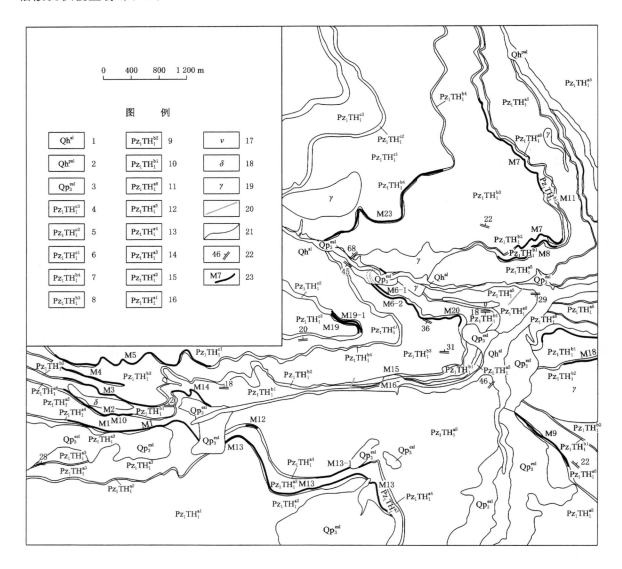

图1 老井磁铁矿区地质简图[4]

1——冲积砂砾石;2——冲洪积沉积沙土、亚沙土、砂砾石;3——残坡积沉积亚沙土、局部夹砾石层;

4——变石英砂岩局部夹斜长角闪片岩;5——磁铁黄铁矿;6——变石英砂岩;7——黄铁磁铁矿;

8——长英质片岩、黑云石英片岩;9——石膏磁铁矿;10——黑云石英片岩、长英质片岩;11——含角闪磁铁矿;

12——黑云石英片岩、长英质片岩;13——方解石磁铁矿;14——石榴黑云石英片岩;15——(含角闪石)硬绿泥石磁铁矿;

16——黑云石英片岩;17——次闪石岩;18——闪长岩;19——片麻状花岗岩(花岗岩);20——断层;

21——地质界线;22——片理产状;23——矿体及编号

2.1.1　含铁岩系

早古生代含铁岩系广泛出露于该矿区,为一套浅变质碎屑岩夹火山岩、碳酸盐岩建造,内部形成一系列的平卧褶皱、斜歪褶皱。岩层(S_{0-1})倾角一般为$20°\sim45°$。

根据区内的岩石组合及其沉积相特征大致分为 a、b、c 三个岩性段。

a 段:主要分布于矿区的南部、东部,以含大理岩(或钙质层)夹层和膏泥的广泛发育为特征,主要岩性为石膏黑云石英片岩、黑云石英片岩、石榴黑云石英片岩、大理岩、长英质片岩、斜长角闪片岩。该岩性段中有 4 层磁铁矿化层,地表以大规模的磁铁硫铁矿含矿层(黄色氧化带)出露作为标志。

b 段:主要分布于矿区北部,以长英质片岩、次闪石岩的广泛发育为特征,主要岩性为黑云石英片岩、长英质片岩、斜长角闪片岩、变石英砂岩。该岩性段中有 1 层磁铁矿化层。

c 段:主要分布于矿区的东北部,以大套的变石英砂岩出露为特征,主要岩性为黑云石英片岩、长英质片岩、变石英砂岩、磁铁石英岩、斜长角闪片岩。纵向上,该岩性段中矿区只见到一层磁铁矿层。

2.1.2　第四系

第四系(Q)主要有更新统和全新统,在平缓山坡上局部分布有上更新统坡积层,沿河谷分布全新统冲积物。

2.2　构造

矿区地层总体控矿构造格架为一复向斜构造,褶皱轴迹走向$300°$,具体由两向斜夹一背斜所构成。

2.3　岩浆岩

矿区内岩浆活动的岩石较常见,在含铁岩系地层中,火山活动形成的岩石主要有长英质片岩、流纹质晶屑凝灰岩、斜长角闪片岩、绿泥石片岩、黑云母石英片岩等。其与沉积型磁铁矿的成矿物质来源关系十分密切,如控制层状石膏磁铁矿体的岩性主要是长英质片岩,它们既是赋矿围岩又是成矿母岩。侵入岩主要有花岗岩、闪长岩、辉绿岩等。

3　矿化特征

3.1　矿化一般特征

老并矿区磁铁矿化现象较为普遍,区内已发现 6 个含磁铁矿层位,24 个磁铁矿体,其中 M1、M6、M7、M13 号为主要矿体。铁矿层均位于地层沉积序列的结构转换面上或附近,矿体的产出和分布严格受地层层位和岩性控制,矿体走向以 NW-SE 向为主,主要呈层状、似层状分布于含铁岩系的磁铁石膏岩段内,赋矿围岩以黑云石英片岩为主,斜长角闪片岩次之。矿体与围岩呈整合、渐变过渡接触,互层状产出,局部与围岩发生同步褶曲,具有明显的沉积成矿作用特征。由于各含矿层中均或多或少含有黄铁矿,经表生风化氧化作用,使黄铁矿中的硫析出染色或部分形成黄钾铁矾,致使含矿层总体呈现黄色,成为矿区内典型的找矿标志之一。

3.2　主要矿体特征

M1 矿体:分布在矿区西南部,矿体顶板围岩为千枚状板岩,底板围岩为黑云石英片岩。矿体走向 NW-SE,倾向 NE,倾角 30°～55°,与围岩产状基本一致。现控制长度长 1 450 m,平均厚度 9.81 m,厚度变化系数 89.72%,平均品位 TFe 30.43%、mFe 25.12%。

M6-1 矿体:位于矿区中部,矿体顶底板围岩均为长英质片岩。矿体走向 NW-SE,倾向 NE,倾角 44°～54°,与围岩产状基本一致。现控制长度长 1 700 m,平均厚度 11.07 m,厚度变化系数 141.03%,平均品位 TFe 28.71%、mFe 25.07%。

M7 矿体:分布在矿区东北部,上盘围岩为长英质片岩,下盘为黑云石英片岩。矿体走向 NW-SE,倾向 NE,平均倾角约 40°,与围岩产状基本一致。现控制长度长 2 200 m,平均厚度 5.40 m,厚度变化系数 88.10%,平均品位 TFe 35.20%、mFe 31.51%。

M13 号矿体:位于矿区西南部,矿体呈层状、似层状分布于黑云石英片岩内,下盘围岩为含磁铁矿黑云石英片岩,上盘围岩为二云石英片岩。矿体走向 SW-NE,倾向 NE,倾角 40°～60°,与围岩产状一致,呈单斜层状。现地表控制矿体长约 3 100 m,平均厚度 3.60 m,平均品位 TFe 42.62%。

3.3 矿石特征

矿石中主要金属矿物有磁铁矿、黄铁矿、磁黄铁矿,少量镜铁矿、黄铜矿、褐铁矿、铜蓝、黄钾铁矾和极少量的钛铁矿。其中,磁铁矿为目前的工业利用矿物。非金属矿物主要有石英、黑云母、角闪石、斜长石、石膏、硬石膏、绿泥石、方解石,少量的透闪石、辉石、石榴子石、磷灰石等。其中,石英、黑云母、石膏、硬石膏、绿泥石是矿石内最主要的脉石矿物。矿石结构按成因可分为结晶结构、交代结构、固溶体分离结构、变质重结晶结构及压力结构 5 种类型。其中,结晶结构与交代结构为矿区内矿石的主要结构。矿石构造主要有条带状、浸染状、条纹状构造,少量块状构造。

3.4 围岩蚀变特征

矿区内围岩蚀变普遍较弱,一般常见的蚀变为绿泥石化、绿帘石化、黄铁矿化、透闪石化,但蚀变范围较为有限,主要呈零星、孤立的团块状分布,均为变质作用产物,其与磁铁矿化没有直接的联系。

4 控矿因素

4.1 矿床成因

矿体主要呈层状、似层状、透镜体状,与地层的产状一致,矿体层控作用明显;矿区主矿层位于长英质片岩(酸性火山岩)与黑云石英片岩(沉积变质岩)相转化地段;含铁矿物主要以磁铁矿为主,矿石品位变化较大,TFe 含量最高可达 64.78%,最低为 20.72%,不同的含量构成不同品级的矿石;矿石中原生沉积组构发育,局部发育变形再造组构。磁铁矿主要与(硬)石膏等脉石矿物组成致密块状、浸染状、条带状、条纹状构造,不具有岩浆成因矿床典型特征,如海绵陨铁构造、网脉状构造,也未见磁铁矿穿插交代后期矿物和前寒武纪条带状含铁建造的硅铁分离现象。这些特征表明区内铁矿具有明显的沉积成矿特征[5],后期的变质作用和热液作用对铁矿的形成和富集影响较小,所以老并磁铁矿成因类型为海相火山沉积型铁矿。综合矿床地质特征、矿石组分及结构构造分析,成矿过程简述如下:

塔什库尔干陆块在拉张作用下形成海盆过程早期伴随着强烈的中基性火山喷发活动,带来了大量的成矿物质;后期在火山活动的中心部位,一方面可以通过火山气液、火山灰吸附等方式从深部带出大量的铁质,另一方面火山气液提高带来了大量的 Cl^-、SO_4^{2-}、CO_3^{2-} 等离子,形成了一种强酸性、低氧化电位的水体环境,这种强酸性水体对原先在火山活动中已喷溢在海底的基性火山岩进行侵蚀,从中萃取铁质。一般在低 pH 值及还原条件下,铁的溶解度较大,活动性较强,可以远距离搬运。随着火山活动的持续,海水中铁质的含量逐渐增高,形成了原始的含矿溶液,在距离火山活动中心较远部位,即沉积盆地的边部,由于陆源碎屑物质和陆源径流水的加入,改变水体的沉积环境,形成一种高 pH 值、Eh 值为正值、氧逸度较高的水体环境。在同一盆地的不同部位存在两种差异较大的水体环境,必然导致其发生对流,向着物理化学条件均一的方向演化,这样导致火山活动中心部位的含矿溶液向盆地边缘运移,在高氧化还原电位、弱酸-弱碱的水体环境,成为铁质卸载沉淀的有利场所,这些部位往往形成厚大的磁铁矿层 。

4.2 控矿因素

老井磁铁矿床是由海相火山岩的多次间歇喷发导致,喷发物质以基性火山岩为主。火山喷发是铁质的主要物源,海水搬运和沉积是形成火山-沉积型矿床的基本条件;而区域性的变质变形作用使岩石再次增温、增压发生塑性变形,又使贫铁矿进一步富集,形成了目前这样具有构造变形、品位富集的海相火山-沉积铁矿。主要控矿因素有以下几方面。

4.2.1 地层因素

早古生代含铁岩系是区内重要的含铁层位,根据岩性组合自下而上大致可划分为大理岩＋石英片岩段、磁铁石膏岩段和石英云母片岩段 3 套变质建造岩性组合。经原岩恢复为一套碳酸盐岩建造-中基性火山岩建造-含铁(膏岩)建造-碎屑岩建造组合。

铁矿受地层岩性控制特征也较为明显,虽然早古生代地层为区内铁矿的赋矿围岩,但不同的含矿性存在较大的差异,赋矿围岩以黑云石英片岩、变质细(粉)砂岩为主,斜长角闪片岩次之。其中,致密块状的磁铁矿主要赋存于含砂质成分较高的岩性中,矿体的规模和品位与地层(黑云石英片岩)中砂质成分的含量呈正相关关系。

4.2.2 构造因素

断裂构造对成矿控制表现在三个方面:其一为塔什库尔干陆块西侧的塔阿西断裂和东侧的康西瓦断裂是控制铁矿沉积盆地的边界断裂。其二为在塔什库尔干火山沉积盆地演化过程中生成的同生基底断裂构造,控制了火山沉积盆地海底基性火山岩的喷发、空间分布,为沉积变质型磁铁矿床提供了重要的铁质来源。其三为成矿后的断裂构造在研究区内也比较发育,但这些断裂构造一般是斜切地层或层间断裂构造,对矿体虽有破坏作用,但沿走向对磁铁矿层连续性影响不大。

褶皱构造对矿体的控制主要表现在背斜倾伏褶皱转折端虚脱部位和向斜核部的矿体厚度增大、品位也相对增高。

4.2.3 岩浆活动因素

岩浆活动对成矿的控制作用主要表现在两个方面:其一为海底火山作用对成矿的控制,海底火山作用从深部带来了铁矿形成的成矿物质,而且火山活动的热量驱动着含矿溶液与海水对流,将含矿溶液搬运到有利于铁质沉淀的水体环境中富集。其二为后期的岩浆侵入活动主要是对早期沉积形成的磁铁矿层进行改造,使侵入体与矿层的接触部位出现矽卡岩化,但对矿体的形成与富集影响有限,仅在局部可见。此外,后期的岩浆侵入活动局部破坏了先成矿体的连续性,但这种影响也比较小,受改造的磁铁矿床仍可见原生的沉积组构。

4.2.4 岩相古地理因素

矿区内沉积物质由碳酸盐岩→细碎屑岩→粗碎屑岩→基性火山岩喷发→细屑岩、黄钾铁钒等沉积演变,导致火山沉积盆地从浅海、半深海→海滨浅海→封闭、半封闭海湾沉积还原环境演化。这说明磁铁矿层的形成受火山沉积盆地发展演化制约,导致铁矿层的沉积受岩相古地理环境变迁的制约。矿区内常表现为黄铁矿、磁铁矿等矿物共生的现象,主要形成于滨浅海沉积环境。

4.2.5 变质作用因素

铁矿主要赋存于一套中浅变质程度的火山-沉积岩系中,铁矿的产出严格受变质地层控制。矿区的变质作用主要为深埋变质,使含铁建造中的物质发生了一系列物理化学变化,原始沉积形成的极少量赤铁矿变质形成磁铁矿以及部分磁铁矿发生变质重结晶作用,使磁铁矿颗粒变大 。

4.3 找矿标志

(1)西昆仑造山带中塔阿西断裂和康西瓦断裂之间的塔什库尔干陆块是找磁铁矿的选区标志。

(2)地层及岩性标志:早古生代含铁岩系磁铁矿化黑云石英片岩与长英质片岩接触部位以及大理岩与黑云石英片岩、黑云石膏片岩内均见到磁铁矿化。矿体呈层状分布,产状与围岩基本一致,呈渐变过渡关系,岩性控矿特征非常明显。这反映出矿化产出部位与地层、岩性有着密切的成因联系。

(3)构造标志:背斜转折端或向斜转折端部位易于矿体的富集,是成矿有利部位。

(4)矿体露头:这是最直接的找矿标志。金属矿物在近地表氧化较弱,磁铁矿仍保留有较好的晶形。

(5)黄色氧化带:这是寻找磁铁矿的最直接的标志,区域上比较普遍。特别是黄色氧化带呈现出负地形的地方,预示着黑云石膏磁铁矿石的存在。

5 结论

区域上西昆仑塔什库尔干陆块内部塔什库尔干县城北塔合曼-辛迪一带出露地层为早古生代含铁岩系,自下而上可划分为大理岩+石英片岩段、磁铁石膏岩段和石英云母片岩段 3 套变质建造岩性组合。目前该区已发现的矿(化)点有塔合曼、塔县水电站等,其矿区地质特征和矿化特征与老并磁铁矿区具有较大的相似性,但尚未有发现上规模的磁铁矿床。近几年来在野外工作期间发现了不少有益的找矿线索,根据老并磁铁矿区的控矿地质因素和找矿标志,该区域有望发现和找到具有一定规模的磁铁矿床,对今后在本地区开展磁铁矿找矿工作具有重要意义。

参 考 文 献

[1] 潘裕生.西昆仑的构造特征与演化[J].地质科学,1992(3):224-231.
[2] 王世炎.河南省地质调查院新疆 1:25 万叶城县幅、塔什库尔干塔吉克自治县幅、克克吐鲁克幅区调报告[R].2004.
[3] 高廷臣,河南省地质调查院,等.新疆塔什库尔干-莎车铁铅锌多金属矿评价[R].2008.
[4] 燕长海,等.帕米尔式铁矿床[M].北京:地质出版社,2012.
[5] 王曰伦,孙忠和,任富根,等.中国海相火山-沉积成矿理论及相关地质问题[M].北京:地质出版社,1988.

西昆仑欠孜拉夫铅锌铜多金属矿床
地质特征及成因浅析

刘　颖，刘品德

摘　要：近年来,在西昆仑重要的铅锌铜多金属成矿带瓦恰岛弧带发现了一批铅锌铜矿资源产地。通过对欠孜拉夫铅锌铜多金属矿床的地质背景和矿区地质、矿体特征的研究以及对其成因的初步分析,认为铅锌铜多金属矿床是 VMS 型矿床,以期为在西昆仑地区寻找同类型的铅锌铜多金属矿产提供参考。

关键词：欠孜拉夫；铅锌铜；矿床成因

近年来,随着我国西部大开发步伐的加快,对矿产资源的需求持续高涨,从而推动了地质找矿的快速发展。随着地质勘探工作的进行,在新疆西昆仑塔什库尔干地区的找矿工作取得了重大进展。西昆仑欠孜拉夫铅锌铜多金属矿是河南省地质调查院在 2001～2003 年之间承担中国地质调查局国土资源大调查项目"新疆 1∶25 万叶城县幅、塔什库尔干塔吉克自治县幅、克克吐鲁克幅区调"[1] 过程中发现的,经河南省地质调查院承担的"新疆塔什库尔干-莎车铁铅锌多金属矿评价"[2] 项目初步评价的大型铅锌铜多金属矿产地,并认为区内铁铅锌多金属矿床属于层控矿床;冯昌荣[3] 认为其矽卡岩型-热液改造型矿床。笔者根据野外工作和资料收集对欠孜拉夫铅锌铜矿床成矿地质背景、矿区地质、矿床地质等诸方面进行了研究,并在此基础上对矿床成因进行了探讨,对深化研究区内铅锌铜多金属成矿机理,总结区域成矿规律和西昆仑地区铜铅锌多金属矿寻找与发现提供参考。

1　区域地质背景

欠孜拉夫铅锌铜多金属矿矿区位于西昆仑-喀喇昆仑造山带康西瓦构造带东侧,柯岗构造带西侧,属瓦恰岛弧带。瓦恰岛弧带内出露地层单元为元古界库浪那古群、上石炭统和下白垩统下拉夫底群。岩浆作用强烈,岩浆岩十分发育,岩浆侵入活动以燕山期最为强烈,次为喜马拉雅期,元古代较弱,岩石种类众多,主要为基性-超基性侵入岩、中酸性侵入岩等;火山岩主要分布于石炭系地层中,岩石类型以基性为主,中酸性火山岩次之,火山岩均发生不同程度的变质、变形作用,火山作用以海相喷出-溢流相为主,陆相火山岩未见。区内的变质作用以中浅变质作用为主,变质期有元古代、加里东期、华力西期,其中以元古代、加里东期的变质作用最为强烈。成矿条件优越,与成矿有关的地层主要为石炭系未分,具体层位为变凝灰质砂岩。

刘颖:女,1988 年生。本科,助理工程师,目前从事化学分析工作。河南省地质科学研究所,河南省金属矿产成矿地质过程与资源利用重点实验室。

刘品德:河南省地质调查院。

2   矿区地质特征

2.1   地层

矿区内出露地层有石炭系主体地层,总体展布方向与主构造线基本一致,走向北西,倾向北东,倾角 40°～80°,与上覆地层白垩系为断层接触。主要岩性为灰色变质砂岩、变凝灰质砂岩(铅锌铜矿化层),夹灰白色大理岩。在矿区内,自西向东,总体可分为 3～4 个沉积旋回,铅锌铜矿化层受沉积旋回控制。岩性变化情况为:① 灰色变钙质砂岩、变质砂岩、变凝灰质砂岩(矿化层)、大理岩;② 灰色角岩化变质砂岩、变凝灰质砂岩(矿化层)、角岩化变质砂岩;③ 灰色角岩化变质砂岩、变凝灰质砂岩(矿化层)、大理岩、钙硅质角岩(其中夹透镜状矿化体)。

白垩系分布在矿区西部,呈角度不整合覆盖在石炭系之上,岩性为一套红色碎屑岩,产状近于水平。

第四系主要有更新统和全新统。更新统(Qp)分布在西南角的低缓山坡上,岩性为褐黄色黄土、沙砾石层等。全新统(Qh)沿现代河谷分布,主要岩性为冲洪积沙砾石层。

2.2   构造

矿区内地层分布呈单斜层状,倾向北东。断裂构造发育,有 3 条较大的断裂。

F1 断裂:石炭系与白垩系的分界断裂带,呈北西-南东走向,纵贯全区。断裂带内构造岩类型较多,主要有构造角砾岩、碎裂岩、糜棱岩、千糜岩等。该断裂早期为韧性剪切带,后期叠加脆性断裂,具有多期次活动特点。

F2、F3 断裂:近东西走向脆性断裂,断裂性质为右行平推断层。

2.3   岩浆岩

矿区内岩浆活动的岩石较常见,在石炭系地层中,火山活动形成的岩石主要为凝灰质砂岩,其与沉积型铜铅锌多金属成矿物质来源关系十分密切,如控制层状铜铅锌矿体的岩性主要是凝灰质砂岩,它们既是赋矿围岩又是成矿母岩。侵入岩主要有花岗岩、闪长岩等,对铜铅锌矿化的富集提供了充足的热源和一定的成矿物质。

3   矿床地质特征

3.1   矿体特征

矿区内矿化普遍,矿区共圈定矿体 6 个,矿体以 NW 向为主,主要呈层状、似层状、透镜状赋存于石炭系未分中的变凝灰质砂岩中、泥质粉砂岩或大理岩层间,并与顶底板围岩呈渐变过渡、互层产出,具明显的沉积成矿特征。其中 I_1 号和 I_3 号矿体为主要矿体(图1)。

3.1.1 I_1 号矿体

I_1 号矿体呈似层状,产于灰色变凝灰质砂岩中,顶板岩石以灰色变质砂岩为主,局部为灰白色大理岩,底板为灰色变质砂岩。矿体呈似层状,断续出露总长 1 850 m,被 F2、F3 两条断裂分割成三段:北段长 360 m,厚 1.30～2.08 m,矿体平均品位 Cu 0.099%～1.43%;中段长 1 170 m,厚 0.88～8.21 m,矿体平均品位 Cu 0.70%～4.45%,局部共生 Pb 2.44%,Zn 3.18%;南段长 400

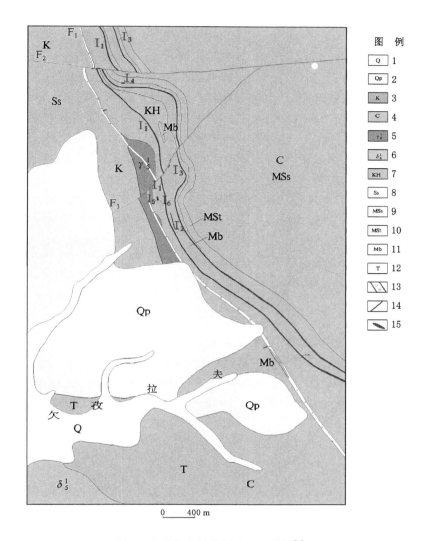

图1　欠孜拉夫铅锌铜矿区地质图[2]

1——第四系全新统；2——第四系更新统；3——白垩系；4——石炭系；5——印支期花岗岩；
6——印支期闪长岩；7——铅锌铜矿化带；8——含长石石英砂岩；9——变砂岩；
10——变粉砂岩；11——大理岩；12——凝灰岩；13——构造破碎带；14——逆断层；15——铅锌铜矿体

m，厚 1.08～4.04 m，矿体平均品位 Pb 5.26％～6.26％，Cu 0.38％～7.08％，Zn 0.67％～1.12％。

I_1 号矿体平均厚度 3.58 m，平均品位：Cu 2.05％，Pb 1.64％，Zn 0.81％，Ag 42.49 g/t。

3.1.2　I_3 号矿体

I_3 号矿体产于灰色变凝灰质砂岩之中，顶板为灰白色大理岩或灰色变质砂岩，底板为灰色变质砂岩或灰白色大理岩。矿体呈似层状，断续出露总长 2 520 m，亦被 F2、F3 两条断裂分割成三段：北段长 390 m，厚 2.29～6.02 m，矿体平均品位 Cu 0.43％～0.69％；中段长 880 m，厚 1.08～14.86 m，矿体平均品位 Cu 0.85％～2.23％，Pb 8.79％～29.49％，Zn 3.19％～8.16％；南段长1 250 m，厚 0.88～7.30 m，矿体平均品位 Cu 0.41％～5.94％，Pb 0.36％～4.22％，Zn 0.73％～3.02％。

I_3 号矿体平均厚度 4.30 m，平均品位：Cu 1.18％，Pb 7.91％，Zn 3.11％，Ag 116.45 g/t。

3.2 矿石质量

矿石物质成分：I_1 号矿体，南段矿石矿物主要为黄铜矿、方铅矿、闪锌矿，地表多表现为孔雀石、蓝铜矿，脉石矿物有石英、绢云母、白云母、透闪石、方解石等；中段及北段矿石矿物主要为方铅矿、闪锌矿、黄铜矿、孔雀石、蓝铜矿等，主要由自形晶的细粒方铅矿组成，脉石矿物有石英、绢云母、白云母、透闪石、方解石等。I_3 号矿体，南段矿石矿物主要为孔雀石，其次为蓝铜矿，脉石矿物有石英、绢云母、白云母、透闪石、方解石等；中段矿石矿物主要为闪锌矿、方铅矿，脉石矿物有钙铝榴石、石英、绿帘石及少量阳起石、白云石等；北段矿石矿物主要为黄铜矿、磁铁矿、菱铁矿，脉石矿物有石英、钠长石、黑云母、阳起石、磷灰石、少量绢云母。

矿石结构：① 半自形-自形细粒状变晶结构是区内矿石的最主要结构，铅、锌矿物多为自形粒状，铜矿物多为半自形粒状；② 交代结构为矿石的主要结构，金属矿物主要为后期形成的交代脉石矿物或早期形成的金属矿物。

矿石构造：① 浸染状构造是矿体矿石的主要构造，黄铜矿等常呈星散浸染状产出。② 块状构造：黄铜矿或铅锌矿物常集合成团块状产出于矿体中。

3.3 围岩蚀变特征

矿区内围岩蚀变普遍较弱，一般常见的蚀变为绿帘石化、绢云母化、黄铁矿化、褐铁矿化、碳酸盐化等，局部可见硅化，但蚀变范围有限，主要呈零星、孤立的团块状分布，均为变质作用的产物，属于成矿期蚀变。碳酸盐化与矿化具有直接关系，常发生于成矿阶段，有用组分常分布于其中，呈乳滴状；黄铁矿化主要产于矿化地段或其附近，与矿化关系密切，形成时代与成矿同阶段；硅化主要分布于构造带中，与成矿关系不明。

4 矿床成因探讨

4.1 稀土元素特征

欠孜拉夫矿区变质砂岩、砂岩稀土总量较低，变化范围较大，在 $56.6 \times 10^{-6} \sim 337.4 \times 10^{-6}$ 之间，变凝灰质砂岩稀土总量在 $47.6 \times 10^{-6} \sim 469.0 \times 10^{-6}$ 之间，大理岩、灰岩稀土总量在 $22.3 \times 10^{-6} \sim 281.3 \times 10^{-6}$ 之间。变凝灰质砂岩（含矿）$LREE/HREE = 2.99 \sim 6.81$，属轻稀土富集、重稀土亏损型。$(La/Yb)N = 9.33 \sim 29.7$，$\delta Eu = 0.49 \sim 3.17$（只有一件为正 Eu 异常明显），经球粒陨石标准化后，其稀土配分模式曲线（图 2）整体为向右倾斜、左陡右缓的圆滑曲线，其中一件变凝灰质砂岩（含矿）为平坦型-轻稀土略富集型，应为岛弧后裂解沉积环境下的产物，相近的稀土元素配分模式反映了矿化具有相同的成因。

4.2 微量元素特征

在欠孜拉夫矿区的岩石微量元素蛛网图（图 3）上，富集 Rb、Sr、Ba 等大离子亲石元素，亏损高场强元素 Nb、Ta，具岛弧岩浆岩特征。从图 3 可以看出，除大理岩和构造角砾岩之外，变质砂岩和变凝灰质砂岩（含矿）折线图基本接近，二者沉积环境相同，且在 $Cr-Zr$ 关系图解（图 4）上，矿区样品投点大部分落入热水沉积物区。

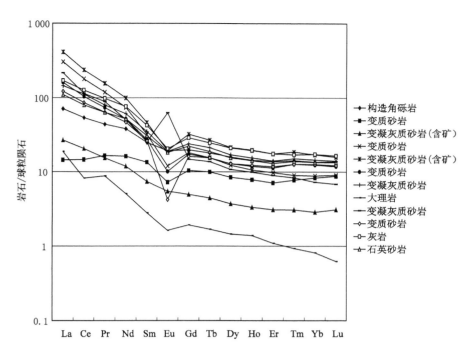

图 2　欠孜拉夫矿区稀土配分模式图

（据参考文献［2］修编）

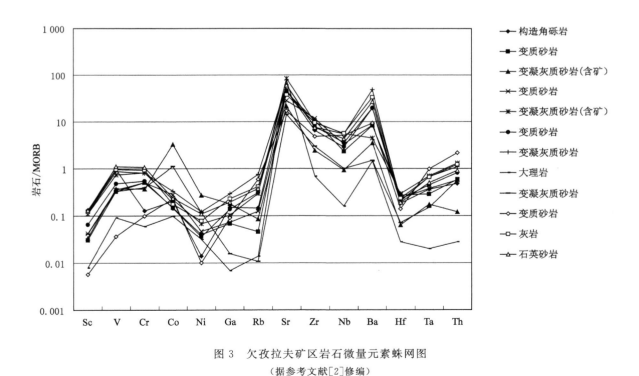

图 3　欠孜拉夫矿区岩石微量元素蛛网图

（据参考文献［2］修编）

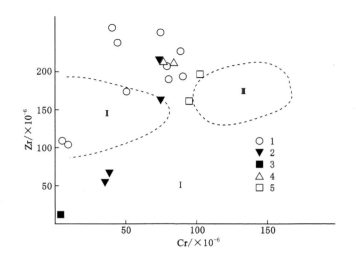

图 4　欠孜拉夫矿区岩石 Cr-Zr 关系图解

Ⅰ——现代热水沉积物集中区；Ⅱ——现代水成沉积物集中区；Ⅲ——现代水成岩含金属沉积物分布区

1——变质砂岩；2——变凝灰质砂岩；3——大理岩；4——灰岩；5——石英砂岩

4.3　成因分析

矿床成因类型为瓦恰岛弧带内石炭系火山沉积建造有关的 VMS 型矿床，局部叠加矽卡岩型矿化。主要证据如下。

(1) 矿床赋存在瓦恰岛弧带内石炭系火山沉积建造之中。

(2) 矿体呈似层状、透镜状，产于灰色变凝灰质砂岩和大理岩的岩性变化界面或其附近，产状和围岩一致。

(3) 岩石中含电气石，被认为是热水沉积岩的重要标志。

(4) 矿物组合较简单，有黄铁矿、闪锌矿、方铅矿、黄铜矿、银矿。

(5) 围岩蚀变主要有蚀变绿帘石化、绢云母化、黄铁矿化、碳酸盐化等，局部见矽卡岩化。

(6) 矿石稀土微量元素特征与含矿变凝灰质砂岩稀土微量元素特征相近。

(7) 在 Cr-Zr 关系图解(图 4)上，含矿变凝灰质砂岩样品投点均落入热水沉积物区。

5　结论

根据矿床形成地质背景及时代，通过对矿区地质特征、矿体特征进行分析并结合成因探讨，认为欠孜拉夫铅锌铜多金属矿为 VMS 型矿床。

参 考 文 献

[1] 王世炎,河南省地质调查院,等.新疆 1∶25 万叶城县幅、塔什库尔干塔吉克自治县幅、克克吐鲁克幅区调报告[R].2004.

[2] 高廷臣,河南省地质调查院,等.新疆塔什库尔干-莎车铁铅锌多金属矿评价[R].2008.

[3] 冯昌荣.瓦恰铜、铅锌多金属矿地质特征与矿床成因探讨[J].西部探矿工程,2014(6):123-128.

偃龙煤田西村矿区二₁煤层煤质特征评价

黄兴帅，赵轶楠

摘　要：通过对偃龙煤田西村矿区二₁煤层的煤质特征和工艺性能的研究和分析，认为二₁煤层属于半亮-半暗型煤，具有低-中灰分、低硫分、低磷分、特低挥发分、一级含砷、中-高氟、特低氯、低-中磷、高熔灰分、高热值的特点，并对其工业用途作出了评价。
关键词：西村矿区；煤质特征；工艺性能；工业用途

1　矿区概况

　　河南省偃龙煤田西村矿区位于华北地台南缘渑池-确山陷褶断束内、嵩山大背斜的北翼，华北晚古生代聚煤盆地南缘偃龙煤田南部东段。地层属华北地层区豫西分区内的嵩箕小区，地层走向一般为近东西向，倾向北西。区内含煤地层为石炭系上石炭统太原组，二叠系山西组、下石盒子组、上石盒子组。煤系地层总厚 636.72 m，共划分 8 个煤段，含煤 30 层，煤层总厚 6.21 m，含煤系数 0.98%。可采煤层为二₁、二₂煤层，二₁煤层全区可采，是区内主要煤层，二₂煤层为局部可采煤层，其余煤层均属不可采煤层。可采煤层总厚度为 5.10 m，可采含煤率 0.80%。

　　二₁煤层位于山西组（P_1s）下部大占砂岩之下、老君堂砂岩之上。下距 L_7 灰岩 11.93 m，上距香炭砂岩（Sx）27.47 m、砂锅窑砂岩（Ssh）69.46 m。煤层较稳定，全区大部分可采。煤层厚度 0.00~15.98 m，平均厚度 4.69 m，变异系数为 77.3%。二₁煤层止煤深度 650~2 150 m，底板标高－200~－2 000 m。煤层直接顶板一般为碳质泥岩、泥岩、砂质泥岩，含较多植物化石碎片；间接顶板为细-中粒砂岩，局部相变为粉砂岩，层面白云母碎片富集。二₁煤层直接底板一般为深灰色泥岩，局部为碳质泥岩、砂质泥岩；间接底板为老君堂砂岩，岩性为灰~深灰色细粒石英砂岩。

　　二₁煤层结构较简单，区内穿过二₁煤层位的 48 个钻孔中 47 孔见煤，其中有 14 孔有夹矸，占 29.8%。一般含 1~3 层夹矸，其中见 1 层夹矸者 7 孔，见 2 层夹矸者 6 孔，见 3 层夹矸者 1 孔。夹矸岩性为碳质泥岩、泥岩、砂质泥岩。夹矸厚度 0.01~0.72 m，其中大于 0.5 m 夹矸有 3 层，占夹矸层数的 21%。

　　从岩性、岩相上分析，二₁煤层与其顶、底板一般为过渡接触，局部可见冲刷接触。

　　笔者主要针对矿区二₁煤层煤质特征、工艺性能进行了综合分析研究，以期对今后煤层开采和利用有一定指导作用。

　　黄兴帅：男，1988 年生，重庆璧山人。助理工程师，主要从事地质勘查及研究工作。河南省地质矿产勘查开发局第五地质勘查院。

　　赵轶楠：男，1989 年生，河南省平舆县人。工程师，主要从事固体矿产勘查、非金属矿产勘查及研究工作。河南省地质矿产勘查开发局第五地质勘查院。

2 煤质特征

2.1 煤的物理性质

二$_1$ 煤为灰黑色，条痕黑灰色，具似金属光泽，呈土状与参差状断口，质软而松散，多呈粉状及鳞片状。煤岩成分以亮煤为主，暗煤次之，偶见微量丝炭和少许镜煤。宏观煤岩类型，以半亮型煤居多，煤层下部多为半暗型。视密度加权平均值（ARD）为 1.68 g/cm^3，相对密度加权平均值（TRD）为 1.77。因受后期构造应力的作用，原生结构及构造受到破坏，层理不甚明显，次生裂隙发育，宏观与镜下常见擦痕与摩擦镜面以及揉皱现象和小褶曲。

2.2 煤岩特征

二$_1$ 煤显微煤岩组分：有机组分由镜质组、惰质组组成。镜质组以碎屑镜质体为主，基质镜质体次之，含少量均质镜质体；惰质组以碎屑惰质体为主，丝质体次之，含少量粗粒体。无机组分以黏土矿物为主，碳酸盐、硫化物与氧化物次之。黏土矿物以块状黏土矿物为主，分散状次之，含少量细胞充填状黏土矿物；碳酸盐类矿物以方解石裂隙充填状为主，细胞充填状次之；氧化硅类矿物以石英为主，呈微粒状，零星分布（表 1）。

表 1   二$_1$ 煤层显微煤岩鉴定结果表

项目	有机组分/%		无机组分/%				有机物/%	无机物/%	反射率/%
	镜质组	惰质组	黏土类	硫化物类	碳酸盐类	氧化物类			
最小值	54.1	4.69	8.75	0.33	3.24	0.4	75.01	14.3	5.432
最大值	61.9	21.3	20.83	0.7	7.8	1.7	85.7	24.99	5.926
平均值	57.71	14.57	14.12	0.54	5.24	0.78	79.26	20.69	5.601

2.3 煤的化学性质

2.3.1 水分

二$_1$ 煤层空气干燥基水分含量（M_{ad}）变化不大，原煤均值含量介于 0.54%～3.62%，平均值 1.63%；浮煤均值含量介于 0.53%～3.73%，平均值 1.60%。

2.3.2 灰分

二$_1$ 煤层原煤干燥基灰分（A_d）介于 7.99%～23.00%，平均灰分 15.36%，根据《煤炭质量分级 第 1 部分：灰分》（GB/T 15224.1—2018），属特低灰煤（SLA）、低灰分煤（LA）、中灰分煤（MA），以低灰分煤（LA）、中灰分煤（MA）为主，次为特低灰煤（SLA）。浮煤干燥基灰分介于 3.21%～13.86%，平均灰分 8.29%。理论降灰率一般在 46.0% 左右。

2.3.3 硫分

二$_1$ 煤层原煤全硫含量（$S_{t,d}$）变化较小，一般含量介于 0.31%～0.70%，平均含量为 0.40%，硫含量稳定。根据《煤炭质量分级 第 2 部分：硫分》（GB/T 15224.2—2010），属低硫分煤（LS）。经 1.7 比重液洗选后，浮煤全硫含量（$S_{t,d}$）介于 0.34%～0.57%，平均含量为 0.41%，浮煤全硫含量变化不大，属特低硫煤（SLS）、低硫分煤（LS）。

原煤各种形态硫的测定结果表明：硫化铁硫（$S_{p,d}$）含量平均为0.04%，硫酸盐硫（$S_{s,d}$）含量平均为0.01%，有机硫（$S_{o,d}$）平均为0.34%。有机硫含量占全硫的90%左右，硫化铁硫仅占到全硫的10%～20%左右，硫酸盐硫占到全硫的2.6%左右。二₁煤层主要以有机硫为主，这是脱硫困难的主要原因，次为硫化铁硫，硫酸盐硫含量甚微（表2）。

表2   **二₁煤层硫分含量统计结果表**

项目	原煤/%				浮煤/%			
	$S_{t,d}$	$S_{p,d}$	$S_{s,d}$	$S_{o,d}$	$S_{t,d}$	$S_{p,d}$	$S_{s,d}$	$S_{o,d}$
最小值	0.31	0.00	0.00	0.26	0.34	0.00	0.00	0.33
最大值	0.70	0.08	0.11	0.41	0.57	0.03	0.02	0.54
平均值	0.40	0.04	0.01	0.34	0.41	0.01	0.00	0.40

2.3.4 挥发分

二₁煤层原煤干燥无灰基挥发分（V_{daf}）两极值为3.15%～6.13%，平均为4.60%。浮煤干燥无灰基挥发分（V_{daf}）两极值为2.16%～3.87%，平均为2.97%，根据《煤的挥发分产率分级》（MT/T 849—2000），属特低挥发分煤（SLV）。

2.3.5 煤的元素组成

二₁煤以碳元素为主，原煤平均含量94.41%，浮煤平均含量95.40%；次为氢元素、氮元素和氧元素。原煤、浮煤元素组成特征见表3。

表3   **煤的元素分析结果表**

项目	原煤元素分析/%				浮煤元素分析/%			
	C_{daf}	H_{daf}	N_{daf}	O_{daf}	C_{daf}	H_{daf}	N_{daf}	O_{daf}
最小值	93.01	1.5	0.52	0.24	94.69	1.59	0.35	0.45
最大值	95.57	2.75	0.89	1.7	95.98	2.4	1.4	1.51
平均值	94.41	1.97	0.66	0.94	95.4	1.91	0.69	0.99

2.3.6 有害元素

二₁煤有害元素测定结果见表4。根据行业标准分级：二₁煤属于一级砷、中-高氟、特低氯、低-中磷煤。

表4   **煤的有害元素分析结果表**

项目		氟(F)/($\mu g/g$)	砷(As)/($\mu g/g$)	氯(Cl)/%	磷(Pd)/%
原煤	两极值	128～398	0～6	0.002～0.050	0.002～0.096
	平均值	264	1.38	0.014	0.021
	分级	中-高氟	一级砷	特低氯	低-中磷

3 煤的工艺性能

3.1 发热量

二$_1$ 煤层原煤干燥基高位发热量（$Q_{gr,v,d}$）介于 $25.78\sim32.05$ MJ/kg，平均为 28.61 MJ/kg，据《煤炭质量分级 第 3 部分：发热量》（GB/T 15224.3—2010），属高热值煤（HQ）；浮煤干燥基高位发热量（$Q_{gr,v,d}$）介于 $27.87\sim32.69$ MJ/kg，平均为 30.88 MJ/kg。原煤干燥基低位发热量（$Q_{net,v,d}$）介于 $23.68\sim31.73$ MJ/kg，平均为 28.21 MJ/kg。

3.2 煤对二氧化碳的反应性

二$_1$ 煤在 900 ℃和 950 ℃高温条件下的二氧化碳转化率分别为 6.3% 和 13.0%，应属于还原能力较弱、不宜作气化用煤之煤层。

3.3 热稳定性

二$_1$ 煤热稳定性（TS＋6）平均为 62.7%。据《煤的热稳定性分级》（MT/T 560—2008），区内二$_1$ 煤层属中等热稳定性煤（MTS）。

3.4 煤灰成分和灰熔融性

二$_1$ 煤的煤灰成分以 SiO_2、Al_2O_3 为主，次为 Fe_2O_3、CaO，其他成分含量相对较少（表5）。

表 5　二$_1$ 煤层煤灰成分特征表

项目	煤灰成分分析/%									
	SiO_2	Al_2O_3	TiO_2	Fe_2O_3	CaO	MgO	SO_3	P_2O_5	K_2O	Na_2O
最小值	31.44	22.68	0.54	3.35	2.40	0.82	1.66	0.13	0.34	0.38
最大值	47.88	37.12	1.57	32.17	11.97	3.70	7.10	1.17	2.11	1.29
平均值	41.75	30.00	1.14	10.71	6.49	1.61	4.02	0.38	1.31	0.75

二$_1$ 煤的煤灰软化温度（ST）最小为 1 190 ℃，最大在 1 400 ℃以上，据《煤灰软化温度分级》（MT/T 853.1—2000），煤灰熔融性属高软化和较高软化温度灰，较适宜固态排渣锅炉和煤气发生炉；二$_1$ 煤的煤灰流动温度一般在 1 400 ℃以上，据《煤灰流动温度分级》（MT/T 853.2—2000），煤灰熔融性属较高流动-高流动温度灰，其流动性较差。

煤灰熔融性温度与煤灰成分有关，酸性物质 SiO_2、Al_2O_3 含量高，灰熔融温度高，碱性物质含量高，灰熔融温度低。

4 煤的工业用途评价

通过对矿区内二$_1$ 煤层煤样和煤岩的测试分析，二$_1$ 煤层浮煤干燥无灰基挥发分介于 $2.16\%\sim$ 3.87%，平均为 2.97%；浮煤元素分析氢含量为 $1.59\%\sim2.40\%$，平均为 1.91%，结合《中国煤炭分类》（GB/T 5751—2009），属无烟煤类 1 号（WY1）及无烟煤类 2 号（WY2）。

矿区内二$_1$ 煤层的煤质特征属低-中灰分、低硫、低磷、高热值的无烟煤，可作动力用煤和民用燃料,符合火力发电及其他一般工业锅炉用煤要求。该区原煤属于中低灰和低硫煤,经洗选后可达到特低灰和特低硫要求,在使用时可减少对环境污染及对锅炉、管道的腐蚀。

参 考 文 献

[1] 河南省地质矿产勘查开发局第五地质勘查院.河南省偃龙煤田西村煤详查报告[R].2013.

[2] 车树成,张荣伟.煤矿地质学[M].徐州:中国矿业大学出版社,2005.

[3] 河南煤田地质公司.河南省晚古生代聚煤规律[M].武汉:中国地质大学出版社,1991.

[4] 常毅均.中国煤矿煤质及应用评价[M].太原:山西科学技术出版社,2005.

[5] 袁三畏.中国煤质评价[M].北京:煤炭工业出版社,1999.

豫西杏树垭金矿区金矿体地质特征

许　芸

摘　要：杏树垭金矿区发现了3条主要的含金矿脉，圈定了8个矿体，总体规模为小-中型，形态较简单，厚度较稳定，倾向北西，倾角较陡；矿石工业类型主要为石英脉型金矿石和破碎带蚀变岩型金矿石两大类。

关键词：豫西；杏树垭；成矿条件；金矿体；地质特征

杏树垭金矿区位于豫西栾川县白土乡境内，在矿区内发现了数十条金矿体，本次就主要金矿体210-1、210-2、208-1、208-2、208-3、106-1、106-2、106-3的地质特征论述如下。

1　区域成矿条件

杏树垭金矿区在大地构造上位于华北地台南缘熊耳山变质核杂岩构造的南端，区域地层古老，褶皱、断裂构造发育，不同时代岩浆活动频繁，金矿成矿地质条件有利。

该区内地层总体呈近东西向展布，出露地层有太古界太华群变质岩系，主要为黑云斜长角闪片麻岩、角闪斜长片麻岩，其次为混合岩、斜长角闪岩、角闪片岩、浅粒岩等；中元古界长城系熊耳群中基-中酸性火山岩系。区内断裂构造十分发育，以近东西向为主，次为北东向、北西向、南北向断裂，其中以北东向断裂成矿作用最强。区内岩浆活动发育，尤以燕山晚期酸性岩浆活动最强烈，形成花山二长花岗岩岩基。熊耳山南侧岩浆活动较弱，只形成一些脉岩，主要有正长斑岩脉、花岗岩脉及闪长玢岩脉，其规模通常不大。区域矿产十分丰富，种类较多，有金、铝、铜、铅锌、钨、硫、铁、石墨、蛭石、磷灰石、水晶等。其中以金、铅锌工业意义最大。

2　成矿围岩蚀变

由于热液活动受断裂构造控制，围岩蚀变分布于断裂带及其两侧的围岩中，蚀变带宽度不等，一般在2m以下。蚀变类型主要有硅化、绢云母化、黄铁矿化、碳酸盐化、黑云母化、绿泥石化、重晶石化等。其中硅化、黄铁矿化、绢云母化等与金矿化关系密切，常伴有工业矿体形成，是寻找金矿的重要标志。

3　矿脉地质特征

杏树垭金矿区内已发现的含金矿脉主要有3条，编号为210脉、208脉、106脉，均受北东向断裂控制。其地质特征如下：

许芸：女，1984年9月生。本科，助理工程师，主要从事地质找矿工作。河南省有色金属地质矿产局第四地质大队。

210 脉:出露长度约 650 m,控制最大斜深 713 m。该矿脉依产状可分为南、北两段,矿脉北段走向呈 60°,倾向 320°～330°,倾角 78°～86°;矿脉南段走向逐渐转成 350°,倾向 255°～263°,倾角 76°～84°。矿脉在走向及倾向上均有膨缩、分枝复合及尖灭再现特征。脉体由石英脉、绢英岩及少量片麻岩、安山岩质角砾岩、碎裂岩组成。矿脉围岩蚀变主要为硅化、褐铁矿化、黄铁矿化、绢云母化、绿泥石化、绿帘石化等。

208 脉:出露长度约 355 m,宽 0.5～2.50 m,最大斜深 195 m。脉体走向 50°～80°左右,倾向北西,倾角 50°～85°,局部陡直甚至反倾,总体倾角 61°。脉内主要由石英脉、绢英岩及少量片麻岩质角砾岩、碎裂岩组成,普遍发育黄铁矿化,多金属矿化很弱。

106 脉:出露长度约 310 m,宽 0.63～2.45 m,最大斜深 270 m。脉体倾向北西,倾角 73°～85°,局部陡直甚至反倾,总体倾角 80°。在走向上具膨缩、分枝复合特点。脉内由石英脉、绢英岩及少量片麻岩质角砾岩、碎裂岩组成,普遍发育黄铁矿化等,局部金及多金属矿化。

4 金矿体特征

依据地质资料,210 脉圈定了 2 个矿体,即 210-1 号矿体、210-2 号矿体;208 脉圈定了 3 个矿体,即 208-1 号矿体、2018-2 号矿体、208-3 号矿体;106 脉圈定了 3 个矿体,即 106-1 号矿体、106-2 号矿体、106-3 号矿体。下面就这 8 个矿体简述其特征如下:

210-1 号矿体:长 266.0 m,最大延深 68.5 m。倾向北西,倾角 70°～85°,总体倾角 78°。形态呈透镜状,具膨胀、狭缩特点。厚 0.34～1.27 m,平均 0.87 m。金品位 1.33×10^{-6}～16.75×10^{-6},平均 6.02×10^{-6}。

210-2 号矿体:长 243.0 m,最大延深 50 m。倾向北西,总体倾角 76°。形态呈透镜状。厚 0.29～1.79 m,平均 0.81 m。金品位 3.42×10^{-6}～24.68×10^{-6},平均 21.14×10^{-6}。

208-1 号矿体:长 335 m,最大延深 110 m。倾向北西,倾角 50°～80°,总体倾角 61°。形态呈透镜状,具膨胀、狭缩特点。厚 0.26～1.64 m,平均 0.71 m。金品位 1.03×10^{-6}～25.00×10^{-6},平均 6.80×10^{-6}。

208-2 号矿体:长 50 m,厚 0.63 m。倾向北西,倾角 72°。形态呈透镜状。金品位 3.87×10^{-6}。

208-3 号矿体:长 135 m,斜深 47.5 m。倾向北西,倾角 70°。形态呈透镜状。厚 0.30～0.62 m,平均 0.46 m。金品位 1.50×10^{-6}～12.60×10^{-6},平均 5.13×10^{-6}。

106-1 号矿体:长 247 m,最大延深 64.5 m。倾向北西,倾角 73°～85°,局部直立甚至反倾,总体倾角 78°。形态呈透镜状。厚 0.60～2.44 m,平均 1.04 m。金品位 1.00×10^{-6}～13.16×10^{-6},平均 5.54×10^{-6}。

106-2 号矿体:长 50 m,厚 0.78 m。倾向北西,倾角 80°。呈透镜状。金品位 4.03×10^{-6}。

106-3 号矿体:长 50.0 m,厚 2.10 m。矿体倾向北西,倾角 81°。呈透镜状,金品位 3.75×10^{-6}。

5 矿体围岩及夹石

5.1 矿体围岩

矿区矿体围岩主要为太华群片麻岩类、其次为熊耳群安山岩及少量角砾岩、碎裂岩、糜棱岩等。角砾岩、碎裂岩、糜棱岩的矿物成分差别较大,主要取决于原岩的种类。矿体围岩的含金量一般为 0.0×10^{-6}～0.3×10^{-6},少数较高,可达 0.5×10^{-6}～0.7×10^{-6}。

5.2　矿体夹石

矿区矿体厚度较小,金矿化普遍,含矿构造带中蚀变强,矿化连续性好,在已有探矿工程中未发现矿体中有夹石存在。

6　矿石特征

6.1　矿石矿物成分

矿石金属矿物主要为黄铁矿,次为黄铜矿、方铅矿、微量的自然金、银金矿、碲金矿、辉铝矿、白钨矿、辉铜矿等;次生矿物为褐铁矿、黄钾铁矾、孔雀石、铜兰等。脉石矿物含量较高,主要为石英,次为绢云母、白云石、钾长石、黑云母、重晶石、方解石、白云石、绿帘石、锆石、磷灰石、榍石、金红石等。

自然金:金黄色,强金属光泽,形态以不规则的他形粒状为主,次为薄片状、树枝状、乳滴状。金的粒度变化范围较大,以中粒、粗粒为主,其次为巨粒金和细粒金,而微粒金较少。金矿物的赋存状态多为包体金、裂隙金、粒间金。

黄铁矿:铜黄色,金属光泽,根据成矿阶段不同,形态可分为三种:一为半自形-自形晶,立方体晶形,粒度 1～5 mm,多呈浸染状分布,含量为 1％～2％,金矿化较弱;第二种为半自形立方体和五角十二面体晶形,粒度 0.1～5 mm,呈团块状、细脉状、浸染状分布,含量一般为 5％～20％,局部大于 30％;第三种为半自形-他形晶,粒度多在 2 mm 以下,多裂纹,与黄铜矿、方铅矿、自然金共生。

黄铜矿:含量较少,呈铜黄色,半自形-他形粒状,粒度 0.01～1.0 mm,常与金共生。

方铅矿:矿区内较为少见,铅灰色,立方体晶形,粒度一般小于 1 mm,呈星点状分布,常与自然金共生。

石英:主要脉石矿物,呈乳白色、灰白色和烟灰色,块状构造,他形粒状结构,含量一般为 60％～80％。

绢云母:呈显微鳞片状,主要分布于构造蚀变岩中。

6.2　矿石类型

矿石自然类型:按氧化程度可分为原生矿石和氧化矿石两大类,其中以原生矿石为主,氧化矿石仅分布在地表及浅部。

矿石工业类型:分为石英脉型金矿石和破碎带蚀变岩型金矿石两大类。

石英脉型金矿石:该类型金矿是主要的矿石类型,可单独构成矿体,也可和其他类型矿石同时出现,金品位不稳定、变化大,主要有石英和黄铁矿及少量黄铜矿,方铅矿、闪锌矿等硫化物以脉状、细脉状或浸染状充填在断裂破碎带和黄铁绢英岩内,形成含金多金属硫化物石英脉型金矿石。其矿物组合主要为自然金、银金矿、黄铁矿、方铅矿、黄铜矿、闪锌矿、辉铜矿等。主要脉石矿物为石英、绢云母、方解石、少量萤石、钾长石等。

破碎带蚀变岩型金矿石:该类型金矿系含金矿热液沿断裂破碎带充填贯入,交代构造断裂破碎岩和围岩形成矿化明显的破碎带蚀变岩型金矿石。由于矿化以蚀变带为主,其矿体与围岩往往界限不清。金矿化强度总体较弱,但较稳定,品位变化不大。其矿物组合主要为自然金,黄铁矿、少量黄铜矿、方铅矿、闪锌矿、褐铁矿等。脉石矿物为石英、绢云母、方解石、长石、绿泥石等。

该区 106、208、210 号矿脉矿石类型,均以石英脉型矿石为主,夹有蚀变岩型矿石,围岩均为片麻岩。

6.3 矿石结构

矿石结构以自形晶、半自形晶、他形晶粒状结构为主,其次为交代假象结构、残余结构、糜棱结构等。

6.4 矿石构造

矿石构造主要有团块状构造、块状构造、细脉状构造、条带状构造、浸染状构造、定向构造、土状构造、多孔状构造及蜂窝状构造等。

7 找矿标志

(1)断裂构造形成的破碎带可作为间接找矿标志,断裂构造在其走向发生变化,倾角变陡时或断裂交汇处是成矿有利部位。

(2)黄铁矿化石英脉、黄铁绢英岩是找矿的直接标志。

(3)本区成矿具有阶段性,较明显的可分为4个矿化阶段,而其中的金-石英-多金属硫化物阶段形成的细脉状、条带状、斑杂状及稠密浸染状矿石以及细粒黄铁矿、黄铜矿、方铅矿组合是寻找富矿体的直接标志。

(4)矿脉围岩主要为各类片麻岩及安山岩,在矿脉上、下盘0~10 m范围内有不同程度的矿化蚀变现象,黄铁绢英岩化、铁碳酸盐化可作为间接找矿标志。

(5)矿脉受断裂控制,所以线性负地形可作为间接找矿标志。

(6)老硐、民采坑道为直接找矿标志。

(7)Au、Cu、Ag、Mn组合地球化学异常是找金的地球化学标志。

参 考 文 献

[1] 郭建忠,曹东宏.河南省栾川县康山金矿田杏树垭区106、208、210号矿脉矿产储量报告[R].1998.

[2] 李红超,李毅,等.河南省栾川县杏树垭金矿区210脉资源储量核查报告[R].2005.

河南省安阳李珍水泥用灰岩矿区
地质特征与矿床成因

李普轩

摘　要：本文对李珍水泥用灰岩矿区地质特征从地层、构造、岩浆岩三个方面进行了研究，认为三者同时控制着李珍水泥用灰岩矿的形成。又从区域资料、矿区古环境、地壳抬升下降、海侵、沉积环境等方面进行了对比分析，将矿区划分为两个沉积旋回。对两个旋回的海岸空间层位、海水镁含量、蒸发量及补充量、含盐量、pH值变化、风浪作用、矿物沉积、层理形成进行了论述，综合得出该灰岩矿床是严格受地层及沉积环境的控制，有障壁海岸潮间带沉积矿床。

关键词：李珍水泥用灰岩矿；矿床成因；沉积旋回；安阳

1　矿区地质

1.1　地层

矿区内出露地层自老而新有：奥陶系中奥陶统下马家沟组（O_2x）、上马家沟组（O_2s）、峰峰组（O_2f），石炭系（C_{2+3}），第四系（Q）。现将各地层由老到新叙述如下。

1.1.1　奥陶系中奥陶统下马家沟组（O_2x）

根据岩性及颜色的差异把该组分为上（O_2x^2）、下（O_2x^1）两段，区内仅出露上段（O_2x^2）。由于受闪长玢岩的侵入，大理岩化明显。根据其岩性特征，自下而上可分为三个亚段：第Ⅰ亚段为含角砾薄层石灰岩；第Ⅱ亚段为薄至中厚层状花斑状白云质灰岩；第Ⅲ亚段为花斑状灰岩及角砾状灰岩，该段总厚$120\sim150$ m。据前人资料：CaO $43.25\%\sim50.7\%$；MgO $3.05\%\sim8.57\%$，Al_2O_3 $0.5\%\sim0.77\%$，Fe_2O_3 $0.31\%\sim1.36\%$，SiO_2 $1.74\%\sim3.04\%$，K_2O $0.13\%\sim0.20\%$，Na_2O $0.11\%\sim0.4\%$。

1.1.2　奥陶系中奥陶统上马家沟组（O_2s）

根据岩性特征、颜色及成分的差异，把该组分为上（O_2s^2）、下（O_2s^1）两段，分述如下：

（1）上马家沟组第一段（O_2s^1）

该段以角砾状白云质灰岩和白云质灰岩为主，黄褐色及黄灰色，角砾状构造。角砾成分为白云质灰岩及石灰岩，粒径一般为$0.1\sim5$ cm；胶结物由方解石及少量的白云石、自生石英、褐铁矿、长石等矿物组成。表面受风化后有孔洞，与火成岩接触的地方常有大理岩化现象，呈褐红色，层理不清，在断层和解理发育处常有磁铁矿充填。中部有一层厚约2 m的鲕状灰岩，鲕粒大小$1\sim5$ mm，

李普轩：男，1981年2月生。本科，工程师，主要从事地质矿产勘查和研究工作。河南省有色金属地质矿产局第一地质大队。

含量大于 75%，鲕粒均已重结晶。接近上部有一层厚约 1 m 的鲕状白云质灰岩，鲕粒大小为 1 mm，风化后鲕粒呈褐黄色。据统计，CaO 平均为 42.98%，变化系数为 21%；MgO 平均为 2.58%，变化系数为 90.3%，二者成负相关关系，相关系数为－0.034。该段厚度变化较大，15～60 m。

（2）上马家沟组第二段（O_2s^2）

该段地层为含矿层段，分布广泛，层位稳定，厚度较大，构造简单，基本无覆盖层。自下而上可分为 4 个亚段（即 O_2s^{2-1}，O_2s^{2-2}，O_2s^{2-3}，O_2s^{2-4}），其中 O_2s^{2-1} 和 O_2s^{2-3} 分别为主要和次要工业矿层，自下而上分述如下：

① 第一亚段（O_2s^{2-1}），该段分为四个小层。

第一小层：深灰色纯灰岩，微晶结构，致密块状构造，岩性较脆，锤击后有一股硫臭味，平均厚度 1.35 m。镜下观察为微晶灰岩，含生物碎屑约 2%～3%（其种类有三叶虫、介形虫、腕足类、海百合等）；砂屑、砾屑约 3%～4%，呈假角砾状，由微晶方解石组成；基质占 93%～95%，由泥晶、灰泥组成，基质中可见零星分布的黄铁矿晶粒（<0.01 mm）。此外含少量孔隙充填的亮晶方解石。

第二小层：褐黄色白云质灰岩，平均厚度 6 m。该小层易风化，风化后呈土状，据分析资料 MgO>3%，多组成 O_2s^{2-1} 矿层的下夹层。镜下观察为似角砾状砾屑灰岩，假角砾成分为微晶方解石，现已大部分重结晶，晶粒 0.1～0.2 mm，角砾形态呈棱角-次棱角状，角砾含量约 80%；胶结物由亮晶方解石组成，呈中-细晶粒状，含量 20% 左右。

第三小层：下部为深灰色厚层状石灰岩，质硬性脆，断口呈贝壳状。镜下观察为鸟眼结构的亮晶-微晶含骨屑、粉屑灰岩，骨屑约为 12%，以介形虫为主，其次有三叶虫、腕足类、海百合、海胆、苔藓虫等，具零星的海绵骨针；砂屑粉屑约 66%，以砂屑为主，粉屑少量，粉屑由方解石组成，砂屑最大为 0.33 mm，个别为 0.5 mm，一般 0.1 mm，形态以圆形、椭圆形最常见，部分为纺锤状，长轴多平行层理方向；填隙物约 22%，以微晶方解石及亮晶方解石为主，其次为自生石英，微晶方解石含量约 12%，呈他形粒状，亮晶方解石含量约 10%，多在砂屑及粉屑孔隙中，其余充填于生物介壳孔隙及鸟眼构造中。

第四小层：灰色生物碎屑灰岩，平均厚度 1.5 m。镜下为微晶-亮晶含骨屑、粉屑、砂屑灰岩。生物碎屑约 29%，主要为三叶虫、介形虫、海百合、苔藓类、腕足类、头足类及藻类团块；粉屑碎屑约 40%，呈浑圆状或椭圆状及纺锤形，成分为泥晶方解石；填隙物约 40%，由亮晶方解石（约 20%）及微晶方解石（约 20%）组成。

② 第二亚段（O_2s^{2-2}）。

该亚段为花斑状白云质灰岩。白云质灰岩为灰色，顺层面或平行层面排列有密集的花斑，多呈较大的淡黄色不规则状斑块或长条状斑块，风化后为灰白色，形成溶凹、溶沟。镜下观察为含白云质花斑状微晶灰岩，微晶结构，块状构造，斑块由微晶方解石和成岩白云石组成。微晶方解石晶粒与基质晶粒与基质相同，白云石呈菱形晶体，晶粒多为 0.03 mm。斑块与基质界线不清楚，常呈过渡状，基质中也含有少量白云石。白云石总含量占岩石总成分的 20% 左右。该亚段厚 5～28 m，含有大量化石，据野外观察与古生物学图版对照有：扭月贝、竹节石（茎为星形）、扭心珊瑚（边缘厚结带显著）、同孔苔藓（虫室集中使表面呈突起或凹下）。

（3）第三亚段（O_2s^{2-3}）。

该亚段为厚层状石灰岩夹 1～3 层白云质灰岩。石灰岩为浅灰色，致密块状，贝壳状断口，单层厚度 1～3 m。据镜下观察为微晶灰岩及去膏化微晶灰岩。微晶灰岩成分较为单一，主要由微晶方解石组成，微晶方解石呈他形晶粒状，相互紧密镶嵌，晶粒大小 0.003～0.004 mm，部分重结晶可达 0.008～0.01 mm，局部含粉砂石英及生物碎屑；去膏化微晶灰岩在岩石中广泛分布，呈舌状、刀状、板柱状及环带状石膏假象，板状晶体的孔隙被微晶方解石充填。白云质灰岩为黄褐色，易风化，单层厚 0.2～3 mm，风化面有较多溶蚀洞，水平层理及滑塌构造清楚，化学分析证明 MgO>3%，均以夹层的形式分别产出于该亚段的上、中、下部。据镜下观察为含白云质微晶、粉晶、细晶灰岩及粉晶白云质灰岩。前者为粉-细晶结构，残余微晶结构，层纹构造，原岩为微晶灰岩，由微晶方解石组成，但大多已重结晶，形成 0.05～0.07 mm 左右的粉-细晶方解石，相互紧密镶嵌，呈花岗状结构，原残留的微晶结构、粉晶结构、不明显的层纹结构，现已明显地重结晶和白云石化，重结晶方解石呈半自形-他形粉晶粒状（0.01～0.08 mm）；后者呈菱形自形晶、粉晶状，与方解石镶嵌紧密，占岩石总成分的 40％左右，常聚成团块或条带状斑块，与氧化铁质或泥质条带混在一起，白云石化往往顺层纹方向发育，形成不很明显的层理构造。该亚段石灰岩中可见虫迹构造和缝合线构造，含有少量海百合茎、竹节石及软舌螺类化石，整个亚段厚 45～70 m。

（4）第四亚段（O_2s^{2-4}）。

该亚段为纯灰岩与白云质灰岩互层，单层厚度 3～5 m。灰岩中见有虫迹化石，白云质灰岩中具水平层理，总厚度 30～65 m。

1.1.3 奥陶系中奥陶统峰峰组（O_2f）

根据岩性特征与颜色把该组分为上（O_2f^2）、下（O_2f^1）两段，分述如下：

（1）峰峰组第一段（O_2f^1）

主要为白云质灰岩、角砾状白云质灰岩、夹中厚层白云岩及鲕状石灰岩。角砾状白云质灰岩位于该段底部，厚度 2～4 m，据镜下观察为角砾状砾屑灰岩，角砾呈大小极不均匀的各种尖棱状，未经磨圆及分选，含量 75％～80％；角砾由 0.07～0.08 mm 左右的粉晶方解石组成。方解石呈他形晶，花岗结构，胶结物为亮晶方解石，呈粗晶-中晶状，干净透明。角砾成因可能为潮上带干裂收缩形成裂缝被方解石晶粒充填而成，岩石中可见舌状、板状的方解石和石膏晶体假象。该段岩性不均一，抗风化能力差，由于淋滤溶蚀作用，表面具有较多的孔洞，远看呈黄土状展布，总厚一般 60 m。

（2）峰峰组第二段（O_2f^2）

主要为纯灰岩，灰色，中厚层状，单层厚 1 m 左右，据镜下观察为亮-微晶含骨屑、砂屑灰岩。生物碎屑含量约 20％，以介壳为主，其余为三叶虫、海百合、介形虫等；内碎屑含量约 45％，主要有砂屑砾屑，粒度 0.03～2.5 mm，分选不好，形态呈浑圆状、椭圆状；填隙物约 35％，由亮晶方解石（10％）及微晶方解石（25％）组成，微晶方解石晶粒 0.002～0.003 mm，呈他形粒状晶。该段灰岩层厚、质佳，可作为化工、铝氧熔剂及水泥灰岩用。因区内出露不全，故厚度不详。

1.1.4 石炭系（C_{2+3}）

零星出露于铁路附近，为一套砂岩、泥岩、薄煤层及灰岩组成的海陆交互相底层。因区内出露不全，故厚度不详。

1.1.5 第四系（Q）

矿区范围内仅在山坡、沟谷及山上平坦处有所分布，为黄土状亚砂土、亚黏土、坡积及残积物，厚度一般为 0～3.5 m。

1.2 构造

矿区位于李珍岩体的东翼，公关山背斜东侧，基本为单斜构造，地层走向近于南北，倾向东，倾角一般 20°左右。矿区北端由于受挤压作用形成了走向北北东的平缓褶皱，如 42 线到 44 线以北的复式褶皱，由一个向北东 15°倾斜的背斜和一个向斜组成，导致 O_2s^{2-2} 地层大面积出露和重复出现，背斜东翼产为 87°∠12°，西翼产状为 300°∠13°，轴部岩层产状为 45°∠6°；向斜西翼产状为 100°∠22°，轴向北东 15°。区内断裂构造不发育，仅有少数小型正断层，断距及延伸都很小，均分布于矿区的边缘，现按编号列于表 1。

表 1 断层性质一览表

断层名称	走向	倾向	倾角/(°)	延伸长度/m	切割底层
F1	北北东	南东东		340	$O_2 f^1$、$O_2 f^2$、C
F2	北北西	北东东		150	$O_2 x^2$、$O_2 s^1$
F3	北北东	南东东	70~85	110	$O_2 x^2$、$O_2 s^1$
F4	北北东	北西西	80	260	$O_2 f^1$、$O_2 f^2$
F5	北北东			100	$O_2 f^1$、$O_2 f^2$
F6	北北东		85	60	$O_2 f^2$、$O_2 f^1$

1.3 岩浆岩

矿区范围内无岩浆岩出露,但矿区西侧岩浆岩较发育,主要有闪长玢岩、闪长岩及角闪闪长岩,多为顺层侵入的矿床,少为岩墙与岩脉。与 $O_2 x^1$、$O_2 s^1$ 接触带附近有大理岩化和矽卡岩化现象,局部形成磁铁矿。由于岩浆岩未与矿层直接接触,对矿体无破坏作用,但由于岩浆的侵入,30 线矿层底板拱起。

2 矿床成因

根据区域资料可知,矿区位于华北地台的中部。在早奥陶世,华北地台地势分异明显,起先该区处于浅海环境,随后地壳逐渐升起,到中奥陶世早、中期(下马家沟组和上马家沟组沉积期),地壳又缓慢下降,并伴有周期性的颤动,发生周期性的广泛海侵,形成本区上马家沟组一套较稳定的碳酸盐岩。根据矿区内出露的岩性特征可划分出两个沉积旋回。

奥陶系中奥陶统上马家沟组第一段($O_2 s^1$),以角砾状砾屑灰岩和石灰质白云岩为主,成岩环境为有障壁海岸的潮上带,海水中镁含量较高,气候干旱蒸发量大于海水的补充量,海水逐渐咸化,含盐量增高,pH 值增大,形成了含石膏的碳酸盐沉积,在大风暴作用下,形成了大量的白云质、泥质、砂质胶结的角砾状白云岩、白云质灰岩及石灰岩,无层理或有不明显的层理。

奥陶系中奥陶统上马家沟组第二段($O_2 s^2$)的生成环境变化较大。$O_2 s^{2-1}$ 亚段早期形成的深灰色微晶灰岩,具有硫臭味,生物较少,代表一种有障壁岛的水流不畅的次深水还原环境。到了中期,沉积环境发生变化,海水相对变浅,由还原环境变为正常环境,水流能量增加,为有障壁岛的海岸潮间带。此阶段除个别壳体较厚的头足类化石保存较完整外,大量的生物化石以骨屑状态保存,当含量多时形成了生物骨屑灰岩,含量少时则混杂在砂屑、砾屑中,形成含生物骨屑灰岩,局部有藻类生物繁殖,形成了叠层石构造。由于沉积区距大陆有一定距离,海水中泥质较少,海水清澈,沉积物以骨屑和灰泥为主,经波浪和流水搬运形成了 CaO 含量较高的粒屑灰岩。到 $O_2 s^{2-2}$ 沉积时期,海水中泥沙增加,能量更高,水体浑浊,生物稀少,造成 CaO 含量相对降低,MgO 含量相对增加,形成了 $O_2 s^{2-2}$ 白云质灰岩。$O_2 s^{2-3}$ 沉积的早期,地壳逐渐上升,水体更浅,但仍处于潮间带,环境不同之点是地壳颤动频繁,水的能量较低(与 $O_2 s^{2-2}$ 沉积环境比较),生物种类及数量较少。所以,只是偶尔才有完整的头足类化石和螺类化石,大多数生物遗体仍以骨屑形式保存下来,由于水体动荡,沉积底面偶尔可露出水面,相应的有鸟眼构造、纹层构造及石膏形成,此时的沉积物仍以碳酸盐灰泥为主,在化学作用下形成了 $O_2 s^{2-3}$ 矿层的晶粒灰岩。到 $O_2 s^{2-4}$ 沉积时期,该区基本上变为潮上、潮间带相互交替的滨海环境,海水更浅,沉积面周期性的露出水面,加之有障壁岛的阻隔,水流不畅,蒸发量大于海水的补充量,海水相对咸化,沉积物中白云质含量相对增高,形成了一套局部含石膏的粉-细晶灰岩与灰质白云岩相互交替的岩层。从 $O_2 f^1$ 到 $O_2 f^2$ 地层沉积时期,沉积环境又进入另一个旋回。

总之,该灰岩矿床在成因上,严格受地层及沉积环境的控制,为有障壁海岸的潮间带沉积矿床。

参 考 文 献

[1] 中国有色金属工业总公司河南地质一队.河南省安阳县李珍水泥原料矿区详细勘探[R].1985.

[2] 河南地质矿产局.河南省区域地质志[M].北京:地质出版社,1989:306-308.

[3] 邵厥年,陶维屏,张义勋.矿产资源工业要求手册[M].北京:地质出版社,2010:528-535.

[4] 张宗可,徐石头,任五行,等.宜阳县石门水泥灰岩矿床地质特征及成因分析[J].中国非金属矿工业导刊,2013(6):40-43.

[5] 蒋书国.承德县甲山镇永和水泥厂矿区奥陶系马家沟组水泥灰岩成因[J].科协论坛(下半月),2010(6):117-118.

[6] 胡德高,黄传计,张志辉.安阳县都里水泥灰岩矿成矿地质特征及成因浅析[J].低碳世界,2018(5):59-60.

[7] 曹贺晓.陕西省礼泉县顶天水泥用灰岩矿床地质特征及成因[J].科技经济导刊,2016(18):93-94.

河南省安阳县都里铁矿控矿特征与矿床成因

刘广锋

摘　要：本文对都里铁矿床的成矿因素从地层控矿作用、构造控矿作用、岩浆岩控矿作用和地球化学特征作用等四个方面进行了研究，认为四者的相互作用、相互影响并同时控制着都里铁矿的形成。综上得出都里铁矿床不是同生的，而是后生的，属接触交代充填型磁铁矿床。燕山运动使奥陶系地层沿下奥陶统（O_1）和中奥陶统（O_2）的界面产生巨大的层间滑动，形成层间虚脱，燕山晚期的闪长玢岩沿此空间侵入，吞食了 O_1^2、O_2^2 及部分 O_2^3 地层，和 O_2^3 地层呈侵入接触，在汽化热液阶段产生了热变质、接触变质和热液变质作用，闪长玢岩的钠长石化作用，使暗色矿物中的铁质进入成矿溶液，在一定的物理化学环境下交代 O_2^3 中的纯灰岩层，形成矿体。

关键词：都里铁矿；控矿特征；接触交代；安阳

1　成矿控制因素

1.1　地层控矿作用

都里矿区矿体产于闪长玢岩与 O_2^3 地层的接触带上或附近的大理岩中，但不是每一层位的接触带都形成矿体，矿体只分布在一定的层位上。O_2^3 层位可以分为 9 层，O_2^{3-1}～O_2^{3-9}，有 5 个纯灰岩层（$CaO/MgO+Al_2O_3+SiO_2>4$）和 4 个夹层，二者的化学成分有明显差异，灰岩层中的 CaO 的含量较高，在 46.5%～51.73% 之间，SiO_2 和 Al_2O_3 的含量低；夹层中的 CaO 的含量较低，在 39.17%～40.66% 之间，而 SiO_2 和 Al_2O_3 的含量较高。本区诸矿体主要分布在灰岩层位上，夹层对成矿不利，由于灰岩的厚度大，成分比较稳定，有利于大矿体的形成。

纯灰岩与成矿的关系密切，是由其化学成分和物理性质决定的，化学成分中 CaO 的含量高，不溶性组分含量低，有利交代作用；物理性质方面，厚层状的纯灰岩脆性大，在构造作用下易破碎，有利含矿溶液充填交代。

1.2　构造控矿作用

构造对矿床的赋存部位及矿体的规模、形态、产状均有明显的控制作用。从图 1 可以看出，矿区的主要构造蝉蝉沟背斜向 SE 倾伏，与好井弧形背斜呈反接复合，矿区东北角有一处 NE 向背斜，向 SW 方向倾伏，与蝉蝉沟背斜亦呈反接复合，矿区两个主要矿体——Ⅰ 矿体和 Ⅱ 矿体正好分布在这两个反接复合部位。因此可以说，三组背斜的反接复合控制着独立矿区的出现。

刘广锋：男，1978 年 9 月生。毕业于河南财经政法大学，秘书专业，大专学历，助理工程师，现主要从事矿产资源管理工作。安阳市殷都区矿产资源管理中心。

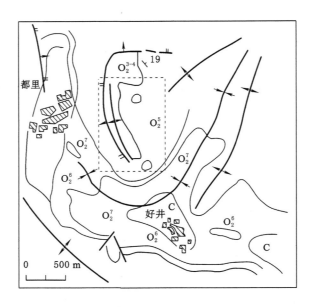

图 1　都里矿区周围地质简图

以局部构造而论,接触带的形状、产状与成矿的关系极为密切。缓倾斜的、形态简单的接触带对成矿不利,陡倾斜的、形态复杂的接触带对成矿有利。蝉蝉沟背斜的东翼接触带平缓(倾角 $10°$ ~$20°$)而简单,形成的矿体规模很小。在矿体南部接触带的产状急剧变陡(倾角 $30°$~$60°$),形态复杂(沿 ZK22、ZK21 至闪长玢岩顶板有一处 NW 向的凹槽),本矿区最大的矿体——Ⅳ号矿体就产在这种类型的接触带上。

通常认为最有利的地段是接触带由缓变陡或由陡变缓的部位,其两头的缓接触带和陡接触带一般是不成矿的。从 2、4 号勘探线剖面图上可以很清楚地看到这种现象(图 2)。

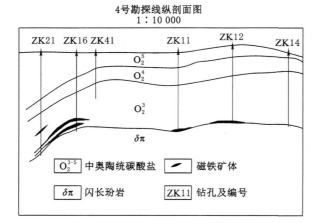

图 2　都里铁矿 2、4 号勘探线纵剖面图

从矿区 2 号勘探纵线来看,ZK42 孔处在接触带转折部位,到 ZK39 孔接触带变陡,矿体尖灭。从 4 号勘探纵线来看,ZK16 孔向东接触带的转折部位,到 ZK21 孔接触带变陡,矿体有分支尖灭的趋势。但是,从 ZK39 向南以及 ZK21 向南接触带是否会变缓、是否存在第二个转折部位,须进一步工作验证。

矿区蝉蝉沟背斜轴部也是接触带的转折部位,但在轴部接触带很平缓,成矿的前景不大。

接触带控矿本质上就是构造控矿。由于上覆地层在构造力或重力的作用下,沿接触带有滑动的趋势,同时产生一对共轭解理,接触带的转折处正是两组解理相交部位,对成矿有利(图3)。

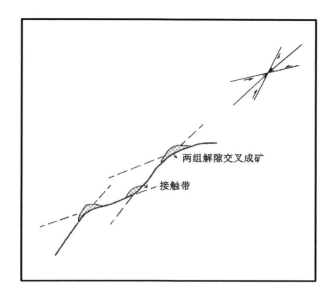

两组解隙交叉成矿

接触带

图 3　接触带控矿分析图

1.3　岩浆岩控矿作用

就矿区而言,岩浆岩与成矿的关系,主要表现在闪长玢岩的钠长石化与成矿的关系上。ZK1孔已穿过闪长玢岩170余米,仍具有钠长石化现象,可见钠长石化的规模是比较大的。比较强烈的钠长石化仅在离接触带几十米的范围内。

钠长石化主要是钠长石交代斜长石,钠长石化强烈时暗色矿物全部消失(褪色现象),形成白色的钠长岩,其中含有球粒状的方解石(白色的钠长岩加盐酸起泡)。可见在钠长石化的过程中有 Na 带入,Fe、Ca 带出,带出的铁除少量组成帘石外,全部加入成矿溶液中。所以钠长石化作用与成矿的关系密切。正常的闪长玢岩中暗色矿物含量一般在 15% 左右,有时高达 30% 以上,其中的铁若被带出,则足以形成一定规模的工业矿体。

1.4　岩石地球化学特征

都里铁矿体的岩石化学成分分析如表1所示,此次的分析样品自内而外采自矿体接触带两侧的灰岩、大理岩、蚀变闪长玢岩及闪长玢岩。根据四者的成分对比柱状图(图4)可以得出,灰岩越靠近接触带,其 SiO_2 的含量越高,相反闪长玢岩的含量越靠近接触带则变得越少,这种现象也可以在 Al_2O_3 上来表现。灰岩中 CaO 的含量为最多,从灰岩一侧到闪长玢岩一侧 CaO 的含量不断减少,这与 SiO_2 和 Al_2O_3 的现象相反,故此三者的成分变化说明在接触带附近灰岩和闪长玢岩发生了物质成分的交换。由矽卡岩的形成机制可知,钙质灰岩与岩浆岩的物质交换极易形成矽卡岩,而本区矿体的形成与矽卡岩有密切关系。

另外,由表1中数据可知,矿体中铁的来源主要为岩浆岩-闪长玢岩。本区的磁铁矿均产于闪长玢岩与大理岩或石灰岩的接触带或附近,矿体的形成与中性闪长玢岩关系密切,当熔融岩浆侵入时,由于温度、压力的降低,挥发组分的逸出,促使铁质沉淀析出,是形成磁铁矿的主要因素之一。

表 1   岩石化学成分分析表

编号	岩性	SiO_2	Al_2O_3	CaO	MgO	Na_2O	Fe_2O_3
1	灰岩(O_2^{3-1})	1.78	0.5	50	4.4		
2	大理岩(O_2^{3-1})	26.79	6.51	27.93	9.11		
3	蚀变闪长玢岩	58.83	14.8	3.66	5.62	7.00	0.96
4	闪长玢岩	61.6	16.32	2.31	2.95	8.37	1.77

(据河南省地质局地质三队,1975)

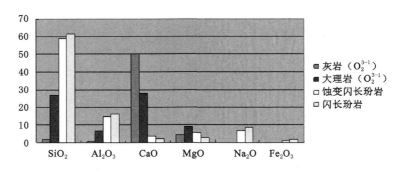

图 4   岩石化学成分对比柱状图

2   矿床成因

前人对本区矿床成因有两种不同看法:一种认为是同生矿床,与奥陶系地层同时形成的火山沉积矿床;第二种认为是后生矽卡岩型矿床。通过对都里铁矿区地质背景以及相关的元素化学分析,对矿区的成矿控矿因素进行了深入的探讨,笔者倾向于第二种看法,主要依据如下:

(1)桂林冶金地质研究所对李珍矿区的闪长玢岩(和本矿的闪长玢岩是同一岩体)做了绝对年龄测定(用全岩法测定 3 个样品),其绝对年龄为 69～92 Ma,属燕山晚期。即使考虑到全岩法的误差,闪长玢岩也不可能是奥陶系的。一般认为奥陶系的绝对年龄为 500 Ma 左右。

(2)闪长玢岩上部的 O_2^3 地层发育有数十米厚的大理岩,说明闪长玢岩是晚于 O_2^3 地层的。闪长玢岩在上侵时产生的巨大热量使灰岩发生了强烈的大理岩化,在接近闪长玢岩处形成大理岩,而巨大的热量也使得闪长玢岩内部发育了钠长石化,钠长石交代了斜长石,斜长石中的铁质游离沉淀下来,继而与大理岩发生了物质交换,在二者的接触带上形成了矽卡岩。

(3)在接触带上厚度不等地发育着矽卡岩,这是磁铁矿交代矽卡岩而成。矿体分布在空间上和矽卡岩有继承性,推测二者在形成时间上也是相近的,因此都里铁矿的形成与矽卡岩的形成有密切关系。

综上所述,笔者认为都里铁矿床不是火山沉积矿床,而是矽卡岩型矿床。成矿过程大致如下:燕山运动使奥陶系地层沿 O_1 和 O_2 的界面产生巨大的层间滑动,形成层间虚脱,燕山晚期的闪长玢岩沿此空间侵入,吞食了 O_1^2、O_2^2 及部分 O_2^3 地层,和 O_2^3 地层呈侵入接触,在汽化热液阶段产生了热变质、接触变质和热液变质作用,闪长玢岩的钠长石化作用,使暗色矿物中的铁质进入成矿溶液,在一定的物理化学环境下交代 O_2^3 中的纯灰岩层,形成矿体。

参 考 文 献

[1] 河南省地质局在地址三队革委会. 河南省安阳县都里铁矿区详查报告书[R]. 1975.

[2] 河南省地质局地质三队.安阳李珍铁矿区补充勘探报告[R].1973.

[3] 黄华盛.矽卡岩矿床的研究现状[J].地学前缘,1994,1(3-4):105-111.

[4] 赵一鸣.矽卡岩矿床研究的某些重要进展[J].矿床地质,2002,21(2):113-120.

[5] 袁见齐,朱上庆,翟裕生.矿床学[M].北京:地质出版社,1992.

[6] 赵一鸣,林文蔚,毕承思,等.中国矽卡岩矿床基本地质特征[J].中国地质科学院院报,1986(14):59-60.

[7] 田建涛,喻亨,祥扬准,等.矽卡岩成因及成矿作用研究进展综述[J].中国科技信息,2005,23(10):107.

[8] 於崇文,唐元骏,石平方,等.云南个旧锡-多金属成矿区内生成矿作用的动力学体系[M].武汉:中国地质大学出版社,1988:178-298.

[9] 林新多.矽卡岩的一种成因——岩浆成因[J].地质科技情报,1987(2):92-94.

[10] 吴言昌.论岩浆矽卡岩——一种新类型矽卡岩[J].安徽地质,1992(1):13-26.

[11] 杨斌.广西佛子冲铅锌矿田成因刍议[J].广西地质,2000(1):21-27.

[12] 雷文秀.层控式矽卡岩铜铁矿床的典型特征及其地质工作实践[J].有色金属:矿山部分,2004,56(5):17-18.

水工环地质

光伏发电项目建设场地地质灾害危险性评估

王　伟

摘　要: 地质灾害危险性评估的目的是:查明拟建场地地质环境条件,进行地质灾害危险性评估,对建设场地适宜性进行评价,为工程建设场地的地质灾害防治及建设用地审批提供依据,最大限度地避免或减轻地质灾害可能造成的危害。在充分收集和利用已有资料的基础上,结合建设工程区主要地质灾害的特征,进行地面调查,拟建工程属于"一般"建设项目;评估区地质环境复杂程度中等;评估级别为"三级"评估;现状调查评估区内未发现地质灾害,现状评估地质灾害危险性小。评估区工程建设引发崩塌、地面不均匀沉陷地质灾害的可能性小,影响范围较小,发育程度小,危害对象为工程本身,且通过工程措施可以避免。工程建设本身可能遭受崩塌、地面不均匀沉陷地质灾害的危害程度小,危险性小。经地质灾害危险性综合分区评估,将评估区划分为地质灾害危险性小区,灾种为崩塌、地面不均匀沉陷,场地适宜工程建设。

关键词: 光伏发电;地质灾害;危险性评估

1　研究背景

地质灾害危险性评估的目的是:查明拟建场地地质环境条件,进行地质灾害危险性评估,对建设场地适宜性进行评价,为工程建设场地的地质灾害防治及建设用地审批提供依据,最大限度地避免或减轻地质灾害可能造成的危害。其主要任务是:查明评估区地质环境条件,判定地质环境条件的复杂程度,确定评估范围、评估级别;查明评估区地质灾害类型、规模、分布、稳定状态、危害对象和危害程度,对地质灾害危险性进行现状评估;依据工程项目类型、规模,分析工程建设引发、加剧地质灾害的可能性、工程建设本身遭受地质灾害的可能性,对地质灾害危险性进行预测评估;在预测评估、现状评估的基础上,进行地质灾害危险性综合分区评估。

2　评估工作方法概述

评估工作的技术路线是在充分收集和利用已有资料的基础上,结合建设工程区主要地质灾害的特征,进行地面调查,经综合分析研究,进行地质灾害危险性评估。本次地质灾害评估工作程序如下(图1)。

根据建设项目的特点,本次工作主要采用搜集现有资料,结合地面调查,室内进行综合分析评估的工作方法。

王伟:男,1985年12月生。本科,工程师,主要从事水工环、地质环境类工作。河南省有色金属地质矿产局第四地质大队。

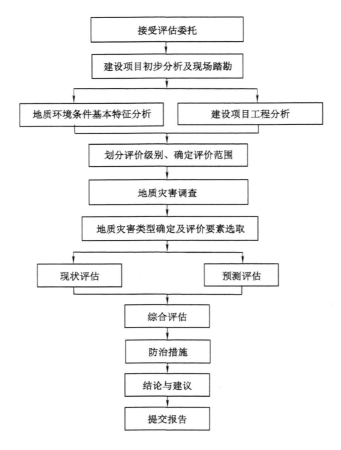

图 1 地质灾害危险性评估程序框图

2.1 搜集资料

主要搜集区域及评估区地质、气象、水文、环境地质、水文地质、工程地质、矿山地质、矿山开发规划、人类工程活动及矿区内国民经济发展等方面的资料。

2.2 野外调查

野外调查用 1∶1 000 地形图作底图,采用 GPS 定位,红外线激光测距仪测量距离。重点对崩塌、滑坡、泥石流、地面塌陷、地裂缝、地面沉降等地质灾害进行详细调查并登记编录,对地形地貌、地质构造、水文地质、工程地质条件进行补充验证。

2.3 综合分析

在对已有资料及野外实地调查成果进行综合分析的基础上,编制相关图件,研究评估区地质灾害的类型、分布、成因及变化规律,确定各类地质灾害与不良地质现象的空间分布关系,对地质灾害的危险性进行评估,编写地质灾害危险性评估说明书。

3 评估范围与评估级别的确定

3.1 评估区范围

根据《地质灾害危险性评估规范》(DZ/T 0286—2015)中评估范围确定原则,该光伏发电项目35 kV开关站工程属于一般建设项目,工程所处区域为洪积平原,地形平坦。根据开关站建筑基坑开挖可能造成的影响,以开关站建设范围外扩10 m,确定评估区面积约7 471.40 m²。

3.2 评估级别

3.2.1 地质环境条件复杂程度

本次工作通过对收集的区域地质资料进行分析研究和野外调查后认为:

(1)建设场地附近无活动断裂,地震基本烈度为Ⅶ度,区域地质背景条件中等。

(2)评估区占地面积较小,地势平坦、开阔,自然坡度小于8°,相对高差约0.27 m,地形平坦,地形高差变化不大,地形地貌简单。

(3)评估区出露地层全部为第四系全新统,岩土体结构较简单,工程地质性质较好。

(4)评估区内无褶皱、断裂、裂隙发育,地质构造较简单。

(5)资料显示评估区地下水主要为松散岩类孔隙水,主要赋存于冲洪积形成的卵石、砾石、中粗砂、中细砂之中。地下水水位埋深在20 m以上,水文地质条件良好。

(6)通过现状调查,评估区地质灾害不发育。

(7)评估区人类活动主要为农作物种植,对自然环境改变较少,人类工程活动弱。

综上所述,比对《地质灾害危险性评估规范》(DZ/T 0286—2015)附录表后确定评估区地质环境条件为"中等"类型。

3.2.2 建设项目重要性

本次评估对象为光伏发电项目开关站,其电压等级为35 kV,根据住房和城乡建设部关于电力行业变电工程规模划分标准,小于等于110 kV变电工程为小型,比对《地质灾害危险性评估规范》(DZ/T 0286—2015)附录表B.2,确认拟建工程属于"一般"建设项目。

3.2.3 评估级别的确定

该光伏发电项目开关站属于一般建设项目,评估区地质环境复杂程度为简单,依据规范确定本次评估为三级。

3.3 评估的地质灾害类型

据《地质灾害危险性评估规范》(DZ/T 0286—2015)第4.1.2条规定,"地质灾害危险性评估的灾种主要包括滑坡、崩塌、泥石流、岩溶塌陷、采空塌陷、地裂缝、地面沉降等"。本次地质灾害危险性评估的灾种除上述灾种外,增加地面不均匀沉陷灾种的评估。本次工作未发现评估区内存在滑坡、泥石流、地面塌陷、地裂缝、地面沉降和不稳定斜坡等地质灾害和隐患。本次评估工作主要针对工程建设引发的基坑小型崩塌地质灾害和地面不均匀沉陷地质灾害。

4 地质灾害危险性现状评估

根据《地质灾害危险性评估规范》(DZ/T 0286—2015)评估的主要灾种包括滑坡、崩塌、泥石流、地面塌陷、地面沉降及地裂缝等,经实地调查,现状条件下评估区及其附近未发现滑坡、崩塌、泥石流等地质灾害诱发条件。

评估区内无采空区,经实地调查访问,未发现地面塌陷及地裂缝地质灾害。评估区范围主要为耕地,现状条件下开采地下水尚未形成区域降落漏斗,未发现由于地下水水位下降而引起的地面沉降地质灾害。

根据地质灾害危险性分级表,现状评估认为,评估区内未发现滑坡、崩塌、泥石流、岩溶塌陷、地裂缝、地面沉降等地质灾害,地质灾害不发育,地质灾害危险性小。

5 地质灾害危险性预测评估

5.1 工程建设引发地质灾害危险性的预测评估

地质灾害危险性预测评估,是在对地质环境因素系统分析基础上,结合工程建设特点,对工程建设中、建成后可能引发或加剧地质灾害的发生的可能性、危害程度、发育程度和危险性作出预测评估,并对建设工程本身可能遭受已存在地质灾害危害隐患的可能性、危害程度、发育程度和危险性作出预测评估。

开关站设计建造综合楼、35 kV 配电室、泵房及车库三栋建筑,其中综合楼位于开关站北侧,配电室位于开关站南侧,泵房及车库位于开关站东侧。

工程所在地区为洪积平原,地面高差 0.27 m,坡度小,地形平坦,现状条件下未有地质灾害发生,且未有引发地质灾害的条件。工程建设中可能引发的地质灾害主要为土体崩塌和地面不均匀沉降。

因此,选取土体崩塌、地面不均匀沉陷作为本项目预测评估的主要地质灾害类型;在预测评估中,地质灾害危害程度和危险性大小参照《地质灾害危险性评估规范》(DZ/T 0286—2015)中"地质灾害危害程度分级表"(表 1)进行。

表 1   地质灾害危害程度分级表

危害程度	灾情		险情	
	死亡人数/人	直接经济损失/万元	受威胁人数/人	可能直接经济损失/万元
大	≥10	≥500	≥100	≥500
中等	>3~<10	>100~<500	>10~<100	>100~<500
小	≤3	≤100	≤10	≤100

注:(1)灾情:指已发生的地质灾害,采用"人员伤亡情况""直接经济损失"指标评价。
　　(2)险情:指可能发生的地质灾害,采用"受威胁人数""可能直接经济损失"指标评价。
　　(3)危害程度采用"灾情"或"险情"指标评价。

开关站主体建筑综合楼、配电室、泵房及车库均为单层砖混结构,以 C30 素混凝土条形作基础,C30 现浇钢筋混凝土框架柱、梁及屋面板。开挖深度 2 m,具有楼层低、开挖深度浅的特点。

拟建场地在场地平整过程中采用推土机、挖掘机、自卸汽车、压路机等机械,将在场地形成陡坎,但考虑到评估区土体结构较简单,工程地质条件良好,施工时可能发生局部崩塌地质灾害的发育程度小、危害程度小、危险性小。

开关站建筑物的基础建设均位于第四系地层之中,因下卧土力学性质不同,在房屋荷载的作用下,工程建设可能引发地面不均匀沉陷地质灾害。其发生的可能性小,影响范围较小,发育程度小,危害对象为工程本身,且通过工程措施可以避免,所以其危害程度小,地质灾害危险性小。

5.2 工程建设本身遭受地质灾害危险性的预测

根据项目初步设计中的开关站建设方案,结合项目所在地区的地质环境条件,工程建设过程中和建成后,工程本身可能遭受土体崩塌、地面不均匀沉陷的危害。

拟建场地在场地建设时将形成陡坎,但考虑到评估区土体结构较简单,工程地质条件良好,工程本身可能遭受土体崩塌地质灾害的发育程度小、危害程度小、危险性小。

由于建筑物的基础建设均位于第四系地层之中,当基础施工深度不够、基础持力层选择不当时,有遭受地面不均匀沉陷灾害的可能性。其发生的可能性小,影响范围较小,发育程度小,危害对象为工程本身,且通过工程措施可以避免,所以其危害程度小,地质灾害危险性小。因此,预测工程建设本身可能遭受地面不均匀沉陷地质灾害的危害程度小、危险性小。

5.3 预测评估结论

工程建设可能引发土体崩塌、地面不均匀沉陷地质灾害。其发生的可能性小,影响范围较小,发育程度小,危害对象为工程本身,且通过工程措施可以避免,所以其危害程度小,地质灾害危险性小。

工程建设本身可能遭受土体崩塌、地面不均匀沉陷地质灾害的危害程度小、危险性小。

6 地质灾害危险性综合分区评估及防治措施

6.1 地质灾害危险性综合评估原则

依据地质灾害危险性现状评估和预测评估结果,充分考虑评估区的地质环境条件的差异和潜在的地质灾害隐患点的分布、危险程度,确定判别区段危险性的量化指标,根据"区内相似,区际相异"的原则,采用定性、半定量分析法,进行工程建设区和规划区地质灾害危险性等级分区(段)。

6.2 地质灾害危险性综合评估方法的确定

综合考虑评估区地质环境条件和出现的环境地质问题,紧密结合工程建设的施工特点,在现有地质灾害现状调查及周边环境调查成果的基础上,预测在工程建设中和工程建成后可能对评估区地质环境产生的影响及其可能形成的地质灾害情况,分析对本工程及其周边地区可能产生的危害程度,以此分区段判定地质灾害危险性大小。

6.3 地质灾害危险性综合评估

由于开关站建设面积较小,为单一建筑物,各个部位的地质灾害危险性均为小,所以整个评估区划为一个区。

按照 6.1 节确定的综合评估原则,根据评估区的地质环境条件、地质灾害发育程度、矿山建设和开采过程中可能发生的地质灾害、附近人类工程活动、地质灾害对矿区和周边的危害程度五个方面的依据,对评估区的地质灾害危险性进行综合分区评估(表 2)。

表 2			地质灾害危险性综合分区评估表		
评估区段	灾害类型	现状评估	预测评估		综合分区评估
			①	②	
综合办公室	崩塌、地面不均匀沉陷	未发现	小	小	评估区主要灾害类型为崩塌、地面不均匀沉陷,为地质灾害危险性小区
35 kV 配电室	崩塌、地面不均匀沉陷	未发现	小	小	
泵房及车库	崩塌、地面不均匀沉陷	未发现	小	小	

注:① 工程建设引发、加剧地质灾害的可能性;② 工程建设本身遭受地质灾害的危险性。

6.4 工程建设适宜性分区评价

适宜性分级根据《地质灾害危险性评估规范》(DZ/T 0286—2015),按照地质灾害危险性及地质灾害防治工程复杂程度划分为适宜、基本适宜、适宜性差三级。根据地质灾害危险性综合评估结果,进行工程建设适宜性评价。评估区为地质灾害危险性小区,适宜工程建设。

7 结论与建议

7.1 结论

(1)评估区地质环境条件为中等,工程重要性为一般,评估级别为三级。

(2)现状条件下,地质灾害不发育,其危险性小。

(3)预测评估认为,工程建设可能遭受土体崩塌、地面不均匀沉陷危害,其危险性小。

(4)综合评估认为,评估区为地质灾害危险性小区,适宜工程建设。

7.2 建议

(1)建立评估区地质灾害群测群防网络,加强地质灾害监测工作,发现问题及时与当地国土资源部门联系,以便妥善处理。

(2)在施工阶段,基坑回填应压实,根据建筑不同部位的受力情况进行相应的加强处理,增大基础的吃力程度,避免不均匀沉降的产生。

(3)本次评估是在现状地质环境条件下进行的预测评估和综合评估,随着地质环境条件的不断变化,地质灾害的发育程度也可能不断变化。因此,建议建立起一套地质环境监测机制,发现有可能引起地质灾害的环境条件发生变化时,应及时与地质灾害主管部门联系,对其危险性进行动态评估,以确保工程运行的安全。

(4)根据地质灾害危险性评估的有关规定,地质灾害危险性评估不能替代工程建设阶段的水文地质、工程地质勘察或有关的评价工作,建议在工程建设前应进行水文地质、工程地质评价工作,尤其应加强膨胀土测试工作,以保证工程项目的安全。

基于 RS 技术的伊川县生态环境评价

胡明玉,成静亮,石　珍

摘　要:利用 Landsat7 遥感数据和 DEM 高程数据,获取植被覆盖指数、土壤指数和地形因子三个指标参数,再通过综合法计算生态环境指数,对伊川县生态环境等级进行评价。研究结果显示:伊川县东部生态环境整体略优于西部;伊川县生态环境中、差等级占伊川县总面积的近 40%。

关键词:生态环境;Landsat7;植被指数;土壤指数;地形因子

1　研究背景

自然生态环境是万物生长之根本,是农业生产的基础。生态环境退化不仅使自然资源日益枯竭,生物多样性不断减少,而且严重阻碍社会经济的持续发展,进而威胁人类的生存[1]。近年来,遥感技术发展迅速,使得遥感数据成为生态环境研究中的重要技术手段之一[2]。当前已有众多学者利用遥感手段对北京、湖北、江西、陕西、甘肃等地区生态环境进行了研究与分析[1-6],但是目前对于河南省地区生态环境质量研究甚少,特别是对县级行政区域的研究更是空白。此外,还有研究表明随着生态环境质量指数增大,收入贫困发生率略有下降,生态环境质量的提高,在某种程度上可以增加收入,减弱贫困发生[7]。因此本文将利用遥感手段对国家级贫困县——伊川县进行生态环境评价,以期为其生态环境建设提供参考与建议。

2　研究区概况

伊川县地处河南省西部浅山丘陵区,区域跨度为 $112°12'\sim112°46'$ E,$34°13'\sim34°34'$ N,总面积 $1\ 243\ km^2$,总人口 75.7 万人。伊川县属暖温带大陆性季风气候,冬季盛行偏北风,寒冷干燥;夏季盛行偏南风,炎热多雨,年平均降水量 620 mm。如图 1 所示。

此外,伊川县森林资源匮乏且质量不高,林业管理水平较低,森林覆盖率偏低,生态环境相对脆弱,抗御自然灾害的能力较差,全县水土保持、水源涵养、防风固沙改善环境的任务相当艰巨[8]。为了促进伊川县的可持续发展,保护伊川县的生态环境,探索伊川县生态环境评价的指标体系和方法,对伊川县生态环境进行合理的评价是十分必要和迫切的。

胡明玉:女,1991 年 1 月生。硕士,助理工程师,主要从事地质遥感等方面的研究工作。河南省有色金属地质勘查总院。

成静亮:河南省有色金属地质勘查总院。

石珍:江苏省基础地理信息中心。

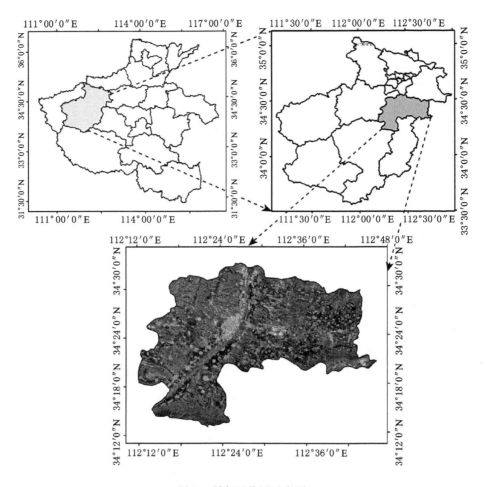

图 1　研究区范围示意图

3　数据来源与研究方法

3.1　数据源与数据预处理

本研究中所使用数据包括 Landsat7 TM 卫星遥感影像(时间为 2017 年 04 月 27 日)和 30 m 分辨率 DEM 高程数据,均来自地理空间数据云(http://www.gscloud.cn/sources/)。

由于大气吸收和散射作用造成传感器最终测得的地面目标的总辐射亮度存在辐射量误差,故需要对 TM 遥感影像进行大气校正[9],经过大气校正后消除了大气散射作用的影响(图 2)。

3.2　研究方法

3.2.1　生态环境评价指标

环境保护部于 2015 年发布《生态环境状况评价技术规范》(HJ 192—2015)[10],其生态环境评价体系适用于县一级行政区域[5],该规范中规定生态环境指标体系包括生物丰富度指数、植被覆盖指数、水网密度指数、土地胁迫指数、污染负荷指数五个分指数和一个环境限制指数[10]。此外,由于该评价涉及的指标较多,但是很多指标数据无法基于当前遥感方法获取。因此,本研究中结合伊

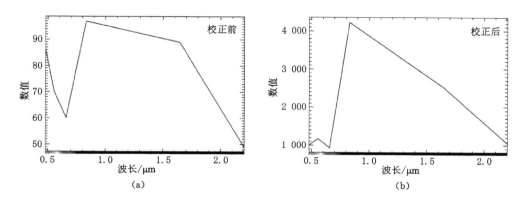

图 2　TM 遥感影像大气校正前后植被光谱特征曲线

川县现有数据资料和实际情况,依据生态环境评价指标原则,选取植被覆盖指数、土壤指数以及地形因子 3 个指标进行生态环境评价。

3.2.2　植被覆盖指数计算方法

植被是自然生态环境中最重要的自然要素之一,植被的覆盖情况直接反映自然生态环境的优劣。植被覆盖指数是指植被冠层或者叶面垂直投影在地面的面积与统计区域总面积的比值,是表示地表植被覆盖情况的重要因子之一[11,12]。

本研究采用 $NDVI$ 像元二分模型计算伊川县植被覆盖指数,其估算模型为[11-14]:

$$FC = (NDVI - NDVI_{soil}) / (NDVI_{veg} - NDVI_{soil})\tag{1}$$

其中,$NDVI$ 是归一化植被指数;$NDVI_{soil}$ 为裸地像元 $NDVI$ 值;$NDVI_{veg}$ 为全植被覆盖像元 $NDVI$ 值。

式(1)中 $NDVI$ 计算公式如下[9]:

$$NDVI = (NIR - R) / (NIR + R)\tag{2}$$

其中,NIR 为近红外波段;R 为红色波段。

由于遥感影像中存在着噪声,所以 $NDVI_{soil}$ 以及 $NDVI_{veg}$ 选择置信度 95% 以上的区间内 $NDVI$ 的最大值与最小值。统计结果显示,该区间 $NDVI$ 的最小值和最大值分别为 -0.01 和 0.65。根据计算所得 $NDVI$ 及植被覆盖指数结果绘制了伊川县归一化植被覆盖指数和植被覆盖空间分布图(图3)。

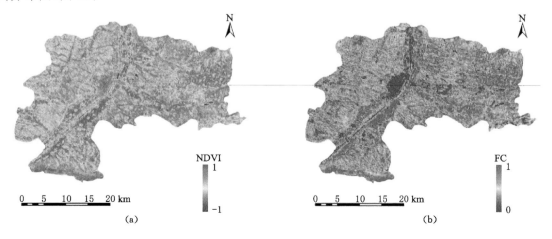

图 3　伊川县归一化植被覆盖指数和植被覆盖空间分布图

3.2.3 土壤指数生成

地表土壤的裸露程度受地表植被、土壤质量等因素的影响,亦是反映生态环境的一项重要因子。由于 TM 遥感数据进行缨帽变换后的亮度分量主要反映了土壤反射率变化的信息,绿度分量主要反映了地面植物的绿度[9],裸土信息变化的主要部分是由它们的亮度造成的,所以通过亮度分量和绿度分量计算可以得到裸土植被指数,能很好地反映土地的裸露状况。因此本研究中利用如下公式计算裸土植被指数[15,16](图 4):

$$GRABS = VI - 0.091\ 78BI + 5.589\ 59 \tag{3}$$

其中,VI 和 BI 分别为缨帽变换的绿度指数和土壤亮度指数。

图 4　伊川县土壤指数空间分布图　　　　图 5　伊川县坡度空间分布图

3.2.4 地形因子生成

不同的坡度对土地质量的影响是不同的,当坡度较小时一般不会发生水土流失,随着坡度的增大,发生水土流失的严重性会越来越大。此外,地形与土壤中水分的运输及物质的运移有着紧密的联系,因而会对土壤养分的分布状况产生影响。因此,不同的坡度对于生态环境的影响是不同的,坡度等级是土地农用地评价的一项重要内容[12,17]。

本研究中使用 30 m 分辨率 DEM 高程数据,参考《利用 DEM 确定耕地坡度分级技术规定》(试行)[18]相关操作流程,运用坡度计算模型生成坡度值($SLOPE$),制成了伊川县坡度空间分布图(图 5),并根据已有研究中的等级标准[12,17,19]对坡度进行分级(表 1)。

表 1　　　　　　　　　　　　　　　　坡度分级标准

坡度等级	坡度/(°)
一级	0~5
二级	6~8
三级	9~15
四级	16~25
五级	26~35
六级	35~90

3.2.5 指标归一化

由于植被覆盖指数、土壤指数及坡度不同评价指标具有不同的量纲,数值间的差距较大。为了消除指标之间的量纲和取值范围差异的影响,故对数据进行标准化处理[19,20,21](图6)。

$$NI = (I - I_{\min})/(I_{\max} - I_{\min}) \times 10 \qquad (4)$$

其中,NI 为指标的标准化值;I 为指标值;$I_{\max}$ 为指标最大值;$I_{\min}$ 为指标最小值。

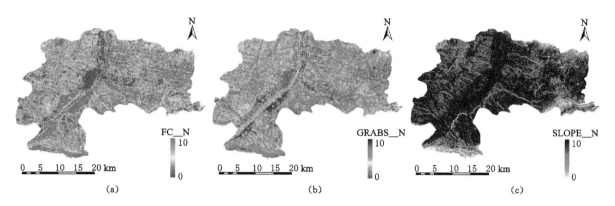

图6 伊川县生态环境指标归一化结果空间分布图
(a) 植被覆盖指数归一化;(b) 土壤指数归一化;(c) 地形因子归一化

3.2.6 综合法生态环境评价及研究结果

本研究中利用综合指数法,对植被覆盖指数、土壤指数以及地形因子进行加权求和计算出综合指数,对于研究区的生态环境优劣程度进行综合评价,评价指数计算公式如下[20-22]:

$$EI_i = W_1 \times S_{Fi} + W_2 \times S_{Gi} + W_3 \times S_{Si} \qquad (5)$$

式中,S_{Fi} 表示第 i 块图斑的植被覆盖指数归一化值;S_{Gi} 表示第 i 块图斑的裸土植被指数归一化值;S_{Si} 表示第 i 块图斑的坡度等级归一化值;W_1,W_2 和 W_3 分别为植被覆盖指数、裸土植被指数和地形因子的权重。参考相关研究中的专家打分结果,确定如下权重[21]:$W_1 = 0.5$,$W_2 = 0.3$,$W_3 = 0.2$。

根据生态环境评价指数将伊川县生态环境划分为差、中、良、优四个等级。统计图(图7)显示伊川县生态环境的差、中、良、优等级占地面积分别为:80.4 km²、375.4 km²、634 km²、150.2 km²;分别占伊川县总面积的 6.5%、30.2%、51.2%、12.1%。此外,伊川县生态环境等级空间分布图(图8)显示:伊川县东部生态环境整体上略优于西部,其中西南部最优,北部最差。从地理位置上分析发现,这些生态环境较优的地区一般临近河流、水库,水源丰富且地势较为平坦。

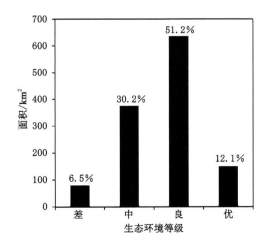

图7 伊川县生态等级面积统计图

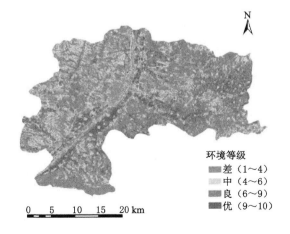

图8 伊川县生态环境等级空间分布图

4 结论

(1)伊川县东部生态环境整体上略优于西部,可能受水系分布及地形因子影响。

(2)伊川县生态环境的中、差等级占伊川县总面积近40%,说明伊川县生态环境保护任务依然艰巨。

(3)与传统的人工实地观测生态环境质量的方法相比,利用遥感手段可以快速有效地进行大面积区域的生态环境评价,并且能够更加方便地分析其空间差异性。利用遥感数据选取植被覆盖指数、土壤指数以及地形因子为区级行政区域进行生态评价提供了一种可行的方法。

(4)由于《生态环境状况评价技术规范》中很多指标数据无法基于当前遥感技术的方法获取,所以本研究只选取了生态环境评价中具有重要作用的植被覆盖指数、土壤指数以及地形因子,因此评价结果可能缺乏一定的全面性,后续研究中将通过其他方法获取更多的指标数据,进一步优化评价结果的全面性和客观性。

参 考 文 献

[1] 董思宜.环首都经济圈生态环境质量评价[D].北京:北京林业大学,2014.

[2] 刘洪岐.基于RS和GIS的北京市生态环境评价研究[D].北京:首都师范大学,2008.

[3] 炊雯.基于RS技术的襄阳地区生态环境监测[J].南方农机,2017,48(19):46-47.

[4] 钟滨,张晨,廖明伟,等.地理国情信息支持下的鄱阳湖区生态环境评价[J].测绘与空间地理信息,2018,41(9):35-38

[5] 刘庆芳,徐建辉,陈磊,等.退耕还林区生态环境监测与评价——以陕西省为例[J].黑龙江工程学院学报,2018,32(1):20-26.

[6] 王晔立,朱燕丽,王小鹏,等.渭源县近10年生态环境质量监测与评价[J].安徽农学通报,2018,24(24):100-101,109.

[7] 徐满厚,杨晓艳,张潇月,等.山西吕梁连片特困区生态环境质量评价及其经济贫困的时空分布特征[J].江苏农业科学,2018,46(6):304-309.

[8] 韩要丰,王峰涛.伊川县林业经济及生态环境可持续发展道路初探[J].大观周刊,2012,582(2):97.

[9] 韦玉春,汤国安,杨昕,等.遥感数字图像处理教程[M].北京:科学出版社,2011.

[10] 中华人民共和国环境保护部.生态环境状况评价技术规范:HJ 192-2015[S].北京:中国环境科学出版社,2015.

[11] 盖永芹,李晓兵,张立,等.土地利用/覆盖变化与植被盖度的遥感监测——以北京市密云县为例[J].资源科学,2009,31(3):523-529.

[12] 张彬,杨联安,向莹,等.基于RS和GIS的生态环境质量综合评价与时空变化分析——以湖北省秭归县为例[J].山东农业大学学报:自然科学版,2016,47(1):64-71.

[13] 张仁华.试验遥感模型及地面基础[M].北京:科学出版社,1996.

[14] 顾祝军,曾志远.遥感植被盖度研究[J].水土保持研究,2005,12(2):18-21.

[15] 田庆久,闵祥军.植被指数研究进展[J].地球科学进展,1998,13(4):327-333.

[16] 江振蓝,沙晋明,杨武年.基于GIS的福州市生态环境遥感综合评价模型[J].国土资源遥感,2004,61(3):46-48.

[17] 杨存建,刘纪远,张曾祥.GIS支持下不同坡度的土壤侵蚀特征分析[J].水土保持学报,2002,16(6):46-49.

[18] 国务院第二次全国土地调查领导小组办公室.利用DEM确定耕地坡度分级技术规定[Z].2008.

[19] 陈涛,徐瑶.基于RS和GIS的四川生态环境质量评价[J].西华师范大学学报:自然科学版,2006,27(2):153-157.

[20] 张秀英,赵传燕.基于GIS的陇中黄土高原潜在生态环境评价研究[J].兰州大学学报:自然科学版,2003,39(3):73-76.

［21］马荣华,胡孟春.基于 RS 和 GIS 的自然生态环境评价——以海南岛为例[J].西华师范大学学报:自然科学版,2006,27(2):153-157.

［22］秦子晗,唐斌.基于 GIS 的生态环境评价[J].长春师范学院学报:自然科学版,2006,25(5):65-68.

孟津煤矿地质环境现状及恢复治理监测建议

常　珂,张　婧,周瑞平

摘　要:通过理论分析和实地调查,深入了解和查明了义马煤业集团孟津煤矿的矿山地质环境问题,利用监测方法对其矿山地质环境问题进行监测,该监测方案为其他相似工程的监测提供了一定的参考。

关键词:矿山地质环境;监测;方案

1　概述

　　矿产资源是人类赖以生存和发展的物质基础。由于历史原因,在矿产资源开采过程中,人们重效益轻环境,再加上技术上的限制、认识上的不足和粗放式的管理,导致矿山常年无序过度开采,矿山地质环境破坏比较严重,成为制约我国经济社会可持续发展的重要因素。我国在矿山地质环境恢复治理方面起步较晚,20 世纪 80 年代初,我国开始进行矿山地质环境综合治理工作。进入 21 世纪以来,我国加大了对矿山地质环境的保护治理力度,强化了矿山保护与恢复治理的立法工作。法律法规的制定和完善,总体上对保护和改善全国生态地质环境具有积极的促进作用。但由于矿山地质环境历史遗留问题严重,地域间发展不平衡,规范化、科学化治理不够,组织机构有待完善、资金渠道不够畅通,这些都影响了矿山地质环境恢复治理工作的开展。自国土资源部颁发的《矿山地质环境保护规定》于 2009 年 5 月 1 日起实施以来,全国各地针对各类矿山展开了"矿山地质环境保护与治理恢复方案"的编制工作,并根据实际情况着手进行治理。

　　本文以洛阳市义马煤业集团孟津煤矿为例,对要进行的矿山活动中的环境保护与治理恢复提出一些措施建议。

2　矿山地质环境问题现状

　　孟津煤矿位于河南省洛阳市北,地跨孟津和新安两县,矿区走向长 7.0 km,倾向宽 5.7～10.0 km,面积 57.5326 km²,土地利用类型以耕地为主,居民地、荒草地等未利用地分布为次,此外还有园地、林地、草地、交通用地、水域等土地类型。鉴于矿区北部为小浪底水库,矿山自 2012 年起,借助勘探阶段施工的水文地质孔,开展了奥灰水与小浪底库区水位的联测工作。已部署库区地表水水位观测点 1 处,另在不同位置部署 4 眼水文地质孔观测奥灰水水位动态,监测频率为 1 次/日。2012 年 8 月以来共取得水位联测数据 5 700 个(其中库区水位数据 1 140 个,奥灰水水位数据 4 560 个),为后期大规模开采煤炭资源时库区水位与井下奥灰水水位动态关系分析提供了宝贵的

常珂:女,1981年生。硕士,工程师,主要从事工程地质研究。河南省地质环境监测院地质灾害防治重点实验室。

张婧:河南省地质环境监测院地质灾害防治重点实验室。

周瑞平:河南省地质环境监测院地质灾害防治重点实验室。

背景资料。

截至方案编写时评估区内地质灾害类型包括崩塌、地面塌陷、堆渣型泥石流隐患 3 种。其中崩塌共 11 处,地面塌陷区 1 处,面积 1.36 hm²,堆渣型泥石流 1 处,共破坏耕地 7.36 hm²。

随着采矿活动深入进行,将引发大面积的地面塌陷并伴生地裂缝,使地面塌陷区村庄、耕地、园地、乡镇道路及荒地遭受破坏,地质灾害危险性大;采矿活动将造成煤层直接顶板含水层结构破坏、水量疏干;由于新地面塌陷区地处丘陵地段,地表变形不会对整体地貌景观产生破坏性影响。但在地表出现变形下沉的同时,还将出现伴生地裂缝等现象,将造成水土流失,对土地资源产生严重影响。因此,全井田开采结束后对原生地形地貌景观破坏程度较严重。

3 矿山地质环境保护监测工程

孟津煤矿为生产矿山,在矿山开采活动中,矿山地质环境保护目标是:开发中尽量减轻对矿山地质环境的负面影响,避免和减小地面塌陷、地裂缝、滑坡等地质灾害造成的损失,有效遏制主要含水层、地形地貌景观、土地资源的影响和破坏,实现矿山地质环境保护与资源开发利用协调发展与矿区经济可持续发展。为此,本矿山部署了监测预警方案,布设监测孔,购置监测设备,建立完善的地质环境监测体系,对矿区地面塌陷、地裂缝及含水层水位、水质、水量进行监测。

(1)对地面工程设施与土地破坏情况开展监测,其内容主要包括村庄民房、道路、河堤、土地的变形破坏情况等。为准确监测地面塌陷与地裂缝发育规律,在方案适用期内,以工业广场为中心布置 1 个监测站。沿矿体走向布设观测线 8 条、沿倾向布设观测线(垂直走向线)8 条,共布设观测线16 条。各观测线(点)相距 50 m,共布设地面塌陷监测点 1 620 个。为充分反应地表变形与移动规律,对每个采区分别沿矿体走向和主断面布设观测线,通过实际观测数据和资料,以取得开采条件下,移动变形的相关参数、特点和规律,为地面沉陷分析积累基础资料。

(2)根据评估区煤层底板含水层地下水动态特征与形态特点,分别沿地下水流向与垂直地下水流向布置纵横观测线,布设纵线(平行地下水流向线)10 条、横线(垂直地下水流向线)16 条。部署含水层地下水监测点 54 个,其中利用井下水压监测点布置奥灰水观测点 40 个;施工一孔多层专门监测孔 11 个,主要观测奥灰含水层地下水、山西组砂岩含水层地下水、太灰含水层地下水;利用现有水文地质孔 3 个,观测奥灰含水层地下水动态。另布置小浪底水库地表水水位监测点 6 个,用以掌握小浪底水库水位与奥灰水水位动态变化规律。

(3)对地形地貌景观与土地资源监测。地形地貌景观(绿化)监测以治理区段为单位进行,每个治理区段一个编号,监测频率 1 次/年;土地资源监测按设计治理地块顺序进行,每个治理地块一个编号,在治理工程结束后随同工程进行验收。

4 结语

孟津煤矿矿区内矿山地质灾害及其他矿山地质环境问题发育,预测损失较大。建议煤矿主管领导牵头,成立由有关部门和人员参加的矿级地质环境治理领导小组,分期分批次进行矿山地质环境保护与综合治理;按照监测方案进行矿山地质环境问题的监测,密切关注矿山地质环境问题的发展动向。

南阳盆地邓州市、新野县、唐河县
地热资源及其开发前景

车志强，张建良，张富有

摘　要：通过对南阳盆地邓州市、新野县、唐河县的地质背景、地热地质条件、热储赋存条件的分析与研究，阐述了该区具有经济价值的热储层的赋存特征，对三个区的地热资源量进行了计算，对其开发前景进行了评价，并对有序开发地热资源提出了合理化建议。

关键词：地热资源；热储；评价；南阳盆地

南阳盆地地热资源勘查、开发起步较晚。目前，南阳市仅有部分县市开发利用了地热，并且所有开发利用地热资源的城市，大多由企业自主投资，缺少勘查评价成果的指导，带有一定的盲目性，承担着较大的风险，地热资源勘查评价工作严重滞后于市场需求。

1　地质概况

1.1　区域地质构造

工作区位于秦岭纬向构造带与华夏类型构造反接复合部位，先后经历了晋宁期、加里东期、华力西期、印支期、燕山期、喜山期等六次构造运动，在不同的区域应力场作用下，发育了区内纬向构造和华夏类型构造，构成了区内构造格局[1]。

1.1.1　纬向构造

该构造相当于秦岭纬向构造带东段南支的一部分，其方向因受淮阳山字形构造西翼的影响而向南偏转，呈北西西向展布，主干构造由一系列北西西向褶皱、压性和压扭性断裂、断陷、凸起及片理带组成，伴生有与主干构造垂直的北东向张性和张扭性断裂和斜交的北西向、北东东向扭性断裂及各方向节理等。各期岩浆岩也先后沿褶皱轴部和断裂侵入，造成了由纬向构造所控制的地貌景观。

（1）四棵树背斜。该背斜轴部由区外延入南阳盆地，经南召四棵树至石桥没入南阳盆地，呈 300°延伸。该背斜核部由震旦系组成，南西翼岩层倾向南西，倾角 40°～70°，北东翼岩层倾向北东，倾角 50°～80°，两翼均被压扭性断裂切割，紧密褶皱发育。

该背斜形成于加里东运动，华力西期花岗岩沿轴部大规模侵入，不但使背斜轴部的下震旦统遭受严重破坏，呈零星捕房体状分布，而且使大部分震旦系分布在两翼。

（2）马山口背斜。该背斜位于南阳盆地西北部罗沟寨-马山口一线，呈 290°～300°延伸，向西延伸出南阳盆地，区内长 38 km，由古元古界郭庄组、雁岭沟组、宽坪组组成，两翼被压性断裂切割，地

车志强：男，1971 年生。硕士，高级工程师，从事地质灾害调查与治理工作。河南省地质矿产勘查开发局测绘地理信息院。

张建良：河南省地质矿产勘查开发局第二地质环境调查院。

张富有：河南省地质矿产勘查开发局测绘地理信息院。

层出露不全,岩层分别向北东及南西倾斜,倾角一般 40°～80°,且北东翼较陡,沿背斜次级褶曲发育,多以线形、紧闭、同斜倒转为特征。

（3）西峰寨向斜。该向斜由区外延入南阳盆地,经西峰寨、宝山寺,在袁庄附近被第四系覆盖,区内长约 12 km,呈北西—南东向展布,两翼分别不整合于下震旦统。该向斜由上三叠统的砂岩、页岩及泥岩组成。南西翼岩层倾向北东,倾角 25°～45°,北东翼岩层倾向南西,倾角 35°～60°,局部直立甚至倒转,其轴部多为圆堆状山头。

（4）西庙岗-师岗向斜。该向斜由区外延入南阳盆地,经西庙岗至师岗一带,轴向 300°～320°,轴部为石炭系、中上泥盆统,两翼为下志留统,地层倾角 20°～70°,两翼次级褶曲发育,北翼地层产状普遍倒转。

（5）高丘单斜。该单斜位于南阳盆地西北部的阳城-高丘一带,呈北西西向展布,断续出露长度约 40 km。该单斜由中元古界南湾组、龟山组组成,岩层倾向南西,倾角 30°～60°,发育次一级舒缓褶曲。

（6）北西西向断裂。该组断裂为伴随褶皱产生的压性及压扭性断裂,与褶皱轴平行,是南阳盆地纬向构造的主干断裂,一般具规模大、延伸远、影响深、多次活动等特点。

（7）断陷和断块。纬向构造在中新生代还表现为北西向断陷和断块,形成断陷盆地和断块凸起。在南阳盆地西北角形成赤眉断陷盆地,呈长条形北西西向展布,盆地内沉积了巨厚的上白垩统;在南阳盆地南部形成新野断块凸起,亦呈长条形北西西向展布,凸起地带古近系厚度较薄。

据上述不同规模、不同方向、不同力学性质的构造形迹展布规律可知,纬向构造是由来自南北水平挤压应力场作用而形成的,由于南北向对扭应力场的介入活动,使该挤压构造带中各种断裂构造成分的力学性质经历了多次转化,因而使各种破碎结构面的力学性质复杂化。

1.1.2 华夏类型构造

该构造是燕山运动晚期以来,由于区域南北向对扭应力的活动而形成和发展起来的,其展布方向为北东、北东东,与纬向构造呈反接复合关系。在基岩区,除了改变纬向构造各种构造形迹力学性质外,尚未发现直观的足能代表华夏类型构造的大规模断裂。在覆盖区,据前人资料及卫片解译结果,发育有大规模的北东向断裂,其中,南阳-方城断裂与北西西向曲屯-贾营断裂在南阳附近巧妙结合,构成弧形向南突出的南阳弧形大断裂,控制着南阳断陷盆地的北界。由此认为,华夏类型构造是形成南阳断陷盆地的又一重要因素。

1.2 地层

南阳盆地邓州市、新野县、唐河县普查区地层属秦岭地层区,该地层区断裂发育,特别是长期活动的深断裂十分发育,对各地质时期的沉积作用、岩浆活动和变质作用有着十分重要的控制作用,也影响着区域地下水的分布和富集。根据普查区地形地貌、钻孔揭露,结合水文地质物探测井资料,地层自下而上有:古元古界大沟组、定远组、宽坪组、雁岭沟组、郭庄组,中元古界南湾组、龟山组,新元古界上震旦统灯影峡组、下震旦统陡山沱组、马头山组、姚营寨组,古生界上石炭统、下石炭统、上泥盆统、中泥盆统、下志留统、上奥陶统、中奥陶统、下奥陶统、上寒武统、中寒武统、下寒武统,中生界上白垩统、上三叠统,新生界古近、新近系、第四纪地层。

1.3 岩浆岩

区域上岩浆岩分布广泛,侵入岩以古生代和元古代为主,火山岩以元古代为主,并集中分布在古元古界郭庄组、雁岭沟组、宽坪组、大沟组和新元古界姚营寨组、马头山组中。岩石类型较全,超基性到酸性岩类均有出露,主要为花岗岩类和闪长岩类岩石,分别属于晋宁期、加里东期、华力西期和燕山期的产物。

2 地热地质条件

2.1 地热田边界条件

邓州市、新野县、唐河县为秦岭褶皱系南阳-襄樊坳陷的组成部分,是河南省最大的一个山间盆地,属沉积盆地型(传导型)地热系统,热储类型属层状热储。

根据区域地质构造特征可知,内乡-桐柏断裂(F_1)、新野断裂(F_2)和枣阳-襄樊断陷是南阳盆地邓州市、新野县、唐河县地热田划分的重要标志界限。依据该界限可划分为三个大型地热田:邓州、沙堰至张店地热田(Ⅰ区);构林关、新甸铺至汉龙潭地热田(Ⅱ区);唐河、安棚地热田(Ⅲ区)[2]。

(1)邓州、沙堰至张店地热田(Ⅰ区)

该地热田以木家垭-内乡-桐柏-商城深断裂带中的内乡—桐柏断裂(F_1)为北部边界,以新野断裂(F_2)为南部边界,面积约 1 200 km²,主要包括了三个沉积盆地,这三个盆地分别以邓州市、新野县沙堰镇及唐河县张店镇为沉陷中心,其中新野县沙堰镇为南阳断陷的一个沉陷中心。根据钻孔资料,本区第四系沉积厚度约 100 m,下部为新近系和古近系细砂岩、砂岩、砂砾岩及黏土岩。新近系和古近系松散细砂岩、砂岩及砂砾岩为主要热储层。该地热田新生代沉积厚度一般在 2 000～4 000 m,新野县沙堰一带与唐河县张店一带新生代沉积厚度超过 4 000 m,西部以邓州市为沉陷中心的沉积盆地新生代沉积厚度超过 3 000 m。

(2)构林关、新甸铺至汉龙潭地热田(Ⅱ区)

该地热田以新野断裂(F_2)为北部边界,以枣阳-襄樊断陷在河南境内发育的系列断裂为南部边界,面积约 680 km²,主要是以新野县新甸铺为沉陷中心的沉积盆地。根据钻孔资料,本区第四系沉积厚度约 100 m,下部为新近系和古近系细砂岩、砂岩、砂砾岩及黏土岩(主要是泥岩)。新近系和古近系松散细砂岩、砂岩及砂砾岩为主要热储层。该地热田沉积厚度一般为 1 000～3 000 m,新甸铺一带新生代沉积厚度超过 3 000 m。

(3)唐河、安棚地热田(Ⅲ区)

该地热田主要以南阳断陷在唐河县、桐柏县境内发育的一系列北西西向和北东向断裂为控热构造边界,面积约 960 km²,沉陷中心位于桐柏县安棚一带。本区第四系沉积厚度超过 100 m,新近系和古近系松散细砂岩、砂岩及砂砾岩为主要热储层。该地热田新生代沉积厚度一般为 1 000～5 000 m,安棚一带新生代沉积厚度大于 5 000 m[2]。

2.2 热储特征及其埋藏条件

2.2.1 地热系统类型

根据地热资源形成与控制其分布的主要地质条件,地热系统划分为火山-岩浆型地热系统、断裂深循环型(对流型)地热系统和沉积盆地型(传导型)地热系统。

邓州市、新野县、唐河县为秦岭褶皱系南阳-襄樊坳陷的组成部分,是河南省最大的一个山间盆地,属沉积盆地型(传导型)地热系统,热储类型属层状热储。沉积盆地型是地球内的热能通过传导方式传递到地表,地表一般无地热显示,自恒温带以下温度随深度的增加而升高。其中内乡-桐柏断层(F_1)以东为沉积盆地地热系统层状热储浅埋区,内乡-桐柏断层(F_1)以西为沉积盆地地热系统层状热储深埋区[2]。

2.2.2 热储类型

根据载热流体赋存空间的不同,热储一般分为层状热储和带状热储。层状热储指具有有效空隙度和渗透性的岩层、岩体构成的热储,具有地层分布面积大、倾角缓、沉积厚度大的特点。层状热储类型基本上可用层控热储-大地热流供热源模式加以概括。南阳盆地为秦岭褶皱系南阳-襄樊坳陷的组成部分,是一个山间盆地,热储类型属层状热储。

按照南阳盆地新生界盖层平均地温梯度 2.36 ℃/100 m 计算,地面以下 386 m 深的温度可达地温地热资源的下限值(25 ℃)。因此,386 m 深度以下的含水层均属热储层。根据钻孔资料显示,南阳盆地地热田热储层主要为新近系上寺组和古近系核桃园组。其中新近系上寺组底部的底砾岩富水性好,埋深在 300~1 000 m;古近系核桃园组的富水性好,埋深在 1 000~2 000 m[2]。

2.3 地热流体流场特征及动态

2.3.1 地热流体补径排条件

大型沉积盆地地热流体流场水动力环境一般具有明显的分带性,外环带为径流积极交替带,内带为径流缓滞带。进入盆地的地下水穿过外环带,进入内带转为长距离的水平运移,地下水可以充分吸取岩层的热量,使水与岩层同温。因此,大型盆地内带为热水聚存的理想环境。

研究区位于秦岭-大别造山带中部南襄盆地的北部,是燕山晚期发育起来的以古近系沉积为主的中、新生代断陷盆地。南襄盆地主要由泌阳凹陷、南阳凹陷和襄樊凹陷组成,研究区属于南阳凹陷地热田的一部分,可将新近系沉积厚度小于 500 m 区域,相当于山前冲洪积平原区视为径流积极交替带,新近系沉积厚度大于 500 m 区域,相当于冲积平原区视为径流缓滞带,西南部低山丘陵区为大气降水补给区。埋深 80 m 以浅的地下水以大气降水为主要补给源,其次为灌溉回渗、地表水体渗漏补给,由东北向西南方向径流,开采、越流为其主要排泄方式;埋深 80~350 m 的地下水补给来源为上游径流补给及浅层水的越流补给,由东北向西南方向径流,开采为其主要排泄方式;埋深 800 m 以深的地热水补给来源为上游侧向径流补给,总体由东北向西南方向径流,主要排泄方式为区内地热井供水开采[2]。

2.3.2 地热流体流场及动态特征

由于沉积盆地型地热流体埋藏较深,其水源除少量大气降水补给外,大部分为古沉积水径流补给。由热储含水层层顶标高等值线分析可知,主要补给来源为西部和东部无限边界地带径流补给。地热资源开采所消耗的地热流体储存量,大部分为地热流体静储量。因此,随着地热资源的开采,地热流体静储量消耗很快,地下水位急剧下降。

目前地热井静水位埋深一般小于 10 m,且多为自流。由于研究区内地热水开采量很少,静水位埋深基本趋于稳定。具体热储含水层层顶标高见层顶等值线图(图 1),可以看出,周围热储含水层流体向径流补给[2]。

2.3.3 地温场特征

(1)地温场概况

反映一个地区地温场基本特征的参数是大地热流,它是一个综合参数,是地球内热在地表可直接测得的唯一物理量。南阳盆地位于华北-东北构造区,平均热流值为 59~63 mW/m²,与全国平均值相接近,属正常地热区域,在可及深度内(以 3 000 m 深度为准),不具有高温地热资源形成的条件,属低温(25~90 ℃)地热资源。

(2)地温梯度

①恒温带深度及恒温带温度的确定

为了查明研究区内恒温带深度及温度,对研究区内 6 眼民井(井深 50~200 m)进行了实地测量。根据 5 m 之间不同深度的水温实测数据,运用相关分析法,计算得出邓州市、新野县、唐河县普查区内恒温带深度为 30.20 m,恒温带温度为 16.6 ℃,全年温度变化不超过 0.5 ℃。最后选用

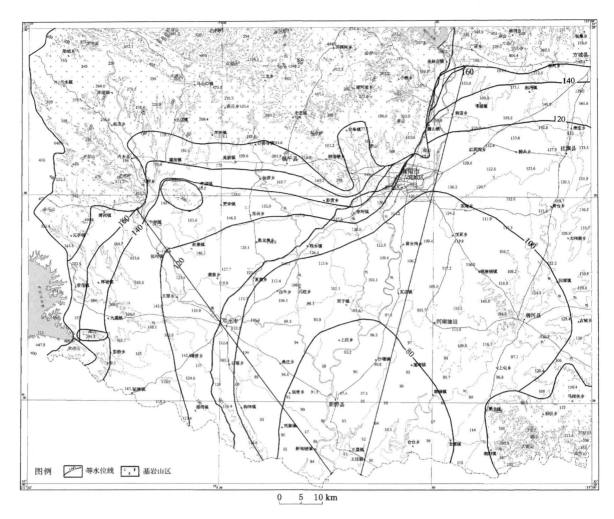

图 1　热储含水层层顶标高等值线图

普查区恒温带深度 30 m,恒温带温度 16.6 ℃[2]。

　　② 地温梯度

　　地温梯度是指恒温带以下单位深度内地温增加值,一般用℃/100 m 表示。地温梯度一般根据下式进行计算:

$$T=(T_m-T_0)/(H_m-H_0)\times 100$$

式中　T——地温梯度,℃/100 m;

　　　　T_m——孔底温度,如无孔底温度,可用井口水温代替,℃;

　　　　T_0——恒温带温度,℃;

　　　　H_m——孔深,m;

　　　　H_0——恒温带深度,m。

　　(3)热储温度

　　热储温度是指深部热储层的温度。确定热储温度的方法有直接测量法和计算法两种。直接测量法是在钻孔揭露或穿透热储时,用井温仪在井中直接测量热储层的温度。计算法有 3 种,其中地球化学温标法应用最为广泛。地球化学温标法也有多种计算公式,其中,只有钾镁温标适用于中低温热水系统。钾镁温标计算公式如下:

$$t=\frac{4\ 410}{13.95-\lg(K^2/Mg)}-273.15$$

式中 t——热储温度,℃;

K——钾离子含量,mg/L;

Mg——镁离子含量,mg/L。

根据对工作区 7 眼地热井水质分析结果,结合钾镁温标公式,计算结果见表 1。

表 1 钾镁温标计算结果

井位	邓州市卫校对面	邓州市自来水公司	新野县科尔沁牛业	新野县城北公园	新野县社会福利院	唐河油田	南阳市中级人民法院
温度/℃	56.3	58.5	43.4	43.6	47.9	43.6	79.2

(4)深部地热温度预测

地温梯度也是反映地温场基本特征的一个参数。邓州市 1 000 m 深度温度为 37.6～40.5 ℃,新野县 1 000 m 深度温度为 34.2～44.9 ℃,唐河县 1 000 m 深度温度为 41.8～69.0 ℃。

上述资料表明,邓州市、新野县、唐河县地温梯度较高,达 1.5～5.4 ℃/100 m,1 000 m 深度的温度达 34.2～69.0 ℃,推测 1 500 m 深度的地热温度达 43.2～96.0 ℃。邓州市平均地温梯度 2.4 ℃/100 m,新野县平均地温梯度 2.4 ℃/100 m,唐河县平均地温梯度 3.9 ℃/100 m,其中唐河县地热梯度最高,其次是新野县和邓州市。

(5)地热流体化学特征

① 地热流体化学组分特征

研究区地热水的主要阴离子有 HCO_3^-、SO_4^{2-}、Cl^-、CO_3^{2-}、NO_3^-,主要阳离子有 K^+、Na^+、Ca^{2+}、Mg^{2+},其他还有 Fe、Mn、Cu、Zn、F^-、CN^-、As、Se、Hg、Cr^{6+}、Pb、Cd、Li、Sr、Br^-、I^-、SiO_2、Al 等。

阳离子中以钠离子含量最高,其次是钙离子含量。阴离子中深井(600～1 000 m)以重碳酸根含量最高,其次是硫酸根含量;超深井(1 200～1 500 m)以硫酸根含量最高,其次是氯离子和重碳酸根含量。其他如 Cu、Zn、CN^-、Se、Hg、Cr^{6+}、Pb、Cd、I^-、硼酸、Al 等,其含量均较低。

600～1 000 m 和 1 200～1 500 m 两个不同深度段地热水的水化学特征有明显的变化。阳离子中,钠离子含量随深度的增加而增高,钾、钙、镁离子含量随深度的增加而降低。阴离子中,硫酸根、氯离子、碳酸根、硝酸根、氟离子的含量随深度的增加而增高,重碳酸根含量随深度的增加而降低。偏硅酸、锂、砷、总硬度的含量,随深度的增加而降低。锶的含量,随深度的增加而增高。

600～1 000 m 深度段地热水的 pH 值＞8.0 的碱性水占 50.0%,pH 值为 7.46～8.0 的中性水占 50.0%,pH 平均值为 7.78。1 200～1 500 m 深度段地热水的 pH 值＞8.0 的碱性水占 50.0%,pH 值为 7.92～8.0 的中性水占 50%,pH 平均值为 8.14。由上述分析可知,pH 值也随深度的增加而增高。

600～1 000 m 深度段地热液体的矿化度变化在 1 235～1 828 mg/L 之间,平均值为 1 531.5 mg/L。1 200～1 500 m 深度段地热水的矿化度变化在 1 115～4 354 mg/L 之间,平均值为 1 821.4 mg/L。由此可知,矿化度也随深度的增加而增高。

② 地热流体水化学类型

南阳盆地邓州市、新野县、唐河县新近系和古近系地热水的水化学类型以 SO_4^{2-}·HCO_3^--Na^+ 型水、HCO_3^-·Cl^--Na^+ 型水、Cl^-·HCO_3^--Na^+ 型水、SO_4^{2-}-Na^+ 型水为主[2]。

3 地热资源计算

3.1 计算公式

本次地热资源计算采用热储法[3,4]，各指标计算公式如下：

（1）热储层储存的热量。

$$Q_R = CAd(t_r - t_j) \tag{1}$$

式中 Q_R——热储层储存的热量，J；

A——计算区面积，m^2；

d——热储层厚度，m；

t_r——热储温度，℃；

t_j——基准温度（当地地下恒温层温度或年平均气温），℃；

C——热储岩石和水的平均比热，J/(kg·℃)，由下式求出：

$$C = \rho_c C_c (1 - \Phi) + \rho_w C_w \Phi \tag{2}$$

式中 ρ_c——岩石的密度，kg/m^3；

ρ_w——热水的密度，kg/m^3；

C_c——岩石的比热，J/(kg·℃)；

C_w——热水的比热，J/(kg·℃)；

Φ——岩石的孔隙度，％。

将式（2）代入式（1）即得热储层储存的热量的计算公式：

$$Q_R = Ad[\rho_c C_c (1 - \Phi) + \rho_w C_w \Phi](t_r - t_j) \tag{3}$$

（2）热水储存量。

$$Q_S = Ad\Phi' \tag{4}$$

式中 Q_S——热水储存量，m^3；

Φ'——热储层孔隙度，％。

（3）热水中储存的热量。

$$Q_S = Ad\rho_w C_w \Phi'(t_r - t_j) \tag{5}$$

式中 Q_S——热水中储存的热量，J。

3.2 计算结果

按上述公式，分别计算 3 个地热田新近系和古近系热储中的储存热量、地热流体资源量、地热流体中储存热量，计算结果见表 2。

表 2 　　　　　　　　　　　　　　　地热资源计算成果一览表

计算分区	面积 /km^2	热储厚度 /m	热储温度 /℃	储存热量 /J	地热流体资源量 /m^3	地热流体中储存热量/J
Ⅰ	1 200	118	45.2	11.15×10^{18}	3.12×10^{10}	3.72×10^{18}
Ⅱ	680	136	47.9	7.97×10^{18}	2.03×10^{10}	2.66×10^{18}
Ⅲ	960	201	72.0	29.44×10^{18}	4.25×10^{10}	9.83×10^{18}

4 地热资源可开采量计算

用热储法计算出的资源量,不可能全部被开采出来,只能开采出一部分。可开采出的地热流体量与埋藏在地下热储中的地热流体资源量二者的比值称为回采系数,用下式表示[3,4]:

$$R_E = Q_{wh}/Q_R$$

式中 R_E——回采系数;

Q_{wh}——可开采出的地热流体量;

Q_R——埋藏在地下热储中的地热流体资源量。

回采系数的大小,取决于热储岩性、孔隙及裂隙发育情况、是否回灌及回灌井布置是否科学合理等。《地热资源评价方法》(DZ 40—85)中对回采系数作出规定:大型沉积盆地的新生代砂岩,当孔隙度>20%时,回采系数定为0.25。

邓州市、新野县、唐河县位于南阳盆地南阳断陷,该区域新近系和古近系热储层平均孔隙度为22%,孔隙度>20%。因此,本次地热资源可开采量计算,回采系数取0.25。开采年限按100年计算,回采系数为0.25,分别计算Ⅰ区、Ⅱ区和Ⅲ区地热资源可开采量(表3)。

表3   地热资源可开采量计算成果一览表

计算分区	年可开采热水量 /m³	天可开采热水量 /m³	小时可开采热水量 /m³	年可利用热水 中热量/J	年可利用热水 中热能/kW
Ⅰ	7.8×10^7	2.14×10^5	8.9×10^3	9.30×10^{15}	2.58×10^9
Ⅱ	5.1×10^7	1.39×10^5	5.79×10^3	6.65×10^{15}	1.85×10^9
Ⅲ	10.6×10^7	2.90×10^5	1.21×10^4	2.46×10^{16}	6.83×10^9

5 地热田规模评价

利用地热资源计算年限为100年,Ⅰ区年可利用热水中热能2.58×10^6 MW>50 MW,属大型地热田;Ⅱ区年可利用热水中热能1.85×10^6 MW>50 MW,属大型地热田;Ⅲ区年可利用热水中热能6.83×10^6 MW>50 MW,属大型地热田。

6 开发前景

根据溶解性总固体含量及调查成果,南阳盆地邓州市、新野县、唐河县沉积盆地地热田地热流体利用方向为医疗、洗浴、采暖等,利用方式为直接利用。

Ⅰ区供暖面积不宜超过4.69×10^8 m²,供应热水人数不宜超过1.3×10^6 人,洗浴人数不宜超过3.9×10^8 人次,医疗床位不宜超过7.8×10^5 床位,温室面积不宜超过7.37×10^8 m²,水产养殖面积不宜超过1.3×10^7 m²。年可开采热水量,不宜超过7.8×10^7 m³。

Ⅱ区供暖面积不宜超过3.36×10^8 m²,供应热水人数不宜超过8.5×10^5 人,洗浴人数不宜超过2.55×10^8 人次,医疗床位不宜超过5.1×10^5 床位,温室面积不宜超过5.28×10^8 m²,水产养殖面积不宜超过8.5×10^6 m²。年可开采热水量,不宜超过5.1×10^7 m³。

Ⅲ区供暖面积不宜超过1.24×10^9 m²,供应热水人数不宜超过1.77×10^6 人,洗浴人数不宜超过5.3×10^8 人次,医疗床位不宜超过1.06×10^6 床位,温室面积不宜超过1.95×10^9 m²,水产养殖

面积不宜超过 1.77×10^{7} m²。年可开采热水量,不宜超过 10.6×10^{7} m³。

7 结论

(1)南阳盆地邓州市、新野县、唐河县蕴藏着丰富的中低温地热资源。邓州市 1 000 m 深度温度为 37.6~40.5 ℃,新野县 1 000 m 深度温度为 34.2~44.9 ℃,唐河县 1 000 m 深度温度为 41.8~69.0 ℃。邓州市平均地温梯度 2.4 ℃/100 m,新野县平均地温梯度 2.4 ℃/100 m,唐河县平均地温梯度 3.9 ℃/100 m,

(2)研究区可分为Ⅰ、Ⅱ、Ⅲ三个地热田,Ⅰ区年可利用热水中热能 2.58×10^{6} MW>50 MW,Ⅱ区年可利用热水中热能 1.85×10^{6} MW>50 MW,Ⅲ区年可利用热水中热能 6.83×10^{6} MW>50 MW,均属大型地热田。

(3)地热资源储存量较大,但可开采量相对较小,开发前景较好,为获得更好的社会效益和经济效益,建议合理规划,有序开发,提高地热资源的利用率。

参 考 文 献

[1] 河南省地质矿产局.河南省区域地质志[M].北京:地质出版社,1993.
[2] 河南省地矿局测绘队.南阳盆地邓州市、新野县、唐河县地热资源普查报告[R].2011.
[3] 中华人民共和国国家质量监督检验检疫总局,中国国家标准化管理委员会.地热资源地质勘查规范:GB/T 11615—2010[S].北京:中国标准出版社,2011.
[4] 中华人民共和国地质矿产部.地热资源评价方法:DZ 40—85[S].1984.

西峡县玉皇庙小学地质灾害危险性评估

张　阳

摘　要：通过地质灾害危险性评估，为西峡县玉皇庙小学制定地质灾害防治方案提供依据；主要确定评估范围和地质灾害危险性评估工作级别，进行地质灾害危险性现状评估、预测评估，并在此基础上进行地质灾害危险性综合分区评估，从地质灾害防治角度评价建设场地的适宜性；提出相应的地质灾害防治措施和建议。

关键词：地质灾害防治；现状评估；预测评估；综合分析评估；防治

1　评估工作概述

1.1　地理位置与交通

工作区位于河南省南阳市西峡县桑坪镇西万沟村玉皇庙组，村村通公路 8 km 可达豫 331 省道，距沪陕高速距离约 125 km，交通条件较为便利。

1.2　工程概况

本项目为 3 栋二层楼，均为天然地基，条形基础；总建筑面积 548.08 m²。拟建工程用地面积 0.25 hm²，合 3.75 亩。

1.3　评估范围与级别的确定

1.3.1　评估范围的确定

《地质灾害危险性评估规范》（DZ/T 0286—2015）规定：地质灾害危险性评估范围，不应局限于建设用地和规划用地面积内，应视建设与规划项目的特点、地质环境条件、地质灾害的影响范围予以确定。本次评估范围以征地边界外第一斜坡带为限，评估面积 0.6 km²。

1.3.2　评估级别的确定

评估区地质环境条件复杂程度为中等，拟建工程属一般建设项目，依据《地质灾害危险性评估规范》（DZ/T 0286—2015）规定，确定本拟建工程地质灾害危险性评估级别为三级。

1.4　评估的地质灾害类型

根据《地质灾害危险性评估规范》（DZ/T 0286—2015）及本项目情况，此次评估工作调查评估的主要地质灾害有崩塌、滑坡。

张阳：女，1987 年 6 月生。本科，工程师，主要从事资源勘查工程工作，研究方向为水文地质、环境地质、工程地质。河南省有色金属地质矿产局第四地质大队。

1.5 地形地貌

评估区地处秦岭支脉伏牛山南麓山区,老界岭、青铜山、牛心垛三道主要山脉由西北交错向东南延伸,形成西北部群山盘结、东南部丘陵纵横的地势,总体地势由西北向东南倾斜。

依据境内地貌成因和地表形态,通过野外调查,确定工作区地貌类型为低山地貌。

1.6 地质构造

评估区地质构造在太古界为地槽型沉积,晋宁运动前为褶皱运动,加里东、华力西两期构造运动依次由北向南褶皱回返,结束地槽发育史成为褶皱系。其后为强烈的继承性断裂活动,深大断裂发育,呈北西或北西西向。

1.7 岩土类型及工程地质性质

评估区内工程地质条件主要受岩性、地貌、地质构造等因素控制。根据地貌形态,将本区界定为低山丘陵基岩工程地质区,区内岩土体的力学强度为坚硬岩类、较坚硬岩类、半坚硬岩类、松软岩类四大工程地质岩类。

1.8 水文地质条件

评估区内地下水主要为碳酸盐岩类裂隙岩溶水,其主要岩层为二郎坪群的鲕粒状大理岩、陶湾群的含砾大理岩与硅化大理岩、陡岭群的大理岩、下古生界的含鳞片石墨大理岩和硅质条带大理岩。含水岩组碳酸盐岩较纯,岩石中裂隙岩溶较发育,地下水易于富集。集中排泄能力较强,富水性不均一。泉流量多在 $1\sim10$ L/s,最大达 34.41 L/s;地下水径流模数为 $4.6\sim9.43$ L/(s·km²)。水化学类型为 HCO_3^--Ca^{2+} 及 HCO_3^--Ca^{2+}·Mg^{2+} 型水,矿化度小于 0.4 g/L。地下水主要接受大气降水补给,径流途径短,水交替迅速,以泉的形式排泄。

2 地质灾害危险性现状评估

《地质灾害危险性评估规范》(DZ/T 0286—2015)规定:地质灾害危险性评估的灾种包括:滑坡、崩塌、泥石流、地面塌陷、地面沉降、地裂缝等。

评估区位于低山,经野外调查,评估区未发现崩塌、滑坡、泥石流、地面塌陷、地面沉降、地裂缝等地质灾害。现状评估认为,现状条件下,评估区地质灾害不发育。

3 地质灾害危险性预测评估

依据野外地质灾害调查访问资料及对历史、区域资料进行分析研究并考虑拟建工程的特点,预测该工程在建设过程中和建成后,必然会引起附近地质环境、自然环境的改变,加上施工中和施工后加载,可能会引发崩塌、滑坡等地质灾害。

教学楼、办公楼工程场地平整过程中,在机械震动、削坡、坡脚开挖、雨水等作用下,有引发边坡崩塌、滑坡的可能性。因坡脚开挖高度约 3 m,拟建项目两侧坡体坡度 45°~60°,因此工程建设引发边坡崩塌、滑坡的可能性较大。

工程场地平整过程中及建成后因开挖坡脚引发边坡崩塌、滑坡的可能性较大。因此,预测拟建项目在建设及其今后的使用过程中有遭受崩塌、滑坡可能性,预测其遭受的危害及危险性中等。

预测拟建项目有引发崩塌、滑坡的可能性,预测其可能性较大;预测拟建项目在建设及其今后的使用过程中有遭受崩塌、滑坡可能性,预测其遭受的危害及危险性中等。

4 地质灾害危险性综合分区评估及防治措施

4.1 地质灾害危险性综合分区评估原则

地质灾害危险性综合分区评估的原则是,依据地质灾害危险性现状评估和预测评估的结果,充分考虑评估区的地质环境条件的差异和潜在的地质灾害隐患、危害程度,根据"区内相似,区际相异"的原则,进行地质灾害危险性等级分区(段)。

4.2 地质灾害危险性综合分区评估

据野外调查,评估区未发现明显崩塌、滑坡等地质灾害。现状评估认为,现状条件下,崩塌、滑坡地质灾害危险性小。

预测评估认为,教学楼、办公楼工程建设,有引发边坡崩塌、滑坡的可能性,可能性较大;预测拟建项目在建设及其今后的使用过程中有遭受崩塌、滑坡可能性,预测其遭受的危害及危险性中等。

根据地质灾害危险性现状评估和预测评估,综合分区评估认为,评估区为地质灾害危险性中等区。

4.3 建设场地适宜性评价

建设场地适宜性评价认为,评估区为地质灾害危险性中等区,建设场地基本适宜该工程建设,对工程建设可能引发和遭受的地质灾害须采取有效的防治措施。

4.4 防治措施

地质灾害防治,应贯彻"以防为主,防治结合"的方针,以达到保护地质环境,避免和减少地质灾害损失的目的。

引起边坡崩塌、滑坡的主要原因是建设场地的场地平整过程中,未按设计边坡高度和坡度进行施工,未进行边坡防护。因此,在建设场地的场地平整过程中,严格按设计边坡高度和坡度进行施工,并做好边坡防护和排水崩塌。

5 结论与建议

5.1 结论

(1)建设场地地质环境条件复杂程度为中等复杂。拟建小学建设规模为小型,属一般建设项目。评估区地质环境条件复杂程度为中等复杂,拟建项目属一般建设项目,评估工作级别为三级。

(2)据野外调查,评估区未发现崩塌、滑坡等地质灾害。现状评估认为,现状条件下,崩塌、滑坡地质灾害危险性小。

(3)预测评估认为,拟建项目有引发崩塌、滑坡的可能性,其可能性较大;预测拟建项目在建设及其今后的使用过程中有遭受崩塌、滑坡可能性,预测其遭受的危害及危险性中等。

(4)综合分区评估认为,评估区为地质灾害危险性中等区。

(5)建设场地适宜性评价认为,评估区为地质灾害危险性中等区,建设场地基本适宜该工程建设,对工程建设可能引发和遭受的地质灾害须采取有效的防治措施。

5.2 建议

(1)《地质灾害危险性评估规范》(DZ/T 0286—2015)"引言"中明确规定:本标准规定的地质灾害危险性评估不替代建设工程和规划各阶段的工程地质勘查或有关的评价工作。因此,企业应按相关规程、规范要求进行工程地质勘查和评价。

(2)工程建设时地质环境遭受不同程度的破坏,地质环境条件可能会发生相应的变化,有可能产生报告中尚未发现的问题,建设单位应予重视。

(3)工程建设过程中及建成后,应加强地质灾害监测,以便及时发现问题,及时采取措施,避免地质灾害的发生,减少地质灾害造成的损失。

参 考 文 献

[1] 地质灾害防治条例(国务院令第 394 号).

[2] 国土资源部关于发布《地质灾害危险性评估规范》等 4 项行业标准的公告(2015 年第 23 号).

[3] 中华人民共和国国土资源部. 地质灾害危险性评估规范:DZ/T 0286—2015[S]. 北京:中国标准出版社,2015.

[4] 国土资源部关于取消地质灾害危险性评估备案制度的公告(2014 年第 29 号).

[5] 河南省国土资源厅关于取消地质灾害危险性评估备案制度的通知(豫国土资发〔2014〕111 号).

[6] 河南省国土资源厅关于加强地质灾害危险性评估工作的通知(豫国土资发〔2014〕79 号)及附件的技术要求.

[7] 河南省地质环境保护条例(2012 年 3 月).

[8] 西峡县桑坪镇玉皇庙小学新建项目可行性研究报告.

[9] 西峡县桑坪镇玉皇庙小学新建工程建设场地地质灾害危险性评估说明书.

方 法 技 术

EH4 电磁法在煤矿采空区勘探中的应用

贺小盼

摘　要:煤矿采空区不仅严重威胁矿区的安全生产,而且对矿区及附近的建筑造成极大的危害。EH4 电磁法由于设备轻、速度快、精度高、探测深度大等特点,在地质勘探中得到广泛的应用。通过 EH4 在煤矿采空区的应用收到良好的效果。

关键词:EH4 电磁法;采空区;电阻率

煤矿采空区是在煤矿作业过程中,将地下煤炭开采完成后留下的空洞或空腔。目前,采空区的勘探方法大体上有现场调查、物探、钻探等方法。在实际工作中,先收集相关的资料和进行现场调查,利用各种物探方法进行探测,圈定采空区异常区域,再进一步开展下一步地质工作。

EH4 是 EH4 电磁成像系统的简称,是由美国 GEOMETRICS 和 EMI 公司联合生产,采用了最新的数字信号处理的硬、软件装置。该系统属于人工电磁场源与天然电磁场源相结合的一种大地电磁测深系统,是目前国际上先进的电磁法勘探手段之一。近年来,EH4 电磁成像系统在寻找矿产资源、地下水以及探测地质构造、采空区等方面得到更多的应用,取得了很好的效果。

1　EH4 系统电磁测深原理

EH4 电磁成像系统属于部分可控源与天然源相结合的一种大地电磁测深系统,深部构造通过天然背景场源成像,其信息源为 1～100 kHz;浅部构造则通过一个新型低功率发射器发射 1～100 kHz 人工电磁讯号,补偿天然讯号不足,从而获得高分辨率成像[1]。采空区探测采用 EH4 连续电导率剖面仪,该仪器采用独特的正极偶极可控源,结合地震仪技术,可自动、多频率采集数据,勘探深度为几米至一千米,可现场实时成像。

2　煤矿采空区的探测机理

煤层赋存于成层分布的煤系地层中,煤层被开采后形成采空区,破坏了原有的应力平衡状态。当开采面积较小时,压力转移到煤柱上,未引起地层塌落、变形。采空区以充水或不充水的空洞形式保存下来;但大多数采空区在重力和地层应力作用下,顶板塌落,形成垮落带、裂隙带、弯曲带[2]。这些地质因素的变化,使采空区及其上部地层的地球物理特征发生了显著的变化,主要表现为煤层采空区垮落带与完整地层相比,岩性变得疏松、密实度降低,其内部充填的松散物的视电阻率明显高于周围介质,在电性上表现为高阻异常;煤层采空区裂隙带与完整地层相比,岩性没有发生明显的变化,由于裂隙带内岩石的裂隙发育,裂隙中的空气致使导电性降低,在电性上也表现为高阻异常。这种电性变化产生的导电性差异为 EH4 大地电磁法的应用提供了物理前提。

贺小盼:女,1986 年 11 月生。硕士,助理工程师,主要从事地质物探找矿工作。河南省有色金属地质矿产局第四地质大队。

3 EH4 在采空区探测的应用实例

3.1 矿区概况

芦沟煤矿一六井位于新密市岳村镇境内,行政区划属河南省新密市岳村镇。本区处于秦岭纬向构造带东段,北亚带嵩山隆起东侧的荥密背斜与龙坡寨背斜之间的复向斜和新华夏构造带的复合区,为中朝陆台的西南缘。区域地貌呈北、西、南三面高东面低,开阔的箕形盆地形态,属低山丘陵地形地貌,地表冲沟纵横交错,地势北低南高,地面标高+230～+270 m,相对高差 40 m。井田中部地面较为平坦,地表沟谷发育,为豫西丘陵向豫东平原过渡带。本矿主、副井井口标高分别为+256.14 m、+256.21 m,区内河流最低侵蚀基础面为+177 m。

3.2 矿区地层

一六井处于芦沟煤矿的西部,芦沟煤矿位于新密煤田内,属于华北地层沉积地层,地层多被覆盖,仅本区冲沟内局部零星见风化的泥岩露头。根据地表和钻孔揭露情况,该区地层由老到新分别为:寒武系、奥陶系、石炭系、二叠系、古近系、新近系和第四系。

(1)寒武系(ϵ_{2+3})

寒武系中寒武统(ϵ_2),岩性以厚层状、鲕状及竹叶状灰岩为主,间夹薄层黄绿色页岩,含页虫化石,厚 190 m。寒武系上寒武统(ϵ_3),浅灰色白云质灰岩,顶部具不规则白色燧石结核,底部含长山虫,厚 206 m。全系厚约 390 m。

(2)奥陶系中奥陶统马家沟组(O_2m)

出露于芦沟井田外围北部及西南部,一六井范围内揭露钻孔有 3 个,最大揭露厚度 52 m,为蓝灰～深灰色厚层状石灰岩、角砾状石灰岩,致密、质纯性脆。

(3)石炭系上石炭统本溪组(C_2b)

出露于井田北部,岩性分三部分:底部为铝质泥岩,局部含红色"山西式"铁矿薄层;中部为铝土矿,呈层状,灰色,致密坚硬,比重大,具鲕状-豆状结构;顶部为浅灰色铝土质泥岩。全区发育,层位稳定。组厚 0.79～18.26 m,平均厚度 7.69 m,厚度变化大主要受沉积基底凹凸不平所控制。与下伏地层呈不整合接触。

(4)二叠系(P)

二叠系包含太原组、山西组、上下石盒子组,均为含煤地层。

① 二叠系下二叠统太原组(P_1t)。下界为本溪组铝质泥岩顶,上界止于石灰岩。根据钻孔揭露资料,厚度 60.0～90.0 m,平均厚度 66 m。

② 二叠系下二叠统山西组(P_1s)。本组又称二煤组,下自太原组顶,上至沙锅窑砂岩底。岩性为深灰色泥岩、碳质泥岩、砂质泥岩、煤层。含煤 1～3 层,其中,二₀煤层厚 0～0.57 m,平均厚0.36 m,有分叉现象;二₁煤层普遍发育,为区内主要可采煤层。本组煤厚 60～106.00 m,平均厚84.0 m。

③ 二叠系中二叠统下石盒子组(P_2x)。本组又称三煤组,下自山西组顶,上界止于四煤底砂岩。本组厚 52.00～106.00 m,平均厚 70 m。区内不含煤层,主要岩层为沙锅窑砂岩。

④ 二叠系中二叠统上石盒子组(P_2sh)。本井田范围内仅揭露的地层,下自田家沟砂岩底,上至平顶山砂岩底,平均厚 210 m,和下伏下石盒子组为整合接触。岩石为紫色、紫灰色砂质泥岩,夹灰色薄层粉砂岩及灰白色细粒砂岩;灰色-灰黑色砂质泥岩、泥岩,富含植物化石;紫灰色泥岩、砂质泥岩、细粒砂岩。呈近东西向条带状分布,岩性以灰白色厚层状长石石英粗粒砂岩为主,致密坚硬,

具大型交错层理和斜层理,底部常见砾石.组厚一般 40～60 m。

(5) 古近系(E)和新近系(N)

分布于内沟谷内,以灰白色后层状泥灰岩为主,次为粉红色砾石,厚度约 90 m。与下伏地层呈不整合接触。

(6) 第四系黄土(Q)

区内分布广泛。顶部为黄土和耕植土,具有大量的疆结石,底部红色黏土,厚度 20 m。与下伏地层呈不整合接触。

3.3 构造

新密煤田位于嵩山背斜与凤后岭背斜之间的复式向斜内,基本构造形态呈一近东西向的向东倾伏的复式向斜,主要构造线为北西西向,到西部有向南偏转呈北东向的趋势,区内滑动构造发育,断层多为高角度正断层,大都具有南升北降成阶梯状组合的特点。芦沟煤矿一六井田位于新密复向斜的北翼,总体构造形态为地层向南倾的单斜构造。地层倾角一般 15°左右,有一定的起伏,西南侧形成宽缓的南倾向斜——魏寨北向斜。区内以南升、北降阶梯状正断层为主,断层按走向可分为近 NW-SE 和近 EW 两组。芦沟煤矿一六井井田范围位于魏寨北向斜的东部倾伏端,为一向东南倾的单斜地质构造,走向北西,向斜并发育走向近东西的魏寨支断层和芦沟断层。

本区历经多次勘查工程,未发现岩浆活动。

3.4 矿区地球物理特征

煤层开采及上覆岩层移动破坏电性特征,煤矿开采后在岩体内部形成一个空洞,若顶板围岩坚实,上覆岩层一般不会遭到破坏,采空区表现为空洞形式,往往表现为高阻特征。若顶板围岩较为软弱,随时间和空间变化的影响使得采空围岩的应力平衡状态受到破坏易引起采空区塌陷等工程问题。采空围岩受到破坏表现出来的电性特征因破坏规模发生变化。

探测剖面的电性特征,当煤层采空区未塌陷且不含水时,将引起高电阻率值的电性反应,保存完好的地层的电阻率相对较低;如果煤层采空区未塌陷且充满了泥沙、水、其他较弱杂质,会引起相对低电阻率值的电性反映,而保存完好的地层的电阻率相对较高;如果煤层采空区塌陷且含水时,将会引起相对低电阻率值的电性反映,保存完好的地层的电阻率相对较高。该勘探区采空区一般不含水,顶板围岩较坚实,采空区多表现为空洞形式,在电性上表现为高阻特征。

3.5 探测异常解释

本矿区布置 31 条测线,线距 40 m,点距 20 m。利用 EH4 采集数据,由其反演软件自动成彩色大地电磁影像图。符合 Surfer 成图软件要求的格式,并由 Surfer 作图软件形成 TEM 电阻率 ρt 等值线断面图。以图 1 所示的 60 线等值线断面图做解释说明。在该断面图横向上部有相对低电阻率区域,等值线密集、电性层向左或右倾斜,分别推测为断层的反映,由采空区塌陷充水所致;在 820～900 号点标高 20～−80 m 之间有相对低电阻率区域,等值线密集、电性层倾斜,异常不封闭,推测采空区充水所致。

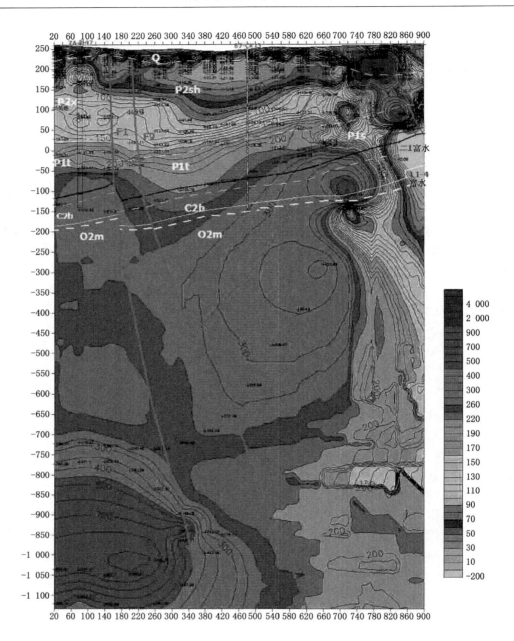

图 1   60 线等值线断面图

4   结论

理论与实践证明，EH4 电磁成像系统具有较高的分辨率，可进行实时数据处理和显示，资料解释简捷，图像直观。EH4 大地电磁测深技术能有效地探测煤层采空区，并且确定采空区的空间范围，为采空区、地下空洞和岩性分带等地质现象的探测提供了一种可靠手段。

参 考 文 献

[1] 昌彦君，王华军，罗延钟.EH4 系统观测资料的非远区场校正研究[J].吉林大学学报：地球科学版，2002，32（2）：177-180.

[2] 钱鸣高.矿山压力与岩层控制[M].徐州：中国矿业大学出版社，2003.

GF1 卫星遥感数据在新密市米村
煤矿地面塌陷调查中的应用

高　　晖,白朝军,冯　　涛,崔　　剑

摘　要: 为有效调查新密市米村煤矿地面塌陷情况,采用高分一号卫星遥感图像作为基础资料并结合 Google Earth,通过目视判读的方法快速准确地提取米村煤矿地面塌陷的分布状况,为矿区塌陷规律和灾害程度发展趋势提供了科学依据。研究结果表明,高分一号影像对于矿区塌陷地的调查是一种快速高效的方法之一。

关键词: 高分一号影像;遥感;米村煤矿;地面塌陷

1　引言

　　矿业是人类社会发展不可或缺的物质基础产业,而矿业开采对环境破坏也是触目惊心的,不容忽视[1]。煤炭行业作为我国国民经济的支柱产业之一,是重要的物质资源产业,而煤炭资源地下开采引发地面塌陷、地裂缝等一系列地质灾害,促使地表环境发生变化,带来破坏人民生产、生活设施等社会、经济问题。常规监测方法是在矿区设置观测仪器,定时监测、实地测量,或以有关人员和当地群众逐级汇报的方式。因此,对矿区地面塌陷的宏观掌控有一定的局限性,不能及时、高效地更新数据[2]。

　　遥感技术可以真实地记录区域地面实况,成本低、时效性强,高效可重复的动态监测是传统方法不可比拟的。利用遥感数据进行煤矿矿区地面塌陷遥感解译,可以快速、准确地获得塌陷地的信息,及时反映塌陷区破坏规模[3]。本文以新密市米村煤矿为例,对采用高分一号卫星遥感数据在圈定采煤塌陷区范围中的应用进行调查研究。

2　研究区概况

　　米村煤矿是大型国有煤矿,位于距新密市城西 10 km 的米村镇及牛店镇境内,地理位置坐标于东经 113°13′32″~113°19′03″,北纬 34°31′08″~34°33′10″,面积约 15.26 km²。米村煤矿属郑煤集团郑州矿区,矿区主要煤种有贫煤、无烟煤,是优质的工业动力煤和生活用煤,主要用于发电、冶炼和民用。

　　米村煤矿井田略呈西北窄,东南宽的梯形,其四界为自然边界:西南面以前高村断层与王庄煤

高晖:女,1979 年生。工程师,主要从事矿山环境遥感调查工作。河南省地质调查院,遥感卫星应用国家工程实验室地质遥感中心。

白朝军:河南省地质调查院,遥感卫星应用国家工程实验室地质遥感中心。

冯涛:河南省地质调查院,遥感卫星应用国家工程实验室地质遥感中心。

崔剑:河南省地质调查院,遥感卫星应用国家工程实验室地质遥感中心。

矿分界,东南方以张湾断层为界,西北和东北方向以一₁煤层露头为界。矿区地形属古老的冲积、洪积群,东、西、北三面环山,呈箕形盆地。目前主要开采区为二叠系二₁煤层,其厚度为0~24.58 m,平均厚6.35 m,开拓方式为立井。矿区设计规模150万t/a,生产能力达到200万t/a。

　　米村煤矿经过多年开发,拉动了当地经济发展,促进了地方经济繁荣,加快了新密工业化和城市化进展。但由于煤矿资源的长期开发,已对矿山及其周围环境造成污染并诱发多种地质灾害,导致矿山地质环境不断恶化。

3　调查区遥感数据处理

3.1　数据源

　　高分一号卫星(GF1)是中国高分辨率对地观测系统的第一颗卫星,由中国航天科技集团公司所属空间技术研究院研制,于2013年4月26日在酒泉卫星发射中心由长征二号丁运载火箭成功发射。高分一号卫星突破了高空间分辨率、多光谱与宽覆盖相结合的光学遥感等关键技术,配置有2台2 m分辨率全色/8 m分辨率多光谱相机和4台16 m分辨率多光谱宽幅相机,设计寿命5~8年。高分一号卫星在高度645 km、倾角98.050 6°、重复周期4天的太阳同步轨道上运行。其传感器有5个通道,其中,全色通道获取波长为450~900 nm的地物光谱信息;多光谱有4个通道,分别获取波长为450~520 nm(蓝光)、520~590 nm(绿光)、630~690 nm(红光)和770~890 nm(近红外)的地物光谱信息。2 m分辨率全色和8 m分辨率多光谱图像组合幅宽优于60 km,16 m分辨率多光谱图像组合幅宽优于800 km,实现了高空间分辨率和高时间分辨率的完美结合[4]。

　　本次采用的主要遥感数据是高分一号卫星数据(全色波段的图像分辨率为2 m,多光谱波段的图像分辨率为8 m),其影像特点是信息量丰富,在单颗卫星上同时实现高分辨率和大幅宽成像,重复周期短,实时性强,数据容易获取,比较适合进行米村煤矿塌陷区调查与动态监测。

3.2　数据处理

　　主要是利用ENVI 5.1对遥感数据进行彩色合成、图像融合、几何校正、图像增强等处理。在真彩色合成时,由于近红外能够区分水陆界限,可使用近红外波段进行加权运算;本文选用Gram-Schmidt融合方法,能够较好保持影像的纹理和光谱信息;以1∶10 000地形图为参考,采用二次多项式变化,校正后的图像定位误差在一个像元以内,可以满足要求。经过处理后的图像信息丰富、清晰易读、色调均匀、反差适中,最后对图像进行裁切,得到米村煤矿矿区影像图(见图1)。

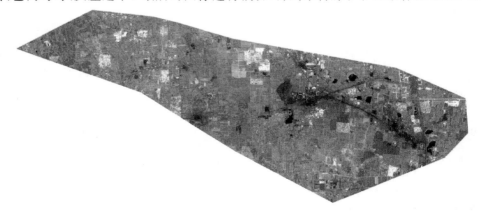

图1　米村煤矿高分一号遥感影像图

4 遥感调查方法

4.1 信息提取方法

地面塌陷遥感解译采用人机交互解译与目视解译相结合、初步解译与详细解译相结合、室内解译与野外调查验证相结合的工作方法。解译遵循从已知到未知、从区域到局部、从总体到个别、从定性到定量,按先易后难、循序渐进、不断反馈和逐步深化的原则进行。本次利用高分一号遥感影像并结合 Google Earth 对米村煤矿地面塌陷进行目视交互解译,发现地面塌陷变化和发展趋势进行判定,具有较好的解译效果。

4.2 地面塌陷遥感解译标志

根据已知地面塌陷点或野外踏勘资料,以高分一号遥感影像为底图,地面塌陷在遥感图像上的颜色、形态等要素为依据,建立地面塌陷的遥感解译标志。

采煤塌陷区直接解译标志为塌陷坑,而米村煤矿塌陷坑主要表现为积水塌陷坑,在影像上多为独立的不规则环形、圆形或椭圆斑块状,色调呈现蓝黑,表面纹理平滑,周围建筑物较少(见图2)。采煤塌陷除直接解译标志外,遥感图像上还有一些其他特征。如在塌陷区内,人工建筑物、构筑物遭到破坏,居民点拆迁;塌陷区的弃置地较多,土地利用类型和植被类型的变化等,均可作为采煤塌陷解译的间接标志。

图 2 塌陷坑遥感影像与野外照片

5 遥感调查结果

通过遥感解译,发现米村煤矿地面塌陷共有 30 处,面积达到 18.54 hm²。其中,积水塌陷坑有 22 处,面积为 14.82 hm²;其他塌陷 8 处,面积为 3.72 hm²。从解译的结果来看(见图3),地面塌陷多分布在米村煤矿主采区,从而表明主采区开采程度比较大,造成的塌陷程度也较强,基本符合遥感影像判读结果。

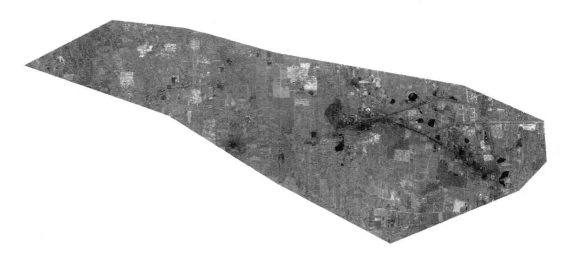

图 3　米村煤矿地面塌陷分布图

6　结论

（1）应用高分一号影像,建立塌陷区的遥感影像解译特征,对米村煤矿地面塌陷进行目视交互解译,发现矿区地面塌陷 30 处,其面积 18.54 hm²。结合 Google Earth,可以得到塌陷区动态变化信息,调查结果为矿区塌陷规律和灾害程度发展趋势提供了科学依据。

（2）米村煤矿积水塌陷坑的塌陷积水范围变化可以直观反映矿区塌陷的发展程度。

参 考 文 献

[1] 欧阳华平,赖健清,张建国,等.遥感技术在煤矿开采区详细地质灾害调查中的应用[J].矿物学报,2009 (S1):405.

[2] 陈文平,范英霞,韩小明,等.中巴资源卫星影像 HR 数据在煤矿矿区地面塌陷调查中的应用[J].测绘与空间地理信息,2012,35(2):80-83.

[3] 黎来福,王秀丽.SPOT-5 卫星遥感数据在煤矿塌陷区监测中的应用[J].矿山测量,2008(2):46-47.

[4] 邢英梅,宋凯,东启亮,等.高分一号卫星影像数据处理方法的研究——以张家口市赤城县为例[J].河北遥感,2015(4):18-21.

初论旅游地质专业技术发展

方建华,张 筝,石晨霞,何 璞,许连峰

摘 要:旅游地质专业技术是应用地质专业知识为旅游业发展服务的地质专业技术,属于地质行业新的专业技术领域,也是旅游业与地质行业结合的交叉学科;随着旅游业的发展,旅游地质涉及的专业技术领域越来越宽泛,要求也越来越高。现实工作中急需要对旅游地质专业技术领域的技术工作方法进行归纳总结并提炼形成具有实际指导意义的旅游地质专业技术方法。本文试图从长期从事的旅游地质专业技术工作中,对旅游地质涉及的各种专业技术工作进行梳理、归纳、总结、提炼,形成旅游地质专业技术工作方法,与业内同行进行探讨,为从事旅游地质专业技术的技术人员提供参考和理论指导,起到抛砖引玉的作用。

关键词:旅游地质;专业技术;发展

1 前言

随着地质行业为旅游业发展提供专业技术服务业务工作量的日益增加,孕育着旅游地质专业的诞生和从小到大的发展。现在地质行业为旅游业发展服务的业务专业技术领域不断扩大、专业技术工作内容要求进一步提高,迫切需要对旅游地质专业技术领域形成系统、全面的具有实际操作意义的专业技术理论。本文试图从长期的旅游地质专业技术工作领域的实践经验角度出发,从旅游地质专业技术的专业内容、要求、成果等方面论述旅游地质专业技术理论,为旅游地质专业技术发展提供思路,起到抛砖引玉的作用。其目的和意义在于将旅游地质专业技术理论运用于指导旅游地质专业技术的实践工作,具有较为完整的专业技术指导思想。

旅游地质专业顾名思义,即是利用地质知识为旅游业发展服务的地质行业新的专业技术工作领域,属于地质学的边缘学科,亦属于地质学与旅游学的交叉学科。按照陈安泽先生的旅游地学分为旅游地理学、旅游地质学的学科划分[1],即旅游地学的旅游地质学专业领域。

2 旅游地质的专业内容

根据旅游地质专业的实际工作,本文论述的旅游地质专业工作内容分为地质公园申报与规划、地质公园建设与管理、地质遗迹调查评价与保护三大部分。

方建华:男,1959 年生。教授级高工,从事地质遗迹调查评价、旅游地质及地质公园申报工作。河南省地质调查院,中国地质学会旅游地学与地质公园研究分会旅游地学规划研究中心。

张筝:河南省地质调查院,中国地质学会旅游地学与地质公园研究分会旅游地学规划研究中心。

石晨霞:河南省地质调查院,中国地质学会旅游地学与地质公园研究分会旅游地学规划研究中心。

何璞:河南省地质矿产勘查开发局第一地质环境调查院。

许连峰:河南省地质科学研究所,中国地质学会旅游地学与地质公园研究分会旅游地学规划研究中心。

2.1 地质公园申报与规划专业技术内容

2.1.1 地质公园申报专业技术内容

地质公园申报方面的专业技术工作内容，主要有野外旅游地质资源调查，调查拟建地质公园范围内各种类型的地质遗迹资源、自然旅游资源、生态旅游资源、人文旅游资源；根据调查获取的地质遗迹资源，可将其分为7大类25类56亚类，按照地质公园申报要求进行地质遗迹等级划分，评定地质遗迹世界级、国家级、省级；划定地质遗迹保护区、科普教育区、游客服务区、公园管理区等地质公园功能区；编写地质公园地质博物馆、标志碑、标示系统建设规划大纲；编制地质公园申报材料，申报材料包括申报书、综合考察报告、地质公园画册和宣传光盘[2]，为地质公园申报提供地质科学依据和基础资料。

申报书的主要内容包括公园的基本情况、主要地质遗迹概况及其保护现状、自然环境状况及人文景观资源状况、地质公园及其周围地区社会经济状况及其评价、建立地质公园的综合价值、地质公园与其他保护机构的关系、科学研究概况、前期工作及总体规划简介、基础设施概况、专家论证意见等。

综合考察报告是对地质公园及周边地区的全面考察，主要内容如下：

① 公园的基本概况：包括地质公园所处的地理位置、自然条件、公园范围等基本情况，公园及其周围地区社会经济状况及其评价，公园内主要保护对象及保护目的和意义，科学研究概况等。

② 地质背景及地质遗迹评价：包括区域地质背景，地质遗迹的形成条件和形成过程，地质遗迹类型与分布情况，地质遗迹评价等。

③ 公园保护管理现状：包括机构设置与人员状况，边界划定与土地权属状况，历史沿革、基础工作和管理现状等。

④ 地质公园规划大纲：包括地质公园总体发展目标，地质公园主要设施建设计划，地质公园建设保障措施等。

地质公园画册是编辑反映地质公园内各类地质地貌和地质遗迹景观特征、生态水体景观特征、地方民俗文化人文景观特征的照片或图片的图集。编辑地质公园画册的内容一般分为地质公园简介、地质遗迹景观、地貌景观、生态景观、水体景观、人文景观、地方民俗文化景观等部分；画册照片挑选要清晰、美观、典型、稀有、科学意义重要、观赏性强的照片，特别要注意选择代表地质公园地质遗迹景观特色的照片，突出地质公园的亮点，起到宣传地质公园科学价值和观赏性，吸引游客前来地质公园旅游的作用。

地质公园宣传光盘是采用录像视频动态展示手段，全面介绍地质公园地质地貌及地质遗迹景观特色、生态水体景观特色、地方民俗文化人文景观特色的多媒体视频。宣传光盘制作内容一般包括地质公园交通位置简介、大地构造背景、主要地质遗迹特色景观、地质遗迹的形成演化和发展历史、地貌景观、生态景观、水体景观、人文景观、地方民俗文化人文景观等拍摄的录像视频；拍摄的录像视频要清晰度高、科学性及观赏性强、展示地质遗迹景观特征典型及珍稀、地方民俗文化景观亮点突出。地质公园宣传光盘要做到科学性、通俗性、艺术性、可视性。

2.1.2 地质公园规划专业技术内容

地质公园规划是为实现地质遗迹保护、普及地质科学知识、拉动地方旅游经济发展的创建地质公园宗旨，作出的对地质遗迹保护与利用、地质公园建设目标实施的总体安排，是为指导地质公园建设作出的具体计划和部署。地质公园规划应当分为总体规划、建设规划。目前，根据《国土资源部关于发布〈国家地质公园规划编制技术要求〉的通知》（国土资发〔2010〕89号）精神，地质公园获得建设资格后，应当编制地质公园规划，属于地质公园总体规划。地质公园规划编制的主要专业技术工作内容应包括以下八个方面：

（1）合理划定、明确界定地质公园范围

对地质公园园区、景区范围进行必要的详细勘定界线，充分利用山脊线、山谷线、河流中线、水岸、陡崖边线、道路、行政区边界、土地权属边界等具有明显分界特征的地形地物界线进行边界的勘定。尽量避免将城市、乡镇中心、人口密度大的村庄等划入地质公园范围，尽量避开矿产密集而且地质遗迹资源少、保护价值不高的区域。

（2）地质公园园区、景区的功能区划分

科学划定地质遗迹保护区和地质公园景区范围。地质公园各级保护区以能够有效保护构成地质公园的主要地质遗迹、重要人文景观为首要原则，划定准确的地质遗迹保护区范围，实地勘查并结合卫星遥感解译资料进行科学划定。各级保护区范围具体划定时，充分考虑与地方经济发展相协调和区域内矿产资源赋存状况和勘查、开发活动情况，以能够保护重要地质遗迹不被破坏为前提划定[3]。

（3）地质遗迹的调查、评价、登录和保护

充分收集利用已有的资料，综合分析整理，完成地质遗迹调查、评价、登录工作，完成地质遗迹保护名录的确定，制定地质遗迹保护方案，针对不同级别、不同类型的地质遗迹确定不同的保护级别、保护内容、保护措施和方法。

采用四级（世界级、国家级、省级、省级以下）分级评价对地质公园内地质遗迹进行等级评价，并进行地质遗迹保护名录的登录；根据地质遗迹的世界级、国家级、省级、省级以下分级评价划分特级、一级、二级、三级地质遗迹保护区。

（4）地质公园的科学解说系统规划

针对地质公园现有的地质博物馆、园区及景区、景点解说、科学导游的需要，结合地质公园各个发展阶段的不同要求，编制详细的地质公园科学解说系统规划。

（5）地质公园的科学研究规划

地质公园的科学研究规划需要制订科学研究计划，明确科学研究的目的和意义，确定选题依据、解决的科学问题，围绕地质遗迹形成原因及典型性、代表性，地质地貌形成演化规律、美学特色、分类评价及国内外对比研究，人文及生物景观研究，科学解说研究，地质遗迹保护技术方法研究等方面开展科学研究，分阶段编制地质公园科学研究规划内容。

（6）科学普及、信息化建设工作规划

地质公园科学普及工作规划包括乡土科普活动、教学实习活动和面向普通游客的专项科普活动。编制科学普及活动计划、活动主题、行动方案等。

根据地质公园信息化建设的需要，针对公园各个景区建设的实际情况，规划较为详细的公园数据库、监测系统、网络系统等信息化建设方案和保障措施。

（7）地质公园的管理体制和人才规划

设置地质公园管理机构进行统一管理，对公园所需要的各类人才进行规划，包括旅游、地质、导游等方面，重点进行导游的培训计划及培训内容的规划。

（8）地质公园规划成果编制专业技术工作内容

地质公园规划成果编制专业技术工作主要包括：按照《国家地质公园规划编制技术要求》编写地质公园规划文本，规划文本是实施地质公园规划的行动指南和规范，以法规条文的方式、简明扼要地直接表述地质公园规划结论，规划文本编写一共16章55条；编写规划编制说明，是对规划编制的主要原则、主要内容、编制过程、初审情况等方面的简要说明；编写规划专项研究报告，是从研究角度为规划编写提供更加准确、详尽的理论和实际分析论证依据；规划基础资料汇编，是汇总编辑规划编制中形成的基础调查资料、资料辑录、数据统计、重要的参考文献等；按照要求编绘地质公园区位图、地质图、园区划界实际资料图、地质遗迹及其他自然人文资源分布图、地质遗迹保护规划图、地质公园规划总图、园区功能分区图、土地利用规划图、遥感影像图、科学导游图等规划图件。

2.2 地质公园建设与管理专业技术内容

2.2.1 地质公园建设专业技术内容

（1）地质公园"硬件建设"专业技术内容

地质公园建设专业技术工作分为"硬件建设""软件建设"。

硬件建设主要是指注重地质公园地质博物馆、标志碑、标示牌等基础设施建设工作。地质公园地质博物馆布展工程专业技术工作，主要是编辑地质博物馆布展大纲，包括划分地质博物馆序厅、展示厅、陈列厅、多媒体影视厅、游客服务中心等功能区，编辑地质博物馆布展主要内容，包括地质博物馆简介、地质公园概况、地质公园地质背景基本情况、地质公园地质发展演化史、主要地质遗迹介绍、地质公园生态水体景观介绍、地方特色民俗历史文化介绍等，采用文字、照片、图片、标本、实物、多媒体触摸屏、沙盘模型等多种展示技术手段和方法[4]。地质博物馆布展工程专业技术工作是属于新兴的旅游地质专业技术性很强的技术工作，要求从业者具有地质学各专业领域宽泛的专业知识，同时具有环境艺术景观设计、美学、旅游、文化等领域广博的知识，才能胜任工作。

地质公园标志碑、标示牌等基础设施建设的专业技术工作，主要是指对标志碑、标示牌从旅游地质角度进行专业设计制作。标志碑分为主碑、副碑，是反映地质公园地质科学文化内涵的标志性建筑，是地质公园形象和缩影，也是地质公园重要的景观和游客游玩地质公园旅游点。标示牌分为公园说明牌、景区说明牌、景点说明牌、道路标示引导牌等。地质公园说明牌与标志碑结合，是对地质公园名称、位置、面积、园区及景区划分、主要地质遗迹景观特征及科学意义、观赏价值等综合概括介绍。景区说明牌是对地质公园景区名称、位于地质公园区位、面积、景区主要地质遗迹景观特征及科学意义、景点分布及其观赏性说明等简要介绍。景点说明牌是对地质公园内景点，包括地质遗迹景点、地貌景观点、生态水体景观点、人文景观点等，进行景点成因、特征、观赏性、民俗文化特征等简要说明。标志碑、标示牌等设计制作，要在规格大小、样式、颜色色调等方面与地质公园环境协调统一、具有地方特色，说明牌的文字、照片内容编排要图文并茂、通俗易懂、简明扼要，以展示地质公园地质科学文化品位，吸引游客观赏[5]。

（2）地质公园"软件建设"专业技术工作

软件建设主要是指注重于地质公园各种科学研究、通俗易懂科普读物的编写、多媒体宣传材料的编写制作等工作。地质公园科学研究，主要是指围绕地质公园内地质遗迹的形成地质背景、影响因素、保护技术方法、科学解说方法的研究，其次是指地质公园内涉及的生态景观、水体景观、民俗历史文化景观等形成、保护技术方法、科学解说方法的研究。地质公园通俗易懂科普读物的编写，主要是指中国国家地质公园丛书[6]、带你游玩探秘地质公园类图书、地质公园导游手册（或导游指南）[7]、地质公园地层岩石矿物古生物启蒙（卡通类）读物等。地质公园多媒体宣传材料的编写制作，主要是指地质公园画册[8]、地质公园宣传折页、地质公园科学导游图、地质公园宣传海报等纸介质，通过录音、拍摄视频录像等技术手段，制成以电磁介质为载体，用数字或模拟信号将图、文、声、影像记录下来，经过剪辑加工形成的视听设备播放使用的地质公园音像制品[5]。

2.2.2 地质公园管理专业技术内容

地质公园管理专业技术工作，主要是指地质公园建设完成后，国土资源部对国家地质公园每五年一次的考察评估工作，联合国教科文每四年一次组织专家对世界地质公园的中评估工作，各种建设工程开工前穿过地质公园范围内对地质遗迹保护区及地质遗迹保护对象影响评估工作，地质公园日常管理工作中对地质遗迹景观利用与保护、地质公园地质遗迹保护区对保护对象的监督检查技术指导等专业技术要求高的工作[9]。

2.3 地质遗迹调查评价与保护专业技术内容

2.3.1 地质遗迹调查评价专业技术内容

地质遗迹调查评价专业技术工作,按照其目的和任务不同分为查明一定行政管辖区域范围内的地质遗迹调查评价、地质公园申报前编写申报材料所需要开展的地质遗迹调查评价两类。其中,查明一定行政管辖范围内的地质遗迹调查评价又可划分为省级地质遗迹调查评价、地市级地质遗迹调查评价、县级地质遗迹调查评价。根据地质遗迹调查评价的目的和任务不同,调查评价的技术方法有所不同。

行政管辖范围内的地质遗迹调查评价专业技术工作,主要是指地质遗迹调查相关资料收集,地质遗迹点筛选,野外地质遗迹调查,重要地质遗迹鉴评与评价,重要地质遗迹保护名录确定,重要地质遗迹保护范围边界划定,编制地质遗迹保护规划与区划,编绘地质遗迹分布图及保护规划图,建立地质遗迹数据库,编写地质遗迹调查评价报告等[10]。

地质公园申报前编写申报材料所需要开展的地质遗迹调查评价,也称为地质公园旅游地质资源调查评价,或地质公园综合野外考察工作。它主要是指对拟建地质公园地段进行基础地质、地貌、地理、生态、水体、人文、旅游、规划等相关旅游地质资料的收集,野外地质遗迹景观、自然生态景观、水体景观、人文景观等旅游地质涉及的调查工作,野外拍摄地质遗迹景观、地貌景观、生态景观、水体景观、人文景观等照片、视频录像;编写地质公园申报书、综合考察报告,编辑地质公园画册,编制地质公园宣传视频光盘。

2.3.2 地质遗迹保护专业技术内容

地质遗迹保护专业技术工作,主要是指《地质遗迹保护管理规定》涉及的专业技术工作,包括地质遗迹保护对象确定,地质遗迹保护段、保护点、保护区划分,地质遗迹保护等级评定,根据不同类型地质遗迹的特征应当采用的地质遗迹保护工程技术方法、保护手段和保护措施,编制地质遗迹保护规划、保护方案等。

3 旅游地质专业的发展

旅游地质专业技术是应用地质专业知识为旅游业发展服务的地质专业技术,属于地质行业新的专业技术领域,也属于旅游业与地质行业结合的交叉学科。随着旅游业的发展,旅游地质涉及的专业技术领域越来越宽泛,要求也越来越高。

旅游地质专业领域的发展归纳起来有三个方面:第一,旅游地质专业技术理论逐渐建立并日臻完善[11]。目前,旅游地质学科理论落后于旅游地质专业技术实际工作。旅游地质学、旅游地理学同属于旅游地学,旅游地学创立于 1985 年,在陈安泽先生的倡导、引领下,走过 30 年的路程。旅游地学涵盖旅游地质学、旅游地理学,二者都是服务于旅游业的地学科学范畴。在当今地学学科分工越来越精细的新时期,旅游地质专业技术工作急需要对旅游地质涉及的各种专业技术工作进行梳理、归纳、总结、提炼,形成旅游地质专业技术方法和理论,用来指导旅游地质专业技术工作。第二,旅游地质专业技术涉及地质公园领域的专业技术工作,要求越来越高,无论是地质公园申报与规划,还是地质公园建设与管理,特别是地质公园相关地质遗迹形成机制[12]、影响因素、保护技术方法的地质科学研究,通俗易懂的科学解说研究工作,是旅游地质专业发展方向。地质公园是旅游地质专业技术工作重点领域,如同矿产地质勘查发现矿床后的详细矿床地质勘查工作一样,在建立地质公园范围内围绕旅游开发利用需要做大量详细的旅游地质专业技术工作,使得地质公园在保护地质遗迹的前提条件下,具备供游客观赏游玩的旅游功能,创造旅游经济价值。由此,旅游地质学科应当设置地质公园学。第三,地质遗迹景观可以作为旅游地质资源开发利用,旅游资源开发利用中涉及地质遗迹景观保护专业技术,由此,旅游地质专业技术工作包括地质遗迹景观调查评价与保护专业技术工作。通过地质遗迹景观的调查评价,发现具有旅游开发利用价值的地质遗迹景观,作为旅游资源开发利用。在地质公园或风景名胜区或旅游景区,具有科学意义和观赏价值的地质遗迹保护技术方法问题,属于旅游地质专业技术工作范畴。对国家级风景名胜区、国家地质公园、国家 5A 级旅游景区,急需要做旅游地质调查专业技术工作,提供这些旅游开发利用地段的为旅游业服务的基础地质资料和相关图件,如国家级风景名胜区旅游地质调查报告、旅游地质图,目的是为地质地貌景观形成演化,提供地质科学解说的基础资料和依据,编制地质科学导游解说词及导游图,为游客服务。

4　结束语

　　笔者论述的旅游地质专业技术工作,主要围绕地质公园申报与规划、地质公园建设与管理、地质遗迹调查评价与保护等三个方面工作内容,根据论述的旅游地质专业技术工作内容,探讨了旅游地质专业技术发展方向。旅游地质专业技术工作涉及的地质专业知识、技术工作方法为旅游业服务,笔者认为与旅游地质专业技术工作相关的旅游地质学科应当设立旅游地质学基础、地质公园学[13]、地质遗迹学三个分支学科,限于本文篇幅不再累述。

参 考 文 献

[1] 陈安泽.旅游地学的发展——为纪念旅游地学 25 周年而作[C]//中国旅游地学 25 周年纪念文集.北京:地质出版社,20013:1-7.
[2] 孙克勤.地质旅游[M].北京:地质出版社,2011:202-204.
[3] 李同德.地质公园规划概论[M].北京:中国建筑工业出版社,2007:31-36.
[4] 国土资源部地质环境司.中国国家地质公园建设工作指南[M].北京:中国大地出版社,2006:11-57.
[5] 张忠慧.地质公园科学解说——理论与实践[M].北京:地质出版社,2014:175-193.
[6] 陈安泽.雁荡山科学导游指南[M].上海:上海科学普及出版社,2013:1-106.
[7] 王建平,王欣军,张忠慧.大连海滨国家地质公园导游手册[M].北京:中国大地出版社,2007:10-52.
[8] 弋群立,赵洪山.中岳嵩山世界地质公园[M].北京:地质出版社,2007:2-76.
[9] 方建华,张忠慧,章秉辰.地质公园管理、建设现状、存在的问题及对策[C]//旅游地学与地质公园建设——旅游地学论文集第十七集.北京:中国林业出版社,2012:37-39.
[10] 方建华,张忠慧,章秉辰.河南省地质遗迹资源[M].北京:地质出版社,2014:141-157.
[11] 杨世瑜,吴志亮.旅游地质学[M].天津:南开大学出版社,2006:7-11.
[12] 张忠慧,方建华,白曙泽.河南信阳金刚台国家地质公园火山岩景观研究[M].北京:地质出版社,2015:2-3.
[13] 陈安泽.旅游地学大词典[M].北京:科学出版社,2013:2-4.

大功率激电在内蒙古东沟铅多金属矿勘查中的应用

韩桥波,袁 稳,龚 亮,邢尚鑫,邓 勇,胡 斌

摘 要:内蒙古东沟矿区位于华北板块阴山隆起区,乌拉特前旗-集宁与林格尔-黄旗海两条深大断裂之间,其内发育的构造薄弱带为含矿流体的运移提供了重要通道,形成多处含铅、锌等的矿化蚀变破碎带,具有良好的找矿远景;但矿区近地表多为较厚的第四系覆盖层,矿化露头分散且难以追索。为了解决该区地下隐伏矿体的定位预测,本文在充分研究工作区地质和地球物理特征的基础上,采用大功率激电中梯扫面和对称四极测深进行联合反演,对区内的电阻率异常进行了划分和解释,并结合地质线索圈定了具有重要找矿意义的 JA-1、JA-2 异常,查明了其在地表下的走向和分布规律。后经进一步的地质研究和钻探验证,发现该激电异常与矿化体具有良好的对应关系,显示了大功率激电在该区间接找矿的有效性,证明了东沟矿区良好的深部找矿潜力。

关键词:大功率激电扫面;对称四极测深;内蒙古东沟;铅多金属矿

1 引言

内蒙古东沟矿区位于乌兰察布凉城县西北约 10 km 处,北起扣营村-段家沟-大灯炉素一带,南至蒿乃沟-小坝一带,西边界位于马士营-波罗素太-猛兔沟一线,东抵五黑明-南坝一带;矿床类型主要为破碎蚀变岩型,是早期古老结晶基地与期后多次岩浆热液活动共同作用的结果;通过对比分析周边相同构造背景下已发现矿床的地质特征及控矿因素,该矿体的赋存位置主要受地层和区域性 NE 向断裂构造带控制[1]。但受较厚第四系覆盖层的影响,传统的矿化追踪及成矿预测等地质工作受到很大挑战,而大功率激电是利用岩(矿)石的电阻率和激发极化特征的差异,观测和研究目标地质体对人工场源的响应和变化规律,达到间接性找矿。在大功率激电的找矿勘探应用中,通常采用中间梯度扫面和对称四极测深这两种装置组合,中间梯度扫面具有经济、快速、方便等优点,可以快速查明岩(矿)体在平面上的激电分布特征[2];而对称四极测深具有信号强、勘探深度大、穿透高阻层能力强等特点,利用其反演的电阻率断面结构特征,可以实现对地下地层分布、断裂构造的产状及岩(矿)体赋存空间等的推断,对地下隐伏矿体的预测具有良好的指示作用[3-4]。在近些年与火山活动有关的热液型矿床找矿工作中,大功率激电在许多新工业矿体的发现中起到非常重要的预测作用,被证明是行之有效的方法[5]。本文通过开展大功率激电扫面和对称四极测深等工作,对研究区的物探异常进行了反演,发现这些电性异常能够提供地下丰富的电性信息,并且这些信息与已

韩桥波:女,1987 年生。本科,工程师,从事地质勘查及相关研究。河南省有色金属地质勘查总院。
袁稳:河南省有色金属地质勘查总院,河南理工大学资源环境学院。
龚亮:河南省有色金属地质勘查总院。
邢尚鑫:河南省有色金属地质勘查总院。
邓勇:河南省有色金属地质勘查总院。
胡斌:河南省有色金属地质勘查总院。

知的地质规律能很好地扣合起来,对提高周边地区找矿,特别是相同地质背景下覆盖区的找矿工作起到示范作用,并对进一步寻找大型多金属矿床具有重要意义。

2 研究区地质特征

2.1 区域地质背景

预查区位于华北克拉通北缘中段,在大地构造单元属华北板块华北地块阴山隆起之凉城断隆,夹持于乌拉特前旗-呼和浩特-集宁和林格尔-黄旗海两条深大断裂之间(图 1)。根据地质年代和岩性特征,预查区主要出露的地层单元可划分为三类:太古代集宁岩群的变质岩系,中生代白垩纪的火山岩、火山碎屑岩系和新生代的砂土覆盖层。其中集宁岩群为一套榴石钾长(石英正长)变粒岩和矽线榴石钾长片麻岩的组合,在区域地层上属于晋冀鲁豫地层区,阴山地层分区,大青山地层小区;火山岩主要为紫色(灰白色)角砾岩屑凝灰岩、含角砾岩屑(晶屑、玻屑)凝灰岩、集块岩及角砾熔结凝灰岩等,属于内蒙古南部地层区集宁地层分区[6]。

在漫长的地质演化历程中,区域内发育了数条走向约北东 70°的大规模韧性剪切带,根据剪切带内变质岩相条件和变形特征,该剪切带的形成与地壳的大规模伸展拆离有关,其形成时间大致在 1 900～1 850 Ma 之间[7-9]。同时,区域内发育着多期的褶皱构造、韧性剪切变形及断裂构造等,伴随有强烈的岩浆侵入活动,主要为分布面积较广的太古代早期苏长岩,晚期英云闪长岩和花岗岩,以及有小面积分布的华力西晚期细粒钾长花岗岩、辉长岩,印支期、燕山期花岗(斑)岩等[10]。

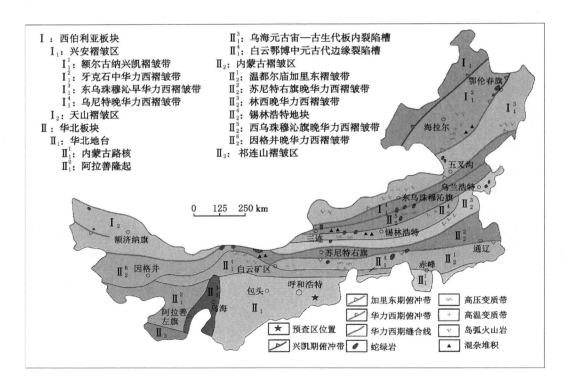

图 1 区域地质背景简图[11]

2.2 研究区地质特征

研究区出露地层较为简单,主要为中太古代集宁岩群黄土窑岩组的变质岩系及第四系覆盖。变质岩系根据岩性特征和产出位置划分为下段的石榴石长石变粒岩和上段的矽线榴石钾长片麻岩。石榴石长石变粒岩主要分布在研究区的东北及西南,岩石呈灰白色-浅灰白色,变晶结构,条带状构造,变斑晶石榴石呈紫色透明状,自形粒状,粒度多为 1~2 mm;矽线榴石钾长片麻岩在区内分布则较为局限,呈孤岛状分布于研究区西南部一带,岩石为灰白色,中细粒变晶结构,主要组成矿物为条纹长石、石英、矽线石和石榴石等。第四系覆盖主要为更新统的松散风成地质体和全新统洪冲积物,分布于区内较缓的山体斜坡或沟谷内。

研究区内断裂构造极为发育,与矿化有关的以 NE 向、NW 向和近 SN 向为主,其中 NE 向断裂具有规模大、延伸远的特征,断裂内发育糜棱岩化、硅化及铁染黄铁矿化等蚀变;NW 向断裂多以断裂破碎带形式出现,常成群、成组近平行排列分布,区内已发现的铅银矿化多赋存于该组断裂破碎带中;近 SN 向断裂带是区内较新的构造运动造成的,带内发育破碎石英脉体及强矿化蚀变。

研究区内岩浆岩主要为新太古代斜长二辉麻粒岩、斑状石榴石花岗岩和片麻状钾长花岗岩等侵入岩及各类脉岩,其中脉岩类型主要有辉绿岩脉、花岗斑岩脉、石英脉、花岗细晶岩脉等,形成时代集中在新太古代-中元古代和中生代两个时期,展布受北东向断裂构造次级裂隙控制明显。

3 地球物理条件及方法技术选择

3.1 地球物理条件分析

由于本次所寻找的矿体多为深部隐伏矿体,在前期的找矿靶区预测中,高精度、大深度的物探技术无疑是前期地质工作的首选,而矿体和围岩的物性差异则是选择具体物探手段的前提。通过对矿区主要出露地层和构造蚀变带内矿化岩石的电、重、磁参数分析,对比附近的大苏计矿区采出的矿石岩性,发现无论是浸染型的还是致密块状的矿体,与围岩在极化率和电阻率上均存在明显差异,所以在本矿区的找矿勘探中,大功率激电无疑是前期最为有效的方法之一。

东沟及附近矿区岩(矿)石标本电参数统计结果见表 1,可以看出不含矿的各类岩石标本极化率均较低(主要分布在 1.56%~2.50% 范围),以硅化蚀变带最大;电阻率差异较小,以麻粒岩和花岗岩相对较高(约 2 000 Ω·m),硅化蚀变带最低(1 097 Ω·m);而相比外围大苏计矿区,含矿岩石具有明显的高极化、高电阻特征(极化率和电阻率均值分别为 5.77% 和 3 866 Ω·m),为高阻高极化特征。

表 1   **东沟及附近矿区岩(矿)石标本电参数统计**

岩性	标本块数	M_1/%		$\rho/(\Omega \cdot m)$	
		变化范围	算术平均值	变化范围	几何平均值
硅化蚀变带	8	1.43~3.68	2.5	315~2 550	1 097
花岗岩	61	1.24~3.25	2.21	344~9 150	2 031
辉绿岩	33	1.33~2.91	2.02	366~4 069	1 327
麻粒岩	31	1.22~3.25	2.06	186~6 442	2 065
蚀变带	8	1.14~1.94	1.56	584~2 156	1 367
矿体(大苏计矿区)	15	2.79~7.85	5.77	1 321~17 801	3 866

3.2 物探方法技术选择、部署和相关参数的选取

综合东沟矿区主要岩性的电参数变化范围及该区的地形地貌、人文干扰等因素,选择重庆地质仪器厂生产的时间域大功率激电仪 DJS-9 为本次激电工作的仪器。DJS-9 具有 4 s、8 s、16 s 三个供电周期,实现了软件、石钟和 GPS 三种同步,同步方式灵活,使得断电延时精确,克服了同类仪器因断电时间判断误差大而导致视极化率误差增大的问题;同时,DJS-9 采用单片机自动进行自电补偿,增益调节,滤波和信号增强,其测量电压最大值可达到 ± 3 V,对 50 Hz 工频压制优于 80 dB,保障了电压测量精度为 $\pm 1\% \pm 1$ 个字;极化率精度在 $M \leqslant 3\%$ 时,为 0.2 ± 1 个字,$M \geqslant 3\%$ 时,为 0.1 ± 1 个字。这些设备性能满足该区的勘查需要,适用于本矿区的地球物理工作。

本次大功率激电测量采用中间梯度扫面和对称四极测深两种装置。首先使用激电中间梯度进行扫面工作,快速查明矿区的激电异常走向和分布规律。为获得有效的识别深度,本次中间梯度测量装置中使用供电极距 AB 为 1 500 m,以达到预期勘探深度 >300 m 的目的,观测范围限于装置中部的 1 000 m,最大旁侧距离 250 m。根据现场试验,选择接收电极距 MN 为 80 m,供电周期 4 s,仪器延迟时间 100 ms,为提高信噪比,发射机配备 15 kW 发电机组,供电电压最高 1 000 V,最大输出电流为 10 A。为兼顾效率和精度要求,确定工作比例尺为 1 : 1 万,测网为 100 m $\times$ 40 m。

待激电扫面工作结束后,根据反演的电阻率和极化率异常规模、强度以及与已知地质资料的扣合程度,对激电异常进行圈定和分类,在具有重要找矿意义的异常区上布置激电测深剖面,获取地下激电异常带的分布范围和排列情况,进一步了解极化体的埋深和产状。为保障激电测深剖面的深度、分辨率和质量要求,每个对称四极测深点的供电极距 AB 和接收极距 MN 按照一定的极距布置,其中 $AB/2$ 变化范围从 $1.5 \sim 1\,000$ m,$MN/2$ 相应地在 $0.5 \sim 250$ m 之间变动。

4 大功率激电异常及解释

在大功率激电数据处理前,首先是对每天原始记录进行回放、检查和必要的注记,对畸变点、突变点、异常点的重复观测和检查观测进行对比,剔除人文干扰、设备故障或人为操作等原因导致非正常数据。在原始记录检查的基础上,对计算所用的常数进行 100% 的复核,对全部的计算进行 100% 的复算,复算精度高于 1%,复算结果的错误率低于 1%。通过对东沟矿区大功率激电数据的统计和计算,本次中间梯度扫面工作的点位均方误差为 2.60 m,极化率 M_1 总均方相对误差为 $\pm 6.16\%$,电阻率 R 总均方相对误差(有位差)为 $\pm 7.45\%$,质量符合规范要求;在研究区有效探测范围内,视极化率最大值和最小值分别为(7.55%,1.60%),平均值为 4.07%;视电阻率的最大值和最小值为($2\,497.0$ $\Omega \cdot$ m,206.0 $\Omega \cdot$ m),平均值 992.0 $\Omega \cdot$ m。结合反演出的视电阻率形态和分布特征,在极化率等值线平面图上划分出 2 个激电异常,编号分别为 JA-1 和 JA-2(见图 2)。

JA-1 异常位于矿区西南部,呈长带形沿北西向展布,长约 1 000 m,宽约 430 m,面积 0.43 km²。该异常的极化率最大值 7.55%,为整个矿区最高。地表发现的 K1、K2、K3、K4 矿化脉与 JA-1 异常在空间位置上有较好的对应关系,其走向与异常在平面上大约为 30°夹角,位于异常南侧的梯度带上。根据 JA-1 的异常形态,基本上以极化率的异常为中心作南北线,可以将 JA-1 分为东西两个部分,其中西半部分在近地表矿化体破碎程度较高,局部地段已见到少量铅、锌矿化体,在激电反演结果上也表现为低电阻率异常;东半部分的地表基本覆盖,尚未发现有矿化露头,在电阻率结构上也表现为较高电阻特征。

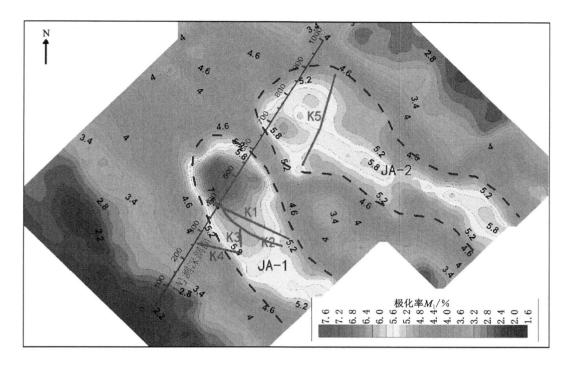

图 2　东沟矿区大功率激电中间梯度扫面等值线平面图

JA-2 异常位于矿区东南部,呈长方形沿北西向展布,与 JA-1 异常走向基本一致,长约 1 300 m,宽约 300 m,面积 0.33 km²。该异常的极化率最大值 6.41%,强度较高。根据激电扫面反演出的电阻率等值线图,该异常范围的电阻率为相对中低阻,其异常中心与 K5 矿化体在平面位置相吻合,但两者走向不一致。

为查证 JA-1、JA-2 的深部激电异常状态,了解其纵向上的延长深度和分布形态,在完成激电扫面工作后,设计了 I 号测深剖面,其先后穿过 JA-1 和 JA-2 异常中心,并延伸至低背景值范围,总共长度为 1 km,其深部的激电异常特征见图 3。从 I 号测深剖面极化率、电阻率测深反演成果来看,JA-1 和 JA-2 异常在深部均有反映,其极化率异常随着深度的增加合并成一个较大规模的异常体,并向北东方向倾斜。该异常体在浅部较窄,近似层状,异常体顶部有较多局部小规模异常,结合已掌握的地质资料,推测为浅部覆盖层与局部含矿的裂隙构造引起;随着深度的加大,异常强度逐渐增高,范围也相应变大,在深部表现为倾斜钟形。在测深剖面上,视电阻率表现为高低阻相间的直立带状结构,也分为浅部和深部两大异常区,浅部以局部异常为主,深部以大规模异常为主,与极化率异常分布类似。

综合矿区的地质特征和大功率激电成果,可以得出:K1、K2、K3、K4 可能为同一组矿化体,由构造类型的矿化活动引起,与浅部的激电异常相对应,根据测深剖面的反演结果,推测该矿化体深度约为 50～150 m;K5 脉矿化情况较好,且矿化体在横向和纵向范围均有明显的激电异常,所以推测在近地表附近,存在与 K5 脉近平行产出的一组矿化体,矿化体排列方向与异常走向接近。深部的大规模激电异常,顶部埋深约 200 m,向下延伸至距地表 600 m 处还未尖灭,推测为岩浆热液沿深部断裂带的多期活动导致,异常中心位置及其附近可能有高阻高极化类型的隐伏矿化体存在。根据这些地球物理特征和已知地质资料,可以建立 I 号测深剖面的极化率、电阻率测深解译成果图(见图 4)。

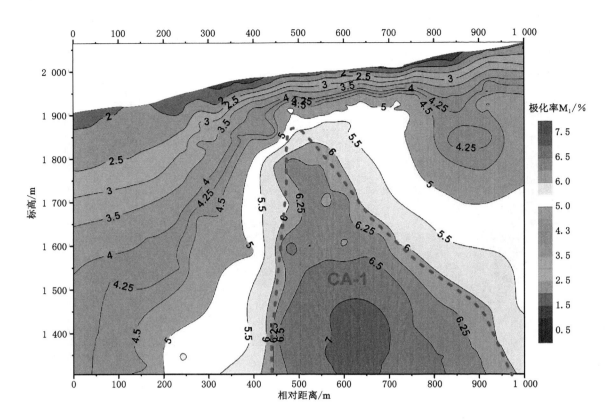

图 3　东沟矿区 I 号测深剖面激电异常拟断面图

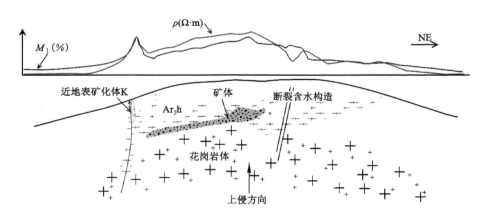

图 4　东沟矿区 I 号测深剖面激电异常解译成果图

5　结论与讨论

　　本次找矿工作在详细地分析了矿区的地质特征和地球物理条件后,发现该矿区具备良好的激电找矿条件,适用于大功率激电的工作方法。通过合理地野外部署和数据反演,查明了激电异常JA-1 和 JA-2 的走向和分布规律,初步确定了其在近地表的埋深和方位。结合矿区的地质线索及周边相同地质背景下的矿床类型,得到如下规律性认识:研究区内矿化以构造破碎蚀变岩型为主,其中 K1、K2、K3、K4 所代表的 NW 向含矿断裂构造带是区内重要的控矿构造,而以 K5 为代表的

NE向构造蚀变带则具有一定的规模,成组近平行排列;JA-1、JA-2异常范围内的地表矿化较强,在深部也有一定的规模,类比国内外大型铅锌多金属矿床的赋存特征,认为该深部异常具有很大找矿潜力,可能为受断裂构造控制的热液活动所引起。

随着深部隐伏矿床的探查逐渐成为今后找矿的主要方向,利用大功率激电方法获取深部的成矿信息,构建完善的地质认知,充分发挥物探方法的有效性,这样才能取得良好的地质找矿效果[12]。本次大功率激电在东沟矿区找矿勘查工作中的成功应用,说明在具备相应的物理前提下,合理地部署相适应的物探方法,无论是直接找矿还是间接找矿,必将会取得一定的找矿效果或有所启示。

参 考 文 献:

[1] 内蒙古自治区地质矿产局.内蒙古自治区区域地质志[M].北京:地质出版社,1991.

[2] 李建华,林品荣,张振海,等.甘肃柳园地区典型矿床的多功能电法应用试验[J].物探与化探,2016,40(4):737-742.

[3] 陆桂福,吴新刚.综合电法勘查在隐伏金属矿勘查中的应用效果[J].矿产勘查,2014,5(4):617-622.

[4] 付良魁.电法勘探教程[M].北京:地质出版社,1983.

[5] 关键.大功率激电在吉林某铜矿新一轮找矿中的应用[J].物探与化探,2002(5):364-367.

[6] 李文国.内蒙古自治区岩石地层[M].北京:中国地质大学出版社,1996.

[7] 卢良兆,徐学纯,刘福来.中国北方早前寒武纪孔兹岩系[M].长春:长春出版社,1996:16-69.

[8] ZHANG J S, DIRKS P H G M, PASSCHIER C W. Extensional collapse and uplift in a polymetamorphic granulite terrain in the Archaean and Paleoproterozoic of north China[J]. Precambrian Research,1994,67(1-2):37-57.

[9] 张华锋,罗志波,周志广,等.华北克拉通中北部古元古代碰撞造山时限:来自强过铝花岗岩与韧性剪切时代的制约[J].矿物岩石,2009,29(1):60-67.

[10] 廖曼琪,赖勇,周弋涛,等.内蒙古大苏计斑岩型钼矿赋矿岩体的锆石 U-Pb 年龄与地球化学特征研究[J].北京大学学报:自然科学版,2018,54(4):763-780.

[11] 王灿林,等.内蒙古自治区凉城县东沟铅多金属矿预查报告[R].2016.

[12] 何俊美.综合物探方法在金属矿评价中成功应用实例[J].西部探矿工程,2006(增刊):230-232.

大井斜定向井钻井施工技术

赵立新,苗军辉

摘　要:通过对南乐县D3定向地热井施工的探索,研究出一套适应于大井斜定向井的钻井技术。成功解决了泥岩吸水膨胀、缩径、坍塌、灰岩漏失、事故频发、定向段井眼轨迹不易控制等问题。

关键词:定向井;大井斜;造斜率;防黏卡;钻井安全

前　言

在地热井施工中,经常会遇到孔内缩径、掉块、坍塌、漏失等复杂地层,容易引发孔内钻井事故。特别是在明化镇组、馆陶组、奥陶系马家沟组的复杂地层中,孔内事故多发、处理难度大、成本高,严重影响施工进度和生产效益。因此,保持钻孔井壁的稳定、杜绝孔内事故是钻井的工作重点。笔者在河南省南乐县D3定向地热井施工中采用了科学合理的施工技术,有效保持了钻孔孔壁稳定,防止了钻井事故的发生,取得了较高的钻井效率和良好的经济效益。

1　工程概况

1.1　钻井目的

D3井的钻探目的是探测南乐县寒武系-奥陶系热储的地热资源潜力,为开发寒武系-奥陶系热储提供地质依据。初步查明地热流体温度、压力和化学组分,通过产能测试,掌握热储的渗透性、流体产率、温度等数据。由此验证前期研究成果,并为下一步区域地热资源勘查工作提供地质依据。采灌井进行产能测试后转为试采井进行供热试生产。

1.2　基础数据

(1)设计井深:2 496 m(定向井),垂深:2 000 m。
(2)井口坐标:X:3 994 894.950,Y:20 337 936.586。
Ⅰ靶坐标:X:3 995 273.119,Y:20 338 711.946;
垂深1 565 m,水平位移862.67 m,方位64°,靶心半径20 m。
Ⅱ靶坐标:X:3 995 434.11,Y:20 339 042.029;

赵立新:男,1969年10月生,河南省郑州市人。本科,技师,注册工程师,从事地热井、盐井、油井钻探、小口径钻探技术及钻井液工作。河南省地质矿产勘查开发局第五地质勘查院。
苗军辉:男,1975年12月生,河南省舞钢市人。大专,工程师,从事地热井、盐井、油井钻探技术及钻井液工作。河南省地质矿产勘查开发局第五地质勘查院。

垂深 1 950 m,水平位移 1 229.92 m,方位 64°,靶心半径 20 m。

(3)完钻原则:奥陶系灰岩顶板至以下 500 m。

(4)目的层位:奥陶系-寒武系灰岩。

(5)地质分层(垂深):见表 1。

表 1   D3 井地层简表

地层			底界深/m	视厚度/m	岩性简述
系	组	代号			
第四系		Q	400	400	灰黄色黏土与棕黄色、灰黄色细砂岩、泥岩互层
新近系	明化镇组	Nm	1 154	754	灰黄色泥岩及棕黄色、浅棕色、棕红色砂岩互层
	馆陶组	Ng	1 306	152	棕红色泥岩与浅棕色砂岩互层,含砾砂岩夹棕红色泥岩
石炭-二叠系		C-P	1 455	149	上部以浅灰色细砂岩、灰色泥岩为主,下部深灰色泥岩、灰色泥质灰岩夹黑色煤层及碳质泥岩
奥陶系	马家沟组	O₂	2 000 (未穿)	545	主要以白云质灰岩、泥质灰岩为主,中部以深灰色泥质灰岩为主,该段整体白云质灰岩裂隙发育情况一般,中部泥质含量较多

2   施工工序

施工工序为:搬迁安装—开钻前验收——开钻进—下表层套管、固井、候凝—验收、二开钻进—测井、挂技术套管—固井、候凝、验收—三开钻进—测井—下滤水管—洗井、试水—工程验收、交井—按照甲方要求上交工程技术资料。

3   钻具组合及参数

3.1   一开(井口～400 m)

钻具组合:ϕ444.5 mm 钻头＋ϕ203.2 mm NDC×1 根＋ϕ203.2 mm DC×2 根＋ϕ177.8 mm DC×6 根＋ϕ127 mm HWDP×15 根＋ϕ127 mm DP;

钻压 10～60 kN,转速 60～80 r/min,排量 50 L/s,泵压 8～10 MPa。

技术措施:

(1)钻井设备按《设备安装标准》进行安装,经甲方检查验收合格后,方可开钻。井口要安装并固定好方井。

(2)一开钻进以吊打为主,确保井眼垂直。一开钻完后测多点。

(3)前 50 m 要用一档、单泵钻进,后用双泵、二档钻进。防止上部地层垮塌。

(4)每钻进一单根,上下划眼一次,再接单根。接单根动作要快,早开泵,晚停泵,防止堵钻头水眼。

(5)钻完一开进尺后,循环 2 周以上,打封闭起钻下套管。若起钻遇阻严重,重新下钻通井,要确保下套管顺利。

(6)下套管必须双钳紧扣,不准错扣和余扣,下完套管坐于井口中心。

(7)下表层套管不留口袋。固井施工时替浆计算准确,套内留 20 m 水泥塞。替浆时技术员要与固井队一起计量,保证替浆准确。

3.2　二开(400～1 895 m)

钻具组合:ϕ311.2 mm 钻头＋1.25°ϕ216 mm 单弯螺杆＋ϕ203.2 mm NDC×1 根＋ϕ177.8 mm DC×6 根＋ϕ127 mm HWDP×15 根＋ϕ127 mm DP;

钻压 40～140 kN,转速 60～110 r/min,排量 30～50 L/s,泵压 8～10 MPa。

技术措施:

(1) 二开前按标准安装好封井器,试压合格后方可开钻;二开钻塞前表层套管试压 10 MPa。

(2) 根据上部测斜数据,复合钻进至 460 m 左右开始定向造斜。

(3) 使用无线随钻,根据造斜率调整定向和复合井段,使井眼轨迹圆滑,不能采取定一整根的方法。

(4) 造斜过程中及时采集数据进行跟踪,严格控制井身全角变化率小于 5°/30 m。定向复合段及时测斜,及时预测。

(5) 多复合少定向,尽量减少稳斜井段。井斜增后,换双扶螺杆稳斜钻进。

(6) 二开钻井液要有适当的黏度和切力,防止井壁掉块严重。钻进过程中要保证足够的排量,不能单泵打钻。每钻进一个单根,可上下划眼一次。接单根时动作要快,要晚停泵,早开泵,防止憋泵及堵钻头喷嘴。

(7) 每钻进 150～200 m 可进行一次短起下作业清砂,保证井眼畅通。每次下钻到底开泵排量由小到大,泵压正常后加到钻进排量,防止环空砂子过多,憋漏地层。

(8) 二开期间要有专人坐岗监测井口,要能够及时发现井漏、出水等异常情况。发生井漏必须立即起钻,连续灌浆,防止井壁垮塌埋钻具。

(9) 加强钻具、钻头和入井工具管理,所有入井的钻具、工具都要有详细的记录。

(10) 加强钻井液性能维护,保证全井钻井液性能稳定,不做大幅度处理。所用的钻井液、处理剂都必须检验合格。

(11) 切实做好中完通井工作,起下钻连续灌好泥浆,确保电测和下套管正常进行并顺利固井。

二开底部、三开发生井漏概率较大,重点做好防漏、堵漏以及井漏后安全措施的落实(三开井漏后采取充气钻进,备用足量清水,保证井下安全)。

具体措施如下:

(1) 严格上岗,司钻、场地工、井架工、泥浆工各负其责,及时发现泵压及液面变化。

(2) 起下钻和活动钻具时,控制速度,禁止猛刹猛顿,防止抽吸和压力激动过大,引起井下发生复杂变化。下钻时必须分段循环,每次下钻不要直接下到底,而必须单凡尔开泵,逐渐增大排量,防止开泵过猛憋漏地层。

(3) 发现井漏直接起钻至套管内,起钻过程中连续灌钻井液;漏失严重时,钻井液灌完,灌清水、污水等,防止上部井眼垮塌,出现卡脖子。

(4) 看不到液面的井漏,至少静堵时间 24 h 以上。

(5) 静止堵漏无效的井,采用中粗颗粒的桥塞材料堵漏,或采取特殊工艺堵漏。

(6) 中完电测前通井应采用原钻具,操作要平稳,防止下钻过猛造成井下情况变得复杂。每趟起钻前,循环时间要充足,以降低井眼内钻屑的含量。

3.3　三开(1 895～2 496 m)

钻具组合:ϕ215.9 mm 钻头＋1°ϕ172 mm 单弯双扶螺杆＋ϕ165 mm NDC×1 根＋ϕ127 mm HWDP×15 根＋ϕ127 mm DP;

钻压 20～60 kN,转速 60～110 r/min,排量 20～30 L/s,泵压 8～10 MPa。

技术措施：

（1）三开前，必须对所有设备进行一次全面检查，保证运转正常。

（2）开钻前要调整好钻井液性能，要有适当的黏度、切力，正常情况下不能清水钻进。

（3）钻井接单根前要多上下划眼几次，井下正常时方可接单根。

（4）根据复合增斜率情况，调整螺杆上扶正器大小稳斜钻进。

（5）由于地层较古老，优选 PDC 钻头。使用牙轮钻头时，要求送钻平稳，钻压适度，控制钻进时间，防止牙轮掌脱落。

（6）每钻进 100～150 m 短起下一次，保证井眼清洁。

（7）若发生井漏，需要强钻时，要备用足量清水，严格控制好钻进速度，保证安全。

（8）起下钻时，严格控制起下钻速度，防止压力波动；起下钻如遇阻，上提、下放不得超过 100 kN。

（9）施工期间要加强与录井单位和甲方的配合和沟通工作。

（10）施工如果发生井漏，采取空气压缩机充气进行混气负压钻进，备用足量清水，保证井下安全。

4 钻井液技术方案

4.1 钻井液施工难点

（1）缩径。主要在第四系、新近系地层井段，黏土层或者泥岩吸水膨胀，应提高钻井液抑制包被的能力。

（2）扩径、垮塌。二叠系、石炭系泥岩、煤层以及奥陶系碳酸盐岩岩溶、裂隙发育，易发生垮塌，应在这些井段提高钻井液防塌能力。

（3）井漏。钻进过程中可能穿过 F5 断层，易发生井漏。此外，二叠系、石炭系砂岩和奥陶系碳酸盐岩裂隙、溶洞发育易发生井漏，应采取防漏措施；加强钻井液监测工作，以便及时发现异常，采取处理措施。

（4）井涌。奥陶系碳酸盐岩热储流体压力高，水头高出地表，钻进、洗井和试水过程中要防止井涌。

4.2 钻井液体系选择

根据钻遇地层特点，钻井液要保持低密度固相、较低的滤失量、薄而韧的泥饼、优良的造壁性、润滑性和抗污染能力以及良好的流变性，保证安全快速钻进。

综合该井地层特点、钻井液技术难点以及邻井钻井液使用情况，本井一开井段使用预水化膨润土钻井液；二开井段使用低固相聚合物钻井液体系，该体系抑制能力强，且具有良好的流变性能，适合该地层安全钻进；三开井段选用无固相钻井液，该体系具有很好的流变性能，固相含量低，有利于保护水层。见表 2。

表 2　　　　　　　　　　　　　　　　钻井液类型

开钻序号	井眼尺寸/mm	井段/m	钻井液体系
一开	444.5	0～400	预水化膨润土钻井液
二开	311.1	400～1 895	低固相聚合物钻井液
三开	215.9	1 895～2 496	无固相钻井液

4.3 钻井液主要配方及分段性能

4.3.1 钻井液主要配方

(1) 一开井段(0~400 m)

① 体系:预水化膨润土钻井液。

② 配方:清水+3%~5%膨润土+0.2%~0.3%纯碱。

处理剂:HV-CMC。

(2) 二开井段(400~1 895 m)

① 体系:低固相聚合物钻井液。

② 配方:清水+3%~5%膨润土+0.2%~0.3%纯碱+0.2%~0.5%DPHP+0.5%~1.5%COP-HFL/LFL+0.1%~0.3% NaOH +0.5%~1%LV-CMC+重石粉(按需)。

处理剂:DPHP,COP-HFL/LFL,LV-CMC,加重剂,堵漏剂,防塌剂。

(3) 三开井段(1 895~2 496 m)

① 体系:无固相钻井液。

② 配方:淡水+0.2%~0.5%抑制剂+0.3%~0.5%提黏剂+0.5%~1%降滤失剂+0.3%~0.5%流型调节剂+加重剂(按需)。

处理剂:DPHP,HV-CMC,流型调节剂,堵漏剂,防塌剂。

4.3.2 分段钻井液性能要求(见表3)

表3   **分段钻井液性能**

层位	井段 (斜深) /m	钻井液 类型	常 规 性 能							
			密度 /(g/cm³)	黏度 /(Pa·s)	滤失量 /mL	泥饼 /mm	含砂量 /%	pH 值	静切力/Pa	
									10 s	10 min
第四系 新近系明化镇组	0~400	预水化膨润土	1.03~1.06	20~30	/	/	/	/	/	/
新近系馆陶组 侏罗-白垩系 石炭-二叠系	400~1 895	低固相聚 合物钻井液	1.05~1.15	30~50	<8	<1.0	<0.3	8~9	1~3	2~8
奥陶系	1 895~2 496	无固相钻井液	1.01~1.05	30~60	≤4	<0.5	<0.3	7~8	1~3	3~8

注:(1)该井钻井液密度按原始压力系数设计,在钻井过程中,一定要加强井下情况观察,根据井下情况合理调整钻井液密度,以保证安全钻进和保护水层;(2)表中设计漏斗黏度为标准漏斗测定值。

4.3.3 分段钻井液维护措施

(1) 一开井段(0~400 m)

① 开钻前配置预水化搬土浆 100 m³,水化时间不小于 12 h,若黏度达不到要求,可加入 HV-CMC提高黏度。

② 完钻后充分清洗井眼,使用 HV-CMC 配制的高黏切钻井液封闭裸眼井段,保证下套管顺利。

(2) 二开井段(400~1 895 m)

① 二开前彻底清理循环系统泥沙,根据一开搬土浆的量补充所需清水,按照配方加入各种处理剂,充分溶解后与一开钻井液混合,调整钻井液各项性能,达到设计要求后即可开钻。

② 二开后可用大小分子复配的以上聚合物胶液补充钻井液,并适当补充部分清水。黏切和滤失量可分别用低浓度的聚合物胶液和 LV-CMC 来控制。

③ 进入易塌井段前使用 COP-HFL/LFL、LV-CMC 等处理剂降低钻井液滤失量,加入 2%～3%防塌剂,钻进过程中定期补充,提高钻井液的抑制性、封堵能力,保持钻井液良好的防塌性能。

④ 钻进中,使用好四级固控设备。加足大分子聚合物,按配方聚合物比例复配胶液,维护好钻井液。

⑤ 完钻后,充分循环钻井液,将井底沙子清理干净,打好封闭,保证下套管顺利。

(3)三开井段(1 895～2 496 m)

① 彻底清理循环罐,加入 120 m³ 清水。按配方比例从加药漏斗处加入处理剂,充分水化。

② 钻具到底后,替出井内钻井液。

③ 钻进中,按配方复配胶液维护。

④ 钻进中,根据地层情况及时补充处理剂,同时调整钻井液流型,保证井下安全。

⑤ 加强固控设备使用,合理使用离心机,严格控制钻井液中低密度有害固相。

⑥ 严格控制 API 滤失量,改善泥饼质量,提高钻井液的综合防塌能力,保证钻井液性能稳定。

⑦ 完钻前钻井液循环不少于 2 个循环周,充分清洁井眼,配制低滤失量、高黏切钻井液封闭易塌井段,确保电测等完井作业顺利进行。

5 其他重点技术措施

(1)每次开钻前,组织有关人员对钻井队设备、井口、仪器仪表等进行检查验收。按标准要求一定要达到平、正、稳、固、牢、灵,达不到验收要求不开钻。

(2)井内钻具静止不能超过 3 min。活动钻具应在 5 m 以上。

(3)采用优质钻井液,保持良好的钻井液性能,加强钻井液净化,降低固相含量,做到平衡地层压力钻进,防止压差卡钻。

(4)所有下井钻具按规定认真进行检查,凡不合格的钻具禁止下井使用。

(5)起钻前处理好钻井液,大排量循环洗井,循环两个循环周以上方可起钻。下钻不一次到底,分段开泵循环正常后再下钻。

(6)钻进中发现泵压升高、悬重下降、钻井液返出减少、接单根打倒车等现象,立即停止钻进或接单根,上提钻具到正常井段后,采用冲、通、划的办法,使井眼恢复正常,然后继续作业。

(7)对于上部易吸水膨胀或疏松地层,改善钻井液性能,控制失水,防止缩径、坍塌或泥饼过厚而引起阻卡。

(8)钻进中发现泵压下降,停钻找出原因。在地面上找不出原因,起钻检查钻具。

(9)发生泥包,起钻用 Ⅰ 档车,并连续向井内灌满钻井液。如果起钻环空灌不进去,可由钻具内灌入。严禁高速起钻形成拔活塞,引起井下复杂情况的发生。

(10)在井口上作业,预防工具、螺栓、钳牙等物品落入井内。空井时,可用钻头盒盖住井口。

6 结论与建议

(1)在钻井施工过程中严格执行了施工方案,合理调整钻井液流变参数,钻井液具有良好的携砂、悬浮、防塌等性能,保证了全井钻井施工顺利进行,没有发生钻井事故。

(2)二叠系砂岩较多,渗透性特别好,渗漏量大,需要及时补充单封等封堵材料,防止井下出现复杂情况。

（3）进入二叠系后，井壁容易剥蚀掉块。根据地质情况，从物理和化学两方面入手，一方面在设计范围内选择合适的泥浆比重，平衡地层压力；另一方面控制泥浆的失水并加入防塌剂以维护井壁，从而有效地保证了施工的顺利进行。

（4）完善的工程措施和合理的工程参数，更是优质、快速钻进的有利保证，采用该施工方案的D3井钻井队比相邻钻井队成井周期缩短近十天，取得了较好的经济效益和社会效益。

参 考 文 献

[1] 蒋希文.钻井事故与复杂问题[M].北京:石油工业出版社,2006.

[2] 乌效鸣.深部钻探钻井液与护壁堵漏技术[R].2012.

[3] 胡郁乐,张惠,张秋冬,等.深部地热钻井与成井技术[M].北京:中国地质大学出版社,2013.

地球物理测井在禹州煤田勘探中的应用

李东辉,黄述清

摘 要:在禹州煤田勘探工作中,通过对煤岩层地质、地球物理特征的研究,并结合钻井测井曲线分析,进行了准确的煤岩层对比,确定了煤层分布和厚度,为煤层、岩层划分提供了依据。通过煤田钻井测井曲线的分析对比,确定了曲线特征相对稳定的标志层,进行了煤岩层识别与厚度厘定,提高了勘探工程质量。

关键词:地球物理测井;物性特征;禹州煤田

前 言

地球物理测井所依据的是不同岩层具有的物理性质,其具体表现在岩层电阻率、密度、自然放射性和自然电位之间存在差异[1]。煤层具有中高电阻率、高密度伽马和低自然伽马的物理特征,煤层与泥岩、砂岩、石灰岩、溶洞在测井曲线上有明显差异,可以准确划分。测井曲线所记录的内容是这些各不相同的物理性质,它们是来自地层的信息。将这些信息综合起来并加以分析研究,可划分岩层和煤层,确定岩性。

在煤田地质勘探工作中,地球物理测井是不可缺少的手段,其主要作用表现在:验证钻探确定的煤层厚度、底板标高、断层破碎带的位置,测定涌水层和井下地温等,通过测井曲线与钻探成果的相互对比达到厘定煤层层位的目的。利用测井曲线反映的异常形态特征进行比较来确定煤层和岩层层位,分析其结构,研究其变化规律、分布范围,了解和掌握其地质构造等,这就是测井曲线法。[2]

1 禹州煤田地质概况

该区域位于华北陆块嵩山-箕山隆起带东南部荟萃山-风后岭背斜的南西翼,东秦岭及邻区地质构造略图如图 1 所示。

西部整体呈两弧(白沙向斜、段沟向斜)夹一隆(角子山背斜)构造型式。其构造形态受 NW 向构造控制,主要构造走向为 290°~300°;主要由两个宽缓的向斜(白沙向斜、段沟向斜)及其狭窄不完整的角子山背斜和 NE、NWW 向规模较大向北倾斜的阶梯式正断层所组成。[3]

背、向斜被不同期次、不同规模、不同方向的断裂构造叠加、改造破坏;发育的断层有 NWW、NW 和 WE 向三组,其中以 NWW 向为主,多为大致平行的。NE 盘下降、SW 盘上升的正断层,组成阶梯状形态,为区域主干断裂,对含矿地层的赋存起区域性控制作用。

地层分区属于华北地层区豫西分区嵩箕小区。地层包括古生界寒武系(ϵ)、奥陶系中奥陶统

李东辉:男,1982 年生,河南省温县人。工程师,现从事地质勘察测量等方面工作。河南省有色金属地质矿产局第四地质大队。

黄述清:河南省有色金属地质矿产局第四地质大队。

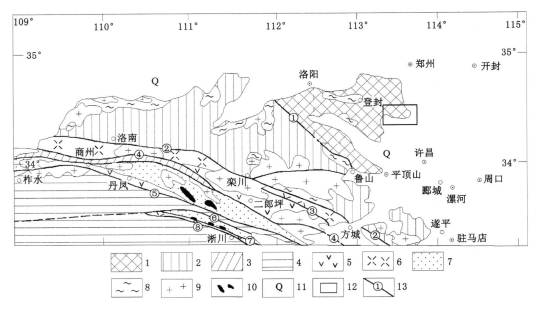

图 1　东秦岭及邻区地质构造略图

（O_2）、石炭系上石炭统（C_2）、二叠系（P）及新生界的古近系（E）和第四系（Q）。寒武系地层张夏组（$\epsilon_2 zh$）、崮山组（$\epsilon_3 g$）主要岩性为白云岩夹灰色粉砂岩、砂砾岩及灰黄色、紫红色泥岩层状泥灰岩。奥陶系地层马家沟组（$O_2 m$），岩性单一,均为灰色、青灰色中厚层-厚层状石灰岩。石炭系地层本溪组（$C_2 b$）,岩性为砂岩、页岩、铝土矿、黏土。二叠系地层分为下二叠统太原组（$P_1 t$）、山西组（$P_1 s$）、中二叠统下石盒子组（$P_2 x$）、上石盒子组（$P_2 sh$）,上二叠统平顶山组（$P_3 p$）、孙家沟组（$P_3 s$）,其岩性为长石石英砂岩夹二煤层和砂质泥岩及石灰岩。

2　地球物理特征

2.1　地层物性特征

禹州煤田主要含煤地层是山西组和太原组,煤(岩)层层位稳定,物性特征明显。各地层物性特征简述如下:马家沟组（$O_2 m$）,一般为厚层状、高阻、高密度、低自然伽马的石灰岩。本溪组（$C_2 b$）,以铝土岩、铝土质泥岩为主,由于富含放射性元素,自然伽马有明显的高异常,是识别本溪组和太原组$_1$、$_2$ 煤层的重要标志。太原组（$P_1 t$）,由灰岩、砂岩、泥岩和煤层组成,各煤层顶板为石灰岩,石灰岩视电阻率的高异常,自然伽马的低幅反映,煤层的低密度、高伽马异常响应,是太原组煤(岩)层的明显物性特征。山西组（$P_1 s$）,岩性以煤层、泥岩、砂质泥岩、细粗砂岩组成,其中二$_1$ 煤层是高阻、低密度、宽幅度,配合自然伽马曲线的低异常,界面陡直明显,区别于其他煤层的物性特征。上盒子组（$P_2 s$）,地层大部分被剥蚀,仅局部保留下部地层,岩性主要为砂岩、砂质泥岩,底部有一层细粗粒石英砂岩,其物性明显,视电阻率较高,其突变的峰谷状形态特征为煤系地层顶界对比的标志。第四系（Q）,主要以黄土、耕植土、砂砾石等组成,物性特征尤其视电阻率和自然伽马变化不大,比较稳定。

2.2　岩性物性特征

该勘探区岩性主要包含砂岩、泥岩和石灰岩。砂岩包括粗砂岩、中砂细砂岩、粉砂岩、泥质砂岩。构成砂岩的粒度、物质成分、胶结物分选性和孔隙度的性质,决定了它的电阻率、天然放射性含量和密度。组成砂岩的颗粒越粗,胶结越致密,电阻率越高。自然伽马(API)强度与砂质泥岩含量有关,其颗粒粗,孔隙度小,泥质含量少,放射性强度就低。在测井曲线上,其幅值相对表现为长源距伽马(CPS)和侧向电阻率(Ω·m)呈现稍高或高异常、自然伽马呈现低异常。泥岩由于颗粒微小、密度小、含水分多、胶结松散,在测井曲线上表现为长源距伽马和侧向电阻率呈现稍低或低异常、自然伽马呈现高异常。泥岩和煤层比较伽马曲线呈低值曲线起伏平稳。石灰岩粒度大、胶结物少、含水量少,其电阻率高,放射性强度低。在测井曲线上,其幅值相对表现为长源距伽马和侧向电阻率呈现稍高或高异常、自然伽马呈现低异常。在图 1 所示的禹州煤田勘探区中,ZK14016(比例尺 1∶50)测井曲线上显示的相对异常明显,煤层与其他围岩差异大,利用该曲线并结合钻孔资料可解释和确定煤(岩)层岩性。如图 2 所示。

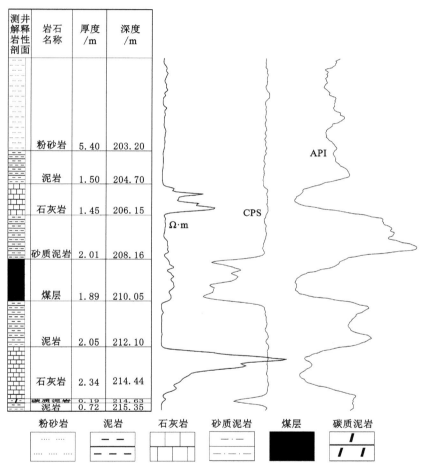

图 2　ZK14016 测井曲线对比图(一)

　　图 2 显示,物性曲线反映明显,界面清晰,自然伽马(API)和长源距伽马(CPS)曲线特征清晰突出,侧向电阻率(Ω · m)曲线反映异常明显,各岩层界限分明,各岩层和煤层区分显著。

　　根据该勘探区的实测数据,总结各岩层和煤层物性范围,见表 1。

2.3　煤层物性特征

　　煤是一种能快速燃烧的有机岩,它有多种复杂的化合物组成。煤组成包括有机质和无机成分,主体为有机质。有机成分中碳含量最多,无机成分有水分、矿物质、灰分。在禹州煤田勘探中,煤

(岩)层接触带电阻率曲线界限清晰,状态为陡升形态,煤的天然放射含量少,自然伽马异常为低值。煤的密度小于煤系地层所有的岩石,伴随煤灰分增加,密度增大。在测井曲线上,其幅值相对上下围岩表现为长源距伽马(CPS)呈现最低异常、侧向电阻率(Ω·m)呈现稍高或高异常、自然伽马(API)呈现低异常。

表1   各岩层和煤层物性范围表

参数 岩性	侧向电阻率		自然伽马		长源距伽马	
	曲线幅值	变化范围 /(Ω·m)	曲线幅值	变化范围 /(API)	曲线幅值	变化范围 /(CPS)
铝土(质泥)岩	较高	51～842	高、很高	93～1 056	稍低、中等	1.6～2.4
煤	稍高、较高	51～630	低	2～180	很低	1.0～1.8
泥岩、砂质泥岩	低、较低	19～270	高、较高	30～380	较低	1.7～2.3
粉、细、中、粗粒砂岩	较高、高	50～647	较低、低	10～330	较高、高	1.8～2.5
石灰岩	高、很高	51～1 300	很低	5～147	高、很高	2.1～2.8
溶洞	跳跃		跳跃		跳跃	

3 煤层和岩层定深、定厚解释

本勘探区煤(岩)层的定深、定厚采用测井曲线,并结合钻孔资料进行解释和确定。煤层采用侧向电阻率、自然伽马、长源距伽马曲线等有效参数加以确定。岩层主要采用侧向电阻率、自然伽马、长源距伽马曲线综合确定。判断标准见表1。

根据本区钻孔煤层和岩层结果与测井曲线的对比分析,以密度、侧向电阻率、伽马曲线为主[4],进行其定深、定厚解释。曲线在上,相对异常的半幅值大于 0.05 m 时,采用两翼 2/5 幅值点宽度为煤层厚度;相对异常的半幅值小于 0.05 m 时,采用两翼 3/5 幅值点宽度为煤层厚度。[5] 电祖率采用异常转折点宽度为岩层厚度,自然伽马采用相对两翼的 1/2 幅值点宽度为岩层厚度。以上两种解释方法取平均值为最终解释成果。

禹州煤田勘探区中,ZK16012 曲线上显示的相对异常在幅值上表现明显,该地层与围岩差异显著,是断定和推断该地层深度和厚度依据,如图3所示。从图中可以看到,自然伽马(API)曲线特征明显,相对异常与煤层对应。与钻孔资料相结合,得出该钻孔的煤层厚度 0.44 m,煤层顶板标高 -59.53 m,煤层顶底标高 -59.97 m。

4 煤岩层的标志层

每个钻孔的测井资料反映了岩层垂向地质变化情况,通过与钻孔资料对比,可准确分析相对异常。根据曲线的幅值、形态、组合特征,推定地层特征;对区域的测井曲线的综合研究对比,总结相互区别的特殊标志层;依据标志层进行对比,确定地层层位。测井曲线形态标志是岩层的某种物性在曲线上的反映,具有异常形态明显、易识别、稳定存在等特点;在生产实践中,为便于识别标志,往往将岩层物性在测井曲线上所显示的异常形态加以形象化并予以命名,如"山头形""馒头形""平头形"等。

在禹州煤田勘探区中,ZK18016 测井曲线上显示的异常形态在煤层具有较好的识别特征,与其顶底存在明显的差异,对判断和确定本煤层的厚度和层位有明显作用,如图4所示。从图中可明

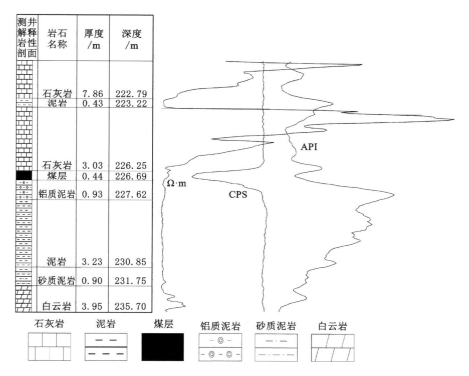

图 3　ZK16012 测井曲线对比图（二）

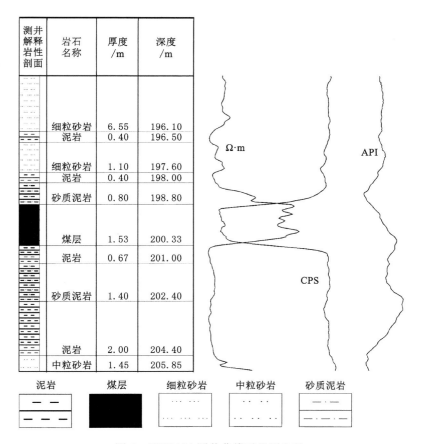

图 4　ZK18016 测井曲线对比图（三）

显看到,该勘探区深部 ZK18016 煤层的上部为砂质泥岩,下部为泥岩,物性曲线反映明显,界面清晰,自然伽马(API)、长源距伽马(CPS)、侧向电阻率(Ω·m)曲线特征清晰突出,可作为对比确定该煤层的依据;利用这个形态特征,与其他钻孔进行对比,可确定相应层位。这组曲线形态特征与禹州煤田区基本相似,是很好的标志层。

5 结论

在煤田勘探过程中,利用地球物理测井曲线圈定煤(岩)层异常物理特征,反映了煤(岩)层特性。测井曲线形态显示煤(岩)层分布特征,找到相对异常,确定特征岩层。钻孔测井曲线异常明显,与钻孔资料相结合,可准确划分煤(岩)层的深度、厚度,区分煤(岩)层界限、地层的标志层,为煤田勘探确定各岩层层位、煤层等,以及进一步计算储量提供科学依据。

参 考 文 献

[1] 潘和平,马火林,蔡柏林,等.地球物理测井与井中物探[M].北京:科学出版社,2009.

[2] 尉中良,邹长春.地球物理测井[M].北京:地质出版社,2005.

[3] 河南省有色金属地质矿产局第四地质大队.河南省禹州煤下铝(粘)土矿普查报告[R].2017.

[4] 张应文,王亮,王班友,等.煤田测井中煤层的定性及定厚解释技术应用[J].物探与化探,2008,32(1):1-3.

[5] 张中平.煤田测井中煤层的定性及定厚解释方法应用[J].现代经济信息,2009(11):13-20.

放射性物探在豫西稀土矿普查工作中的应用研究

张云海,周姣花

摘　要:豫西太平镇稀土矿床是河南省目前发现的首个中型轻稀土矿床,矿体受区内北西向断裂构造控制,平均品位 $\omega(\sum REO)$ 为 2.59%,初步探明资源量达 17 万 t。在前期的普查工作中,采用了地面 γ 总量测量、能谱测量、γ 测井等放射性物探工作方法,对地表稀土矿脉寻找、钻孔取样位置确定具有较强的指导意义。通过光薄片、能谱分析、化学分析等方法,对比了探槽和钻孔取样分析结果,研究了常见的三种天然放射性元素与稀土矿化之间的关系,得出了在本矿区铀元素总体含量较低且与稀土含量呈弱正相关,钍元素含量较高且与稀土含量呈强正相关,钾元素呈弱负相关。部分样品钍元素含量达到了边界品位,是产生放射性的主要因素,并通过电子探针、扫描电镜等方法,研究了钍元素与主要矿物的赋存关系,进而验证了放射性物探工作在本矿区的指导作用。

关键词:稀土矿化;放射性元素;关系研究;放射性物探

1　引言

西峡县太平镇稀土矿已探明资源量 17.06 万 t,是河南省首个资源量达到中型的稀土矿床。在普查工作中,通过地面 γ 总量测量、能谱测量寻找异常点带,圈定了有意义的伽马场,表明放射性物探对寻找地表稀土矿化有着重要的指示作用;同时,放射性 γ 测井工作对钻孔稀土矿化位置和取样工作指导作用也不容忽视。此外,通过对比地表取样和钻孔取样分析结果,了解矿区内放射性元素与稀土矿物之间的关系,进一步验证了放射性物探工作对寻找稀土矿化的指导作用,为寻找同类型矿床提供了借鉴。

2　地质特征

2.1　区域地质特征

太平镇稀土矿床大地构造位置为北秦岭(二郎坪)岩浆岛弧带(Pz_1)。二郎坪地体呈 NW 向楔形夹持于瓦穴子断裂和朱夏断裂之间,是秦岭造山带的重要的构造——地层单元,主要由二郎坪群变质岩和一些花岗岩类侵入体构成。二郎坪群为一套早古生代弧后盆地环境的火山-沉积建造(图1)。

张云海:男,1972 年 6 月生,河南省内乡人。地质工程师,研究方向为地质、放射性物探。河南省核工业地质局。

周姣花:河南省岩矿测试中心。

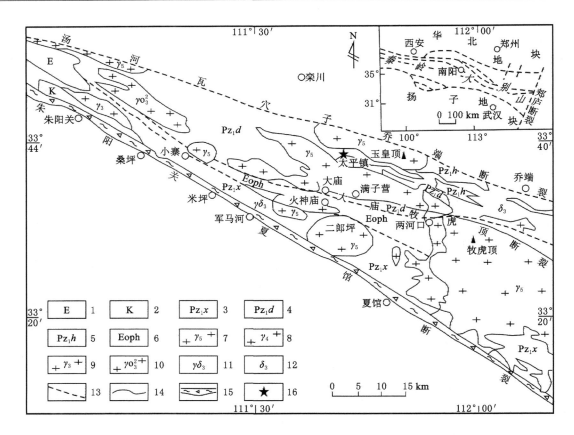

图 1　太平镇区域地质图

1——古近系；2——白垩系；3——小寨组；4——大庙组；5——火神庙组；
6——古元古代秦岭群；7——燕山期花岗岩；8——华力西期花岗岩；9——加里东花岗岩；
10——加里东期斜长花岗岩；11——加里东期花岗闪长岩；12——加里东期闪长岩；
13——断层；14——地质界限；15——韧性剪切带；16——太平镇稀土矿

2.2　矿区地质特征

2.2.1　地层

地层：矿区出露地层为下古生界二郎坪岩群大庙组、火神庙组及新生界第四系。

大庙组(Pz_1d)：在矿区东南部有少量出露，近东西向分布于南阴-西水泉沟一带，主要为一套变质碎屑岩和碳酸盐岩沉积建造，岩性以黑云石英片岩、黑云斜长片岩、大理岩为主夹炭硅质板岩、变细碧岩、变石英角斑岩、凝灰岩等。岩层呈单斜产出，走向 300°～310°，南倾，倾角 55°～60°。

火神庙组(Pz_1h)：近东西向呈带状分布于矿区南部小十里沟-李家庄-东坪一带，主体为一套变细碧岩-石英角斑岩建造，主要岩性以变细碧岩、变细碧玢岩、变石英角斑岩、角斑岩为主，夹少量中酸性凝灰岩、凝灰质熔岩及正常沉积碎屑岩，可见斜长角闪片岩、斜长角闪岩、角闪岩和长英质岩类等。岩层呈单斜产出，走向 300°～320°，南倾，倾角 55°～75°，变化较大，局部达到 80°近似直立。深部呈互层产出，矿区内从东到西呈二条狭长带状分布，北边从小十里沟到桦树盘，南边自火神庙到南阴，Ⅱ、Ⅲ号稀土矿化带即赋存在该层位上。

第四系(Q)：主要为黄土、亚黏土及残坡积物，出现于沟谷及坡地内。

2.2.2　构造

区域构造近东西向展布，其表现形式以断裂构造为主，大体分为三组：北西向、北西西向、北东向断裂,并以北西向断裂最为强烈。

(1)北西向断裂:矿区主要的含稀土矿断裂构造,已发现有 4 条平行断裂构造 F1、F2、F3、F4 (构造特征见表1)。

表 1 太平镇稀土矿体特征表

构造编号	长度/m	厚度/m			产状	充填物特征
		一般厚度	最大厚度	平均厚度		
F1	120	0.99~1.72	9.90	2.20	213°∠56°	构造呈张性、张扭性,充填有蚀变岩、碎裂岩、少量角砾岩,围岩蚀变有硅化、萤石化、黄铁矿化以及褐铁矿化、高岭土化等
F2	2940	0.47~3.50	3.67	1.82	204°~260°∠30°~69°	构造呈张性、张扭性,充填有蚀变岩、碎裂岩、少量角砾岩,该带的热液活动及围岩蚀变较明显,构造产于加里东期斜长花岗岩中。围岩蚀变主要有硅化、萤石化、黄铁矿化以及褐铁矿化,其次有赤铁矿化、重晶石化、碳酸盐化等,另外还见有辉钼矿化、方铅矿化、石英变黑等现象
F3	3000	0.59~5.16	8.30	2.00	210°~256°	东段:构造呈张性、张扭性,充填有蚀变岩、碎裂岩、少量角砾岩,控制的矿化带长度 1 000 m。主要围岩蚀变以硅化、碳酸盐化、黄铁矿化、萤石,其次有绿帘石化、绿泥石化、高岭土化、绢云母化等。西段热液活动较为明显,东段稀土矿化好,由于受后期构造破坏,连续性不太好
						西段:构造呈张性、张扭性,充填有蚀变岩、碎裂岩、少量角砾岩,控制的矿化带长度 1 600 m。东段稀土矿化较好,西段较差,围岩蚀变以硅化、黄铁矿化、萤石化为主,赤铁矿化、高岭土化等次之,褐铁矿化污染较明显。由于构造破坏,连续性不好,破碎较强
F4	850	1.20~3.10	3.24	2.38	220°~235°∠53°~81°	构造呈张性、张扭性,充填有蚀变岩、碎裂岩,控制的矿化带长度 850 m。稀土矿化较好,品位较高,围岩蚀变以硅化、黄铁矿化、萤石化为主,碳酸盐化、赤铁矿化、高岭土化等次之。由于地形切割及覆盖较厚,连续性不好,破碎较强

(2)北东向断裂:切断 NW 向,主要呈硅化角砾岩和破碎带,宽 2~3 m,部分地段被石英脉或其他岩脉充填,主要在李家庄-火神庙一带(F10)。

(3)北西西向断裂:处在矿区东北部燕山期中粒二长花岗岩三叉地段,长 300 m,一般厚 0.5~1.5 m,最厚 2.00 m,产状 68°~55°∠42°~49°。断裂内有较强的辉钼矿化,主要赋存于二长花岗岩与石英脉的接触带中。

2.2.3 岩浆岩

矿区内侵入岩发育,主要为燕山期老界岭复式岩体、华力西期岩体和加里东期岩体。在矿区北部出露较多的是燕山期老界岭复式岩体,岩性为中斑中粒二长花岗岩~小斑中细粒二长花岗岩~细粒二长花岗岩,形成于碰撞期-造山晚期环境,属早白垩世。矿区南西部出露的是华力西期中酸性侵入岩二长花岗岩,中部为加里东期中酸性侵入岩斜长花岗岩,东南部为加里东期(辉长)闪长岩。

2.3 矿体特征

稀土矿紧邻太平镇西北的大西沟-火神庙一带,主要赋存在 F1、F2、F3、F4 断裂构造带内,4 条断裂构造呈 NWW 向近平行产出,间距 60~320 m,产状 213°~236°∠59°~83°,有分支复合现象,构造力学性质早期为张性,后期为压扭性,后期北东向构造对其产生破坏作用。大部分位于斜长花岗岩中,部分断裂穿插在火神庙组和二长花岗岩内。以充填为主,局部有交代作用,以破碎石英-蚀变岩为主(见表1)。在4条稀土矿(化)带中,圈出6个矿体(F1号脉规模小未圈定矿体),矿体呈脉状和透镜状,产状与断裂产状基本一致。矿体富集出现在产状变异处,倾角较陡或平面上转折处富集明显(矿体基本特征见表1)。矿床平均厚度 2.17 m,平均品位 2.59%,(333)+(334)TR₂O₃ 资源量 17.06 万 t,达到中型稀土矿床规模。

2.4 矿物特征

矿石的矿物成分:根据光、薄片鉴定结果,结合野外观察,在稀土矿石中共发现各种矿物16种,其中主要矿物有氟碳铈矿、石英、重晶石;次要矿物有萤石、方解石、独居石、黄铁矿、磁铁矿、黄铜矿、滑石、钾长石、绿泥石、高岭土;副矿物有锆石、磷灰石,次生矿物有褐铁矿。通过样品分析,确定是以 Ce、La、Nd 为主要元素的轻稀土矿床。轻稀土占稀土总量的 98.73%,重稀土占稀土总量的 1.23%。$CeO_2 + La_2O_3 + Nd_2O_3$ 占稀土总量的 93.65%,占轻稀土总量的 94.86%。

矿石的化学成分:稀土矿矿石化学组分主要有 Al_2O_3、CaO、SiO_2、K_2O、Na_2O 等,伴生有益元素和矿产主要有 Mo(钼矿)、$BaSO_4$(重晶石矿)、CaF_2(萤石矿)、Ga(镓矿),无有害元素。

氟碳铈矿特征:氟碳铈矿为主要的稀土矿物,约占稀土矿物的 80%～90% 左右。属氟碳酸盐类,六方晶系,晶体呈板状或柱状,粒径 0.05～1.6 mm,最大粒径 4 mm,通常呈细粒状集合体;浅黄色,玻璃光泽或油脂光泽,硬度 4～4.5;具有放射性和弱磁性。

矿石主要矿物组合有:含氟碳铈矿石英蚀变岩(图2)、含氟碳铈矿重晶石石英蚀变岩(图3)、含氟碳铈矿方解石石英蚀变岩(图4)、含氟碳铈矿萤石石英蚀变岩(图5);围岩有:黑云斜长片麻岩、角闪斜长片麻岩。

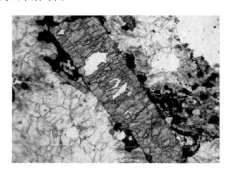

图 2　含氟碳铈矿石英蚀变岩
氟碳铈矿(Bas)呈柱状,石英(Q)

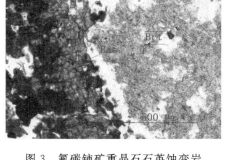

图 3　氟碳铈矿重晶石石英蚀变岩
氟碳铈矿(Bas)呈半自形柱状,重晶石(Brt)

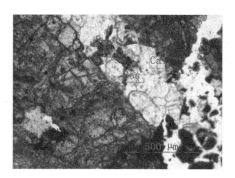

图 4　含氟碳铈矿方解石石英蚀变岩
氟碳铈矿(Bas)呈半自形柱状,方解石(Cal)呈他形粒状

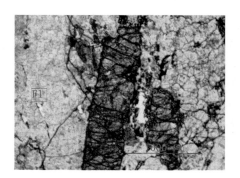

图 5　含氟碳铈矿萤石石英蚀变岩
氟碳铈矿(Bas)呈半自形柱状,萤石(F1)

3 放射性物探工作在普查工作中的应用

3.1 地面伽马总量测量工作

3.1.1 使用仪器

测量工作使用的仪器为 FD-3013 便携式 γ 辐射仪,使用前均在国家核工业二级计量站进行了标定,各项指标符合规范要求,三性检查由操作人员在平时的野外工作中进行,仪器稳定可靠。

3.1.2 工作方法

开展工作之前,物探人员在地质人员的协助下了解矿区的地质、构造、岩性、蚀变、矿化等情况,统计各个岩性的底数和分布规律,计算出伽马场的分级标准。

正式测量时测线垂直于近北西向构造,网度规格为 100 m×50 m,在路线测量过程中,仪器连续听测并注意报警,左右摆动沿测线方向 S 形听测前进。正常测量时按间距 50 m 一个测点进行记录上图,发现偏高时进行追索,查找异常原因并填写异常点带登记卡。

室内资料整理是在同等精度的地形图上进行绘制,实际材料图标明测量的路线和编号、测点位置和测量数值、异常点等。综合成果图是在实际材料图的基础上勾画出相对应的伽马等值线并编号上色,反映在同等精度的地质图上,标出具有代表性的各类异常点、异常场,并标注异常强度、编号,根据地质情况综合预测成矿远景段。最终本次工作绘制了西峡县太平镇铀稀土矿 1∶10 000 地面伽马总量测量综合成果图(图 6)。

3.1.3 结果分析

图 6 反映了通过物探和地质相结合,共圈出伽马高场 17 个、异常场 8 个。分布于燕山期二长花岗岩内的伽马高场经检查均是由地形原因引起的测值增高,无远景意义。分布于加里东期斜长花岗岩和二郎坪群火神庙组变细碧岩内伽马高场 7 个、异常场 8 个、异常点 15 个。其中编号 G_{11} 的伽马高场长 2 500 m、宽 50～200 m,场内分布编号 E_1、E_5 异常场 2 个和异常点 9 个;异常场 E_1 形态严格受 F_2 稀土矿化带控制,异常场 E_5 形态受到 F_1 稀土矿化带控制。因地表覆盖的原因,沿 F_3 稀土矿化带分布的伽马高场被分为 G_{13}、G_{15}、G_{16}、G_{17},断续长度超过 3 000 m,其形态均受到 F_3 稀土矿化带的严格控制。经探槽取样分析,所有异常场内布设的探槽取样分析均达到了稀土工业或边界品位。从图上可以看出,测量工作圈出的伽马高场、异常场与稀土矿体地表出露吻合度极高,说明本矿区地面伽马总量测量工作对稀土矿体的地表分布有着较好的指示意义。

3.2 伽马测井工作

3.2.1 使用仪器

本次使用仪器为 FD-3019 改进型闪烁 γ 测井仪,该仪器已在相关部门标定,进行了三性检查,各项指标符合规范要求。

3.2.2 工作方法

本次伽马测井严格按照规范要求,每次测量前对仪器进行稳定性检测。测井前用清水冲洗钻孔 2 h,排除在钻进过程中的岩矿粉和放射性元素衰变子体氡产生的放射性污染,冲孔结束后立即进行伽马测井工作,按照测量点距正常地段 1 m、异常地段 0.1 m 进行数据采集,采样时间采用 5 s 计数值。最终经过伽马测井反褶积程序将采集的数据转换为照射量率单位 nC/(kg·h),并绘制到钻孔柱状图上(图 7)。

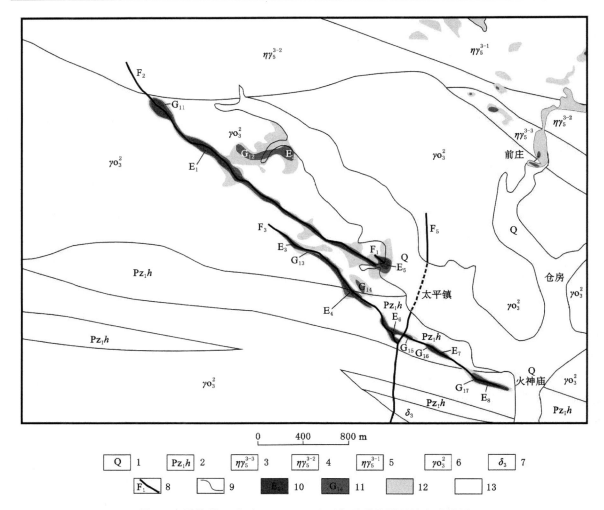

图6 太平镇稀土矿区1:10 000地面伽马总量测量综合成果图

1——第四纪;2——早古生代火神庙组;3——燕山期大斑粗粒二长花岗岩;4——燕山期中斑中粒二长花岗岩;
5——燕山期小斑中细粒二长花岗岩;6——加里东期斜长花岗岩;7——加里东期闪长岩;8——断裂构造带及编号;
9——地质界线;10——异常场及编号($\gamma \geqslant 21 \times 10^{-6}$);11——偏高场及编号($21 \times 10^{-6} > \gamma \geqslant 14 \times 10^{-6}$);
12——高场($14 \times 10^{-6} > \gamma \geqslant 11 \times 10^{-6}$);13——正常场($\gamma < 11 \times 10^{-6}$)

3.2.3 结果分析

通过资料综合整理,在矿区内施工的13个钻孔中,有10个钻孔伽马测井工作见到照射量率超过10 nC/(kg·h)的异常段,对应测井异常位置进行了岩芯取样分析,稀土总量全部达到了工业品位(部分样品因厚度不足1 m进行了储量计算,合并变成边界矿体)。而其余3个未见矿的钻孔伽马测井没有见到异常段[最高照射量率<10 nC/(kg·h)]。因此在本项目区,伽马测井对钻孔稀土矿见矿情况和岩芯取样工作有着重要的指示意义。

4 放射性元素与稀土矿化之间的关系

在稀土矿物中,^{138}La、^{176}Lu具有天然的极低的放射性(不易为仪器所接收),一般含有低的Th、U放射性元素,是异价类质同象所致。由于Th^{4+}、U^{4+}的离子半径较为接近,易于和稀土矿物发生类质同象置换,甚至形成内潜同晶,因此在进行矿物鉴定中未见到放射性元素的单矿物或次生

深度/m	厚度/m	柱状图	岩芯γ曲线 1:2nC/(kg·h)	γ测井曲线 1:20nC/(kg·h)	取样位置 自/m	至/m	样长/m	稀土总量/%	岩性描述
0~229.76	229.76								灰白色斜长角闪片岩
					227.26	228.26	1.00	0.295	
					228.26	229.26	1.00	0.020	
229.76~231.26	1.50				229.26	230.26	1.00	0.545	灰白色的构造碎裂岩
					230.26	231.26	1.00	0.123	
					231.26	232.26	1.00	2.883	
					232.26	233.26	1.00	3.693	
					233.26	234.26	1.00	2.978	
					234.26	235.26	1.00	2.312	
231.26~242.26	11.00				235.26	236.26	1.00	0.898	氟碳铈矿蚀变岩
					236.26	237.26	1.00	3.382	
					237.26	238.26	1.00	8.214	
					238.26	239.26	1.00	9.019	
					239.26	240.26	1.00	5.206	
					240.26	241.26	1.00	4.457	
					241.26	242.26	1.00	2.129	
					242.26	243.26	1.00	1.325	
242.26~252.26	9.30				243.26	244.26	1.00	0.135	灰白色斜长角闪片岩
					244.26	245.26	1.00	0.077	

图 7　钻孔 ZK4002 柱状图

矿物。

　　根据工作进度,先后在矿区内对 764 件样品进行了稀土含量分析,对其中 221 个地表探槽样品和 70 个钻孔样品进行了 U、Th 含量分析,8 个样品进行了 K 含量分析。

4.1　探槽样品放射性元素与稀土矿化之间的关系

　　分析测试得出,本区地表探槽样品稀土矿品位在 0.5%~10.5% 之间变化,U 含量一般在 0.3×10^{-6}~23.7×10^{-6} 之间变化,含稀土矿化时,一般在 1×10^{-6}~23.7×10^{-6} 之间变化;Th 含量一般在 1.1×10^{-6}~300×10^{-6} 之间变化,极个别样品达到 401×10^{-6},含稀土矿化时,一般在 30×10^{-6}~300×10^{-6} 之间变化,约每 $\omega(\sum REO)$ 1% 的 Th 含量增量为(20~30)×10^{-6};K 含量在 0.04%~1.5% 之间变化,含稀土矿化时,一般在 0.04%~0.7% 之间变化。同时,做了地表探槽样品 U、Th、K 含量随稀土含量变化的关系曲线。见表2、图8、图9、图10。

表 2　　　　　　　　　　　样品分析放射性元素含量随稀土含量变化表

探槽取样放射性元素与稀土元素含量关系				钻孔取样放射性元素与稀土元素含量关系		
稀土总量/%	U 含量 平均值/×10^{-6}	Th 含量 平均值/×10^{-6}	K 含量 平均值/%	稀土总量/%	U 含量 平均值/×10^{-6}	Th 含量 平均值/×10^{-6}
0.005~0.5	1.75	11.2	0.76	0.005~0.5	4.78	11.24
0.5~1.5	5.32	40.78	0.39	0.5~1.5	9.53	42.08
1.5~5	6.98	103.85	0.21	1.5~5	16.55	144.44
5~10.5	8.52	262.38				
总计 70 个样品分析数据				总计 221 个样品分析数据		

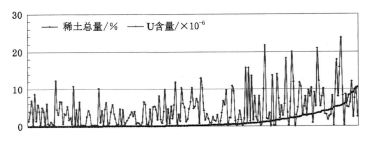

图 8　探槽样品 U 含量与稀土总量对比曲线

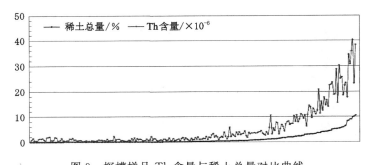

图 9　探槽样品 Th 含量与稀土总量对比曲线

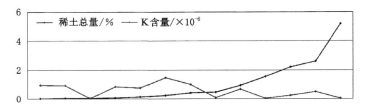

图 10　探槽样品 K 含量与稀土总量对比曲线

4.2　钻孔样品放射性元素与稀土矿化之间的关系

本区钻孔样品稀土矿品位在 $0.5\%\sim4\%$ 之间变化，U 含量一般在 $0.3\times10^{-6}\sim30\times10^{-6}$ 之间变化，含稀土矿化时，一般在 $2\times10^{-6}\sim30\times10^{-6}$ 之间变化，最高 57.6×10^{-6}；Th 含量一般在 $2\times10^{-6}\sim150\times10^{-6}$ 之间变化，最高达到 208.5×10^{-6}，含稀土矿化时，一般在 $25\times10^{-6}\sim150\times10^{-6}$，约每 $\omega(\sum REO)1\%$ 的 Th 含量增量为 $(30\sim35)\times10^{-6}$，增量幅度大于探槽样品。同时，做了钻孔取样 U、Th 含量随稀土含量变化的关系曲线。见表 2、图 11、图 12。

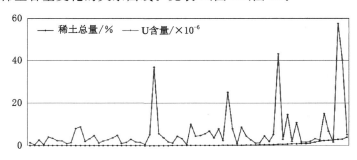

图 11　钻孔样品 U 含量与稀土总量对比曲线

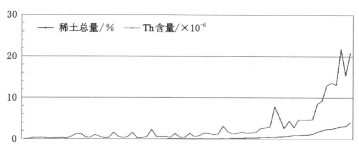

图 12 钻孔样品 Th 含量与稀土总量对比曲线

另外,根据分析数据计算了 Th/U 值,此数值变化较大,一般为 0.62~790。不含稀土矿化的围岩斜长花岗岩的 Th/U 在 1~6 之间,明显较低;当含有稀土矿化时,Th/U 值一般在 9~60 之间,最高值 790。

5 放射性元素在主要矿物的赋存研究

对选矿试验的碎细原矿石进行淘洗,对重砂部分制作多个砂光片,利用 X-衍射、电子探针、扫描电镜等分析手段详细进行研究,确定组成矿石的矿物成分有十余种,有用矿物是氟碳铈矿、褐帘石、独居石、氧化铈,副矿物为重晶石、萤石等(见表 3)。

表 3　　　　　　　　　　　　　　**原矿矿物成分及含量**　　　　　　　　　　　wt/%

主要矿物及有用矿物		次要矿物		微量矿物	
石 英	74	重晶石	5.5	锆 石	
氟碳铈矿	4	萤 石	4.5	磷灰石	
褐帘石	0.5	高岭石	3.5	锐钛矿	
独居石	少量	绢(白)云母	3.5	黄铜矿	
氧化铈	少量	绿泥石＋黑云母	1.5	铜 蓝	
		黄铁矿＋褐铁矿	3		
		磁铁矿	少量		

5.1 氟碳铈矿(Ce,La,Nd,…)[CO$_3$]F

氟碳铈矿呈半自形-自形柱状,六方晶系,粒径 0.05~12.0 mm;黄色、绿黄色、浅褐色,玻璃光泽或油脂光泽,黄白色条痕,透明-半透明;解理不完全,裂隙发育,不平坦断口;性脆,硬度 5~6;相对密度 4.72~5.12;有时有放射性,弱磁性,在阴极射线下发光。在偏光显微镜下,无色、淡褐色,具微弱多色性。通过能谱分析,氟碳铈矿(图 13)的稀土元素主要是 Ce(平均含量 29.99 %)、La(18.80 %)和 Nd(7.65%),属于轻稀土元素,少量氟碳铈矿发生了氧化和蚀变现象。其能谱分析结果见表 4。

5.2 褐帘石(Ce,Ca)(Al,Fe^{3+})[Si$_2$O$_7$]O(OH)

褐帘石呈半自形-自形柱状,单斜晶系,粒径 0.05~1.6 mm。化学成分变化较大,类质同象代替 Ca 的有 TR、Th、U、Na、Mn 等,代替 Al 的有 Fe、Mg、Ti、Sn、Zr、Zn 等。浅褐色至沥青黑色,条痕褐色,玻璃光泽,透明-半透明;解理不完全,贝壳状断口,断口沥青光泽;硬度 5~6.5;相对密度 3.4~4.0;具放射性。在偏光显微镜下,褐色、红褐色,多色性显著。部分褐帘石被氟碳铈矿交代。

通过能谱分析,褐帘石矿(图 14)的稀土元素主要是 Ce(平均含量 20.07%)、La(13.43%)和Nd(3.24%),属于轻稀土元素。其能谱分析结果见表 4。

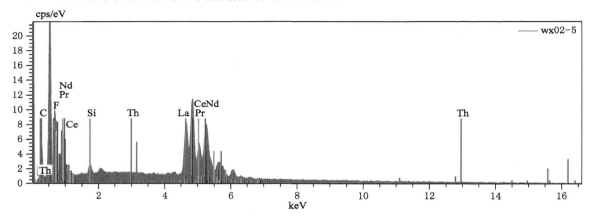

图 13　氟碳铈矿能谱图

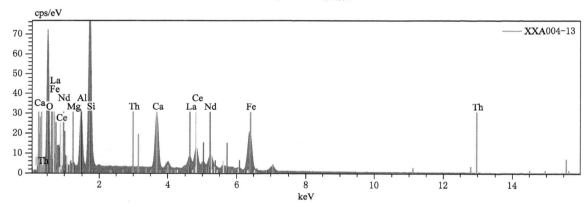

图 14　褐帘石能谱图

5.3　独居石(Ce,La,…)[PO₄]

独居石呈板状,单斜晶系。棕红色、黄色,有时呈黄绿色,油脂光泽,解理完全;性脆,硬度 5～5.5;相对密度 4.9～5.5;具放射性。在偏光显微镜下,浅黄色,多色性微弱,二轴晶(+),高正突起,粗面显著,可见其交代磷灰石。通过能谱分析,独居石(图 15)的稀土元素主要是 Ce(平均含量29.04%)、La(14.45%)和 Nd(9.74%),属于轻稀土元素。其能谱分析结果见表 4。

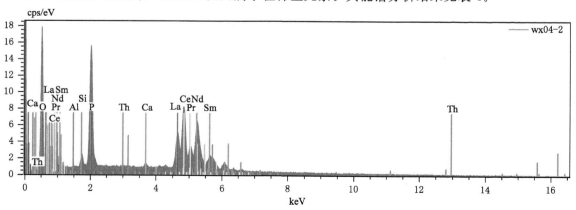

图 15　独居石能谱图

表4 稀土矿物能谱分析结果 wt/%

矿物名称	O	C	F	Ce	La	Nd	Pr	Si	Fe	Ca	Th	P	Al	Mg	S
氟碳铈矿	22.9	7.98	6.94	30	18.8	7.65	2.84	1.05	0.11	1.07	0.09	/	0.08	/	/
氧化氟碳铈矿	37.3	15.2	10	14.8	8.94	2.23	1.13	2.61	1.62	1.98	/	/	2.41	0.68	1.08
褐帘石	24.5	/	/	20.1	13.4	3.24	1.45	13.6	8.72	5.41	0.06	/	7.21	0.81	0.15
独居石	24.5	3.08	/	29	14.2	9.74	3.05	1.06	/	0.7	0.44	14.1	0.13	/	/
氧化铈	20.2	/	/	69.6	/	/	/	2.62	2.97	2.85	/	/	/	/	1.32
备注	以上结果为多个样品均值														

5.4 石英 SiO_2

石英系三方晶系,常呈无色透明、乳白色、灰白色等,颜色变化很大,因含杂质不同可形成各种色调的异种;玻璃光泽,断口油脂光泽;无解理,贝壳状断口;硬度7,相对密度2.65;有压电性和焦电性。薄片中无色透明,无解理,最高干涉色一级黄白色,一般呈半自形-他形粒状,粒径0.02~3.0 mm。其能谱图见图16,能谱分析结果见表5。

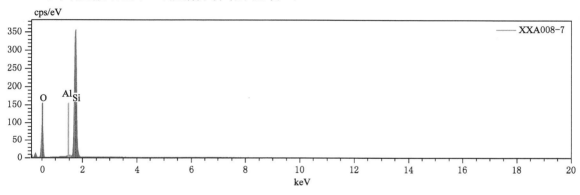

图16 石英能谱图

5.5 重晶石 $BaSO_4$

本矿中重晶石普遍含较多固体包裹体而浑浊,一般呈半自形-他形粒状,少量呈自形柱状,粒径0.05~1.2 mm。化学组成:BaO 65.7%,SO_3 34.3%。一般呈白色、灰白色、浅黄色,条痕白色,透明,玻璃光泽,解理面珍珠光泽,解理完全;硬度3~3.5,相对密度4.3~4.5。在偏光显微镜下,无色,二轴晶(+)。其能谱图见图17,能谱分析结果见表5。

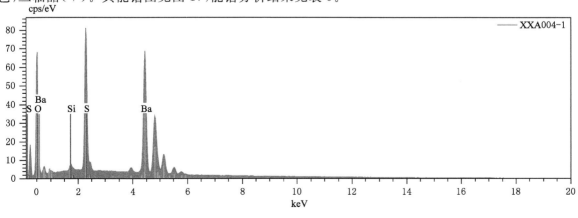

图17 重晶石能谱图

5.6 萤石 CaF₂

萤石呈半自形-他形粒状,粒径 0.05～2.2 mm。化学组成:Ca 51.1%,F 48.9%。等轴晶系,多呈立方体、八面体。常呈各种美丽颜色:黄、绿、蓝、紫、红等。硬度 4,相对密度 3.18,性脆。在偏光显微镜下,一般无色透明,有时带有紫色,并且颜色分布不均匀,呈带状或斑点状;中度负突起,糙面显著;解理完全。其能谱图见图 18,能谱分析结果见表 5。

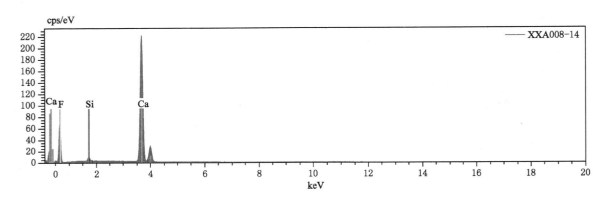

图 18 萤石能谱图

5.7 其他矿物

其他矿物如黄铁矿 FeS_2、黑云母 $K\{(Mg,Fe)_3[AlSi_3O_{10}](OH)_2\}$ 的能谱分析结果见表 5。

表 5 副矿物能谱分析结果 wt/%

矿物名称	O	S	Ba	Fe	F	Ca	Cr	Si	Al	Mg	K	Mn	Ti
重晶石	34.4	14.3	50.6	0.69	/	/	/	/	/	/	/	/	/
萤石	/	/	/	/	53.3	46.4	0.37	/	/	/	/	/	/
石英	62.9	/	/	/	/	/	/	36.9	0.23	/	/	/	/
黄铁矿	2.58	53	/	44.2	/	/	/	0.21	/	/	/	/	/
黑云母	53.4	/	/	7.21	3.18	/	0.15	14.7	5.21	9.5	6.29	0.18	0.09

6 结语

通过以上图表和数据分析,得出了下面结论:

(1)本矿区放射性元素 U 含量与稀土矿化呈弱正相关,U 元素整体含量偏低。

(2)本矿区放射性元素 Th 含量与稀土矿化呈强正相关,钻孔取样分析每 $\omega(\sum REO)1\%$ 的 Th 含量增量幅度大于探槽取样,部分样品达到或超过 Th 元素边界含量,也是放射性物探工作在本矿区具有指示意义的根本原因。

(3)本矿区放射性元素 K 含量与稀土矿化弱负相关,因数据太少,从曲线上反映为关系不明显。

(4)放射性元素 Th 赋存于氟碳铈矿、褐帘石、独居石等稀土矿物中,独居石中 Th 元素含量最高。Th 元素易于和稀土矿物发生类质同象置换,甚至形成内潜同晶,因此在肉眼观测和矿物鉴定中未见到 Th 元素单矿物或次生矿物。石英、萤石、重晶石、黄铁矿、黑云母等其他矿物中未见到 Th 等放射性元素。

（5）本矿区稀土元素赋存状态简单，主要以独立矿物氟碳铈矿、独居石、褐帘石形式存在，可见少量氧化铈。其他矿物中不含稀土元素。

（6）验证了本矿区地面伽马总量测量工作对稀土矿体的地表分布有着较好的指示意义。

（7）验证了本矿区伽马测井工作对钻孔稀土矿见矿情况和岩芯取样工作有着指导意义。当钻孔伽马测井工作见到测值＞10 nC/(kg·h)的异常段时，对应位置岩芯取样分析稀土总量全部达到工业品位；当测值＜10 nC/(kg·h)时，取样分析达不到稀土矿化品位。

（8）通过此次研究地表取样和钻孔取样分析结果，了解矿区内放射性元素与稀土矿化之间的关系，也验证了放射性物探工作对寻找稀土矿化的指导作用，对寻找同类型矿床有一定的借鉴作用，可以作为稀土矿床的一种勘查方法，对河南省稀土矿床的工作部署与勘查设计工作提供一定依据。

参 考 文 献

[1] 冯必达,贾文懿,等.放射性物探方法[Z].华东地质勘探局教材编写组,1983.

[2] 葛良全.核辐射测量方法讲义[Z].成都理工大学应用核技术与自动化工程学院,2006.

[3] 张培善.中国稀土矿床成因类型[J].地质科学,1989(1):26-31.

[4] 张培善,陶克捷.中国稀土矿主要矿物学特征[J].中国稀土学报,1985(3):1-6.

[5] 李立主.论攀西地区稀有稀土矿基本特征及开发前景[J].四川地质学报,2001,21(3):150-153.

[6] 董显宏.四川德昌县大陆乡稀土矿床地质特征浅析[C]//2007年中国稀土资源综合利用与环境保护研讨会论文集,2007.

[7] 张培善,杨主明,陶克捷,等.我国铌钽稀土矿物学及工业利用[J].稀有金属,2005,29(2):57-61.

[8] 中国地球物理协会.攀西地区稀土矿综合找矿方法研究[C]//第五届学术会议论文集,2012.

[9] 罗明标,杨枝,郭国林,等.白云鄂博铁矿石中稀土的赋存状态研究[J].中国稀土学报,2007,25(增刊):57-61.

[10] 李中明,赵建敏,冯辉,等.河南省郁山古风化壳型稀土矿层的首次发现及意义[J].矿产与地质,2007(2):177-180.

[11] 李德良,刘琰,郭东旭,等.四川冕宁里庄稀土元素矿床矿石类型及金云母 Ar-Ar 年龄[J].矿床地质,2018,37(5):1001-1017.

[12] 陈浩,陈志文,田碧,等.地面 γ 能谱测量在铌稀土矿勘查中的应用[J].资源环境与工程,2016,30(6):994-998.

[13] 李靖辉.河南省西峡县太平镇铀稀土矿普查项目汇报材料[R].河南省核工业地质局,2015.

[14] 李靖辉,陈化凯,张宏伟,等.豫西太平镇轻稀土矿床矿化特征及矿床成因[J].中国地质,2017,44(2):288-300.

鲁山县朱家沟耐火黏土矿矿体特征及其开采技术简述

杨永印

摘　要:鲁山县耐火黏土矿资源较丰富,但分布零散,且勘查程度较低,其资源量和质量状况一直不十分清楚。为了充分发挥资源优势,合理开发黏土矿资源,本方案中划定了耐火黏土矿矿区范围,对矿区范围内的耐火黏土矿品位进行了认定。目的大致查清区内耐火黏土矿的分布、规模、质量、资源量等地质特征;大致查明区域、矿区地层、构造、岩浆岩、矿层的地质特征;大致查明矿层的形状、产状、空间分布、矿石类型、结构、构造、矿物组合、化学成分、矿石质量;大致查明矿床的开采技术条件;估算资源储量。这些工作为矿权挂牌出让、开采利用提供依据。

关键词:耐火黏土矿;资源储量估算;环境地质条件;矿床地质

1　矿区自然地理、经济状况

1.1　自然地理

矿区位于山前丘陵区,总体地形呈南西高,北东低,一般海拔 246～196 m,相对高差 50 m,一般地形坡度 3°～10°。矿区岩层裸露地表,多为荒地。矿区北东侧为基岩裸露低山区,西南部全为第四系黄土覆盖的山前平原。

本区属半干旱型大陆性气候,年平均气温 14.7 ℃,最高气温 43 ℃,最低气温—17 ℃。年平均降雨量 681 mm,多集中于 7～9 月份。历年最大风速 24 m/s。地貌属侵蚀型,矿区内无河流,仅有一些小冲沟,属淮河水系。

1.2　经济状况

鲁山县经济以采矿业为主,主要开采煤,其次是铝土矿、水泥灰岩、建筑石料等,耐火材料、水泥、陶瓷是主要工业。鲁山县平原区农业比较发达,粮食作物以小麦、玉米、红薯为主,经济作物有油菜、烟叶、花生、大豆。区内电力充足,22 万伏高压线经过鲁山县,变压后输往工矿企业及乡镇。本区水源充足,在鲁山县中南部古近系和新近系沉降盆地内的巨厚第四系、古近系和新近系地层,有充足的地下水。本区劳动力资源丰富,有利于采矿业与地方工业的发展。

2　区域地质概况

矿区处在华北地台南缘,三门峡-鲁山断裂带的北东侧。中东部及西南部为汝州-鲁山县-襄县

杨永印:男,1982 年生,河南省中牟县人。地质工程师,从事地质找矿工作。河南省有色金属地质矿产局第四地质大队。

断裂沉降带构成的槽状盆地,巨厚的第四系、古近系和新近系地层覆盖平原与丘陵。矿区所在盆地周围出露的石炭系本溪组是矿区的含矿层。

区域上出露地层比较完整,主要分布在区域东北,由老到新有新元古界、寒武系、石炭系、二叠系及断陷槽形盆地沉降区的古近系和新近系、第四系地层。

区域地质构造主要表现为两个构造单元,即西部的青草岭逆冲断裂带和东部的韩庄-梁洼向斜。青草岭逆冲断裂为三门峡-鲁山逆冲断裂带的一部分,在韩梁地区,位于青草岭西侧,呈北西西向展布,由一系列断面倾向南西的逆断层组成,使寒武系覆盖在石炭-二叠系煤层之上,岩层整体发生倒转,成为一个比较典型的构造推覆带。

区域仅有玄武岩的报道,未发现其他火成岩,也未发现与岩浆岩活动有关的矿产。已发现矿产都是沉积矿产。

区域主要矿产有煤、铝土矿、耐火黏土、灰岩、白云岩、石英岩、高岭土、大理岩、建筑石料等。

3 矿区地质

3.1 地层

矿区出露地层为第四系,附近出露的主要主要有:寒武系上寒武统崮山组($\epsilon_3 g$),石炭系上石炭统本溪组($C_2 b$)、太原组($C_2 t$)。地层总体走向为北西-南东向,倾角一般 $10°\sim20°$。现由老到新分述如下:

(1)寒武系上寒武统崮山组($\epsilon_3 g$)

上部为厚层-巨厚层白云质灰岩。灰色,风化后呈灰白色。致密,坚硬,节理不发育,单层厚 $0.8\sim1.5$ m,全层厚度大于 25 m。中部为中厚层白云质灰岩与泥质灰岩互层,单层厚 $0.1\sim0.2$ m,全层厚度 $15\sim20$ m。下部为厚层状-鲕状白云岩,深灰色,表面呈刀砍状,致密,节理裂隙不发育,局部方解石充填呈网状。

本组厚度一般 $100\sim200$ m,与下伏凤山组地层整合接触。

(2)石炭系上石炭统本溪组($C_2 b$)

上部呈绿灰-灰白色,下部呈紫红色的铝土岩,富含黄铁矿鲕粒和晶体,具鲕状、豆状和块状构造,一般厚 $5\sim10$ m,最厚达 16 m,偶尔相变为泥岩,平均厚 8.2 m。氧化铝含量较低。

本组是区内耐火黏土矿的主要含矿岩系,耐火黏土矿一般产于该组的中部。

本溪组与崮山组呈平行不整合接触。

(3)石炭系上石炭统太原组($C_2 t$)

下部主要由深灰色显晶质石灰岩组成,夹砂质泥岩和煤层,一般厚 $11.00\sim17.00$ m,最厚达 20.00 m,平均厚 14.40 m。中部主要由灰色细-中粒砂岩和深灰色泥岩、砂质泥岩组成,局部夹薄层石灰岩。砂岩中含云母碎片,局部含大白云母片。泥岩中含有植物化石碎片,顶部偶含舌形贝,厚度为 $11.61\sim23.06$ m,平均厚 16.60 m。上部以灰-深灰色石灰岩为主,局部夹泥岩,厚度为 $16.00\sim33.63$ m,一般厚 $22.00\sim28.00$ m,平均厚 25.80 m。

本组与本溪组呈整合接触。

(4)第四系(Q)

广泛出露于矿区,为残破积、冲积、洪积物。厚度变化受基岩地形控制,一般厚度为 $1\sim5$ m。

3.2 岩浆岩

矿区各构造期岩浆活动都较微弱,未见形成大规模的岩浆岩体(脉)。

3.3 构造

矿区构造简单,为一单斜层,无断层,仅有岩层的节理、裂隙、破碎。

4 矿床地质

4.1 矿体产状、规模特征

矿体赋存于石炭系上石炭统本溪组,在矿区内主要呈鸡窝状和层状。矿体平均最小厚度 1.46 m,最大厚度 1.79 m。上石炭统本溪组矿体形态呈连续似层状,局部呈溶斗状近东北向延展,单斜产出,沿矿体走向和倾向反复变化。矿体产状与顶板围岩一致,倾向 $270°\sim315°$,倾角 $8°\sim10°$。

张店乡朱家沟矿段矿体赋存于上石炭统本溪组中段,在矿段内主要呈鸡窝状。矿体平均厚度 1.79 m。矿体近南北向延展,单斜产出,沿矿体走向和倾向反复变化。矿体产状与顶板围岩一致,倾向 $270°$,倾角 $10°$。

张店乡郭庄矿段矿体赋存于上石炭统本溪组中段,在矿段内主要呈层状。矿体平均厚度 1.50 m。矿体近南北向延展,单斜产出,沿矿体走向和倾向反复变化。矿体产状与顶板围岩一致,倾向 $315°$,倾角 $8°$。

4.2 矿石结构、构造及矿物成分

矿石为石炭系上石炭统本溪组铝质黏土,矿石呈灰白色、豆鲕状结构,块状构造,含矿层呈中薄层构造,局部呈溶斗状近东西向延展。矿石结构主要有豆鲕-碎屑状结构;矿石构造均为致密状构造,层状产出;矿石成分粒度均一,分布均匀,结构致密,矿物集合体在分布上无方向性。

矿区主要矿物成分为高岭石,约占 $95\%\sim97\%$,含少量埃洛石、菱铁矿、赤铁矿、锐铁矿。矿石细腻光滑,耐风化程度较强,密度较大。本矿区内全为这种矿石,矿物的含量及分布均匀。

4.3 矿石类型及质量

根据矿石的结构、构造特征及矿物成分含量差异等其他自然特征,本区耐火黏土矿矿石类型属于豆鲕状矿石。

根据本区耐火黏土矿的质地、矿物组成及化学特征,其矿床属于沉积型硬质黏土。

耐火黏土矿按其质量特点、工业用途,参照《高岭土、膨润土、耐火粘土矿产地质勘查规范》(DZ/T 0206—2002)附录 E.2,可分为三级,各品级质量要求见表 1。

表 1   耐火黏土一般质量要求

矿石类型	矿石品级	主要化学成分质量分数/%			灼失量 /%	耐火度 /℃
		Al_2O_3	Fe_2O_3	CaO		
硬质黏土	特级	≥44	≤1.2		≤15	$\geq1\,750$
	Ⅰ级	≥40	≤2.5		≤15	$\geq1\,730$
	Ⅱ级	≥35	≤3.0		≤15	$\geq1\,670$

根据表 2,本矿区耐火黏土矿石品级确定为Ⅰ级。

表 2 张店乡朱家沟、郭庄耐火黏土化验分析结果表

矿石类型	矿石品级	主要化学成分质量分数/%		灼失量 /%	耐火度 /℃	备注
		Al_2O_3	Fe_2O_3			
硬质黏土	I 级	43.14	1.14	11.81	1850	朱家沟
硬质黏土	I 级	42.90	1.22	10.53	1760	郭庄

4.4 矿体围岩

石炭系上石炭统本溪组耐火黏土上部为燧石灰岩,岩石结构致密坚硬,密度大,抗风化能力强,岩石的整体性较好,为稳固顶板。矿层下部为灰色黏土岩,岩石连续性、整体性一般较好,但遇水易软化,抗风化能力弱,属软弱岩石。

4.5 矿床成因及找矿标志

地表出露燧石灰岩或石炭系本溪组含矿岩系是寻找耐火黏土矿的直接标志。石炭系地表为黏土岩(矿)时,局部可能相变成耐火黏土矿;若为铝土矿,则不利于形成耐火黏土矿。

5 矿石技术加工性能

本矿区的矿石属于硬质耐火黏土矿,矿石自然类型为致密状矿石。这种矿石类型与禹州市后沟矿区相似,由于本次工作未做矿石加工技术性能试验,下面根据后沟矿区的矿石加工技术性能作一类比。

后沟矿区的硬质耐火黏土矿石进行了浮选分级试验研究,用碳酸钠和六偏矾酸钠调整矿浆,用氧化石蜡皂和塔尔油按 4:1 混合使用,可以达到原料的分级与提纯。

耐火黏土矿都需要经过煅烧,然后才能作为产品出售。以后沟矿区耐火黏土矿为例,该矿煅烧使用回转窑,以重油为燃料,煅烧温度取决于煅烧生料的品级。窑速亦取决于煅烧生料的品级,特级品 80～85 r/s,I 级品 75～80 r/s,II 级品 65～70 r/s。下料量为 18～20 t/h。物料停留时间为 3～3.5 h。熟料的吸水率:特级 2.4%～8.1%,I 级 3.0%～9.2%,II 甲级 3.8%～10.8%,II 乙级 6.1%～15.90%。熟料的耐火度均大于 1 790 ℃。筛下料均小于 10%,杂质小于 4%。

本区铝土矿石主要为中等品位矿石,前期民采坑附近的耐火黏土矿石已经收购利用。本区耐火黏土矿石与后沟矿区很接近,后沟矿区铝土矿的选矿及煅烧工艺成果,本区可以参考利用。

6 开采技术条件

6.1 水文地质条件

(1)寒武系上寒武统崮山组白云质灰岩含水层

由崮山组(e_3g)的白云质灰岩和泥灰岩夹薄层白云质灰岩组合而成的含水层,厚度 233.20 m。在露头区和浅部岩溶、裂隙特别发育,富水性强,单位涌水量可达 14.64 L/(s·m);在中深部岩溶、裂隙不太发育,局部不发育,富水性较浅部弱,单位涌水量 0.002 64 L/(s·m),差异性较大。水质类型多属 HCO_3-Ca-Mg 型。

(2)石炭系上石炭统太原组灰岩含水层

由太原组(C_2t)上部灰岩段含水层和下部灰岩段含水层组合而成的复合含水层,厚度为 20.35

～33.93 m。岩溶、裂隙发育程度较差,富水性较弱,单位涌水量一般小于 0.01 L/(s·m)。

(3)地下水的补给和排泄条件

地下水的补给来源主要为大气降水的入渗补给,其次为邻区地下水的补给。排泄条件以山区最佳,多以泉群形式泄露地表,在第四系覆盖区排泄条件相对较差,多以补给的方式排泄于第四系含水层。

第四系含水层的补给除来源于大气降水的入渗补给外,还有来自地表径流的下渗补给和下伏基岩的补给。它的排泄方式主要是人工排泄,用于农田灌溉和生活用水。

综上所述,初步认为本区水文地质条件较为简单,地下水对耐火黏土矿的开采影响不大。

6.2 工程地质条件

矿区地表大面积分布第四系松散沉积物,力学强度低,但一般厚度不大,对矿山开采影响不大。矿层的整体性较好,矿石结构呈块状,个别地段节理、裂隙较发育,矿石较为破碎。

矿体顶板为太原组燧石灰岩,岩石坚硬,密度大,抗风化能力强,整体性、连续性较好,为稳固顶板。据民采斜井观察,矿体顶板的底面平整连续,局部虽有裂隙或小断面,但仍保持着较好的整体稳固性,若支护及时,不会出现崩塌和大的掉块现象,能保持采矿工作的正常进行。

矿体底板为灰色黏土岩,岩石连续性、整体性一般较好,但遇水易软化,抗风化能力弱,属软弱岩石。据实地调查了解,底板岩石对矿床开采影响不大。

综上所述,本区矿层及其顶底板岩石的整体性、完整性一般较好,一般无不良工程地质问题,但因底板岩石松软,且矿体位于水位面以下,遇水易软化,因此,本区工程地质条件应属于简单～中等类型。

6.3 环境地质条件

(1)对水资源影响

矿区第四系松散沉积物分布较广,厚度 1～5 m,矿坑排水疏干时,可能会产生局部地面沉降现象,但因矿床规模小、分布范围有限,矿坑排水不会造成区域性的地下水位下降或产生其他不良环境地质现象。

(2)地震及自然灾害

平顶山市为地震烈度Ⅵ级区,本矿区一般建筑和采矿应以烈度Ⅵ级或更高一级烈度设防。

本矿区为丘陵区,地形坡度 5°～10°,区内无河流,不会发生泥石流、崩塌、滑坡等重大自然灾害。

(3)地温

本矿区在恒温带内,不存在地温问题。

(4)放射性危害

矿石和矿层未做放射性强度测定,但耐火黏土矿一般放射性强度不高,不会有放射性危害。

7 勘查工作方法

7.1 勘查方法及工程布置

本次勘查工作是在鲁山县国土资源局的技术人员协同下完成的,主要是对矿区范围内的含矿岩系分布地段进行地质调查,以确定是否有耐火黏土矿体存在,对以往各类民采活动遗留的采矿坑进行采样分析,对各种工程进行坐标测定。

本次野外工作和所采用的资料均满足本次检测报告的使用,质量可靠。

根据《高岭土、膨润土、耐火粘土矿产地质勘查规范》(DZ/T 0206—2002)及矿体地质特征,确定其勘查类型为Ⅲ勘查类型,以地表沿民采坑边采样探求(333)类资源储量。

7.2 样品采集、加工与化验

地质矿产采、加、化工作按《地质矿产实验室测试质量管理规范》(DZ/T 0130—2006)严格执行。

(1)样品采集

基本分析:在各项民采工程中要分别取样,做到不重采、不漏采,样品要延入围岩,使所取样品能控制矿体、矿化体(带)的顶底板界线。样品长度一般不大于 2.0 m,以不大于矿体可采厚度为宜。

井、坑等民采工程采用刻槽法取样,取样规格为 10 cm×5 cm。采集样品时,避免外来物质混入,其中夹石、岩块含量予以剔除,称量并计算含量比例。

(2)样品加工

样品加工严格按照样品加工规程进行。样品在加工全过程中总损失率小于 5%,缩分误差小于 3%。样品加工全部达到粒径 0.15 mm(100 目)后,缩分为正、副样两部分,正样进一步磨细至规定粒度送化验室,副样保存。

(3)样品化验

基本分析项目为 Al_2O_3、TiO_2、Fe_2O_3 含量及烧失量和耐火度,基本化学分析均按原始批次从副样中密码抽取内检。

以上样品(不包括外检样)的加工、化验分析均由国家耐火材料质量监督检验中心承担。

总之,本次化验分析样品的加工流程比较合理,化验结果可信,加工、化验质量较好。

8 资源储量估算

8.1 资源储量估算范围及工业指标

资源储量估算范围为鲁山县国土资源局确定的矿区范围。

(1)朱家沟矿段资源储量估算范围拐点坐标如下:

5′	3742260.0038396280.00	6′	3742260.0038396332.96
7′	3742315.3338396307.25	8′	3742392.3238396274.25
9′	3742307.5838396277.93	10′	3742294.4938396301.60

资源储量估算面积:2 749 m^2,估算标高:214~220 m。

(2)郭庄矿段资源储量估算范围拐点坐标如下:

1′	3751749.5438396641.82	2′	3741663.8638396646.71
3′	3741634.1738396565.15	4′	3741689.5838396572.29

资源储量估算面积:5 332 m^2,估算标高:187~194 m。

资源储量估算所采用的工业指标,参照《高岭土、膨润土、耐火粘土矿产地质勘查规范》(DZ/T 0206—2002)要求执行,工业指标如下:

① $Al_2O_3 \geqslant 40\%$,$Fe_2O_3 \leqslant 2.5\%$,灼失量$\leqslant 15\%$,耐火度$\geqslant 1730℃$;

② 露天可采厚度:0.5 m;

③ 夹石剔除厚度:$\geqslant 0.5$ m;

④ 剥采比：$\leqslant 15\ m^3/m^3$。

8.2 资源储量估算方法的选择和依据

矿区耐火黏土矿倾角 8°～10°，地表利用采坑控制。资源储量估算采用地质块段法，在水平投影图上进行估算。

8.3 资源储量估算参数的确定

8.3.1 厚度的计算

厚度的计算采用真厚度衡量是否达到工业指标所规定的最低可采厚度。矿体真厚度计算采用以下公式：

$$L = L_{垂}\cos\alpha$$

式中　$L_{垂}$——矿体垂直厚度，m。

通过计算，本次资源储量估算所采用的真厚度均达到最低可采厚度。

可采矿层由样品控制，探矿浅坑、浅井、钻孔全为垂直采样，样长即为垂厚。单工程矿体垂直厚度为各样品样长之和；块段垂直厚度为块段内单工程矿体垂直厚度的算术平均值。

8.3.2 体积的计算

体积计算采用以下公式

$$V = S \cdot L$$

式中　V——矿体块段体积，m^3；

　　　S——矿体块段水平投影面积，m^2；

　　　L——矿体块段的平均垂厚，m。

8.3.3 平均品位的计算

（1）单工程矿体平均品位

根据工业指标，按照边界品位，在圈定单工程矿体的基础上，用工程内各个样品样长与品位加权计算单工程矿体的平均品位。

$$C = (C_1 L_1 + C_2 L_2 + \cdots + C_n L_n)/(L_1 + L_2 + \cdots + L_n)$$

式中　C——单工程矿体平均品位；

　　　$C_{1\cdots n}$——各单样品位；

　　　$L_{1\cdots n}$——各单样长度。

（2）块段平均品位

用单工程矿体平均品位与矿体厚度加权求得

$$C = (C_1 L_1 + C_2 L_2 + \cdots + C_n L_n)/(L_1 + L_2 + \cdots + L_n)$$

式中　C——块段平均品位；

　　　$C_{1\cdots n}$——各单工程矿体平均品位；

　　　$L_{1\cdots n}$——各单工程矿体厚度。

（3）矿体平均品位

用块段平均品位与块段矿石量加权求得

$$C = (C_1 Q_1 + C_2 Q_2 + \cdots + C_n Q_n)/(Q_1 + Q_2 + \cdots + Q_n)$$

式中　C——矿体平均品位；

　　　$C_{1\cdots n}$——各块段平均品位；

　　　$Q_{1\cdots n}$——各块段矿石量。

（4）矿石体重

由鲁山县国土资源局提供的以往测定资料可知，矿石体重 $d = 2.78 \text{ t/m}^3$。

8.3.4　资源储量估算公式

（1）块段矿石资源储量

$$Q = V \cdot d$$

式中　Q——块段矿石资源储量，t；

　　　V——块段矿石体积，m^3；

　　　d——矿石体重，t/m^3。

（2）矿区矿石量

各块段矿石资源储量之和，即为矿区矿石资源储量。

8.4　矿体圈定原则

根据工程控制的样品分析结果，按照工业指标圈定矿层。

8.5　资源量的类型确定

根据《高岭土、膨润土、耐火粘土矿产地质勘查规范》（DZ/T 0206—2002）中有关资源储量分类条件，结合本矿区地质矿床地质特征，含矿层厚度变化不大，矿层稳定，品位均匀，无夹层及构造破坏。本矿区勘查型属Ⅲ类勘查类型。以沿民采采坑边取样的范围为圈定（333）类资源储量。全矿区共划分（333）类资源储量两个块段。

8.6　资源储量估算结果

经估算，全矿区共获得（333）类资源储量 3.53 万 t；矿区内全为硬质黏土Ⅰ级矿石。资源储量估算情况见表 3。

表 3　　　　　　　　　鲁山县朱家沟矿区耐火黏土矿资源储量估算结果表

矿段名称	资源储量类别	面积 /m²	垂厚 /m	体积 /m³	矿石体重 /(t/m³)	矿石品级	矿石量 /万 t
朱家沟	1-(333)	2 749	1.79	4 921		硬质黏土Ⅰ级	1.37
郭庄	2-(333)	5 332	1.46	7 785	2.78	硬质黏土Ⅰ级	2.16
合计	(333)	8 081	1.57	12 706		硬质黏土Ⅰ级	3.53

9　矿床开发经济意义概略研究

9.1　耐火黏土类资源需求形势

近年来，耐火材料工业发生了重大变化。一方面，由于技术进步、工艺和设备改变（如电炉炼钢增加）以及耐火材料自身的改进，耐火材料消耗量逐年下降。国内外耐火黏土类资源需求逐年减少，耐火材料市场疲软。

9.2　矿山建设内部条件

矿区位于鲁山县境内，属低山丘陵区，半干旱大陆性气候。区内以农业为主，工业较发达，有村办个体煤矿、耐火材料厂、水泥厂、陶瓷厂等。矿区地下水丰富,可以满足矿山开发及生活用水。此外,矿区电力充足,交通和电力比较便利。因此,符合矿山建设内部条件。

9.3 矿山建设外部条件

(1)电力富裕,22万伏高压线经过鲁山县县城,变压后往矿区供电。

(2)水源充足。

(3)劳动力充足。

9.4 矿床主要技术经济指标

(1)矿山生产能力的确定

采用邻近此类矿山的生产技术参数,结合近年来耐火黏土矿的市场供销变化特点,每个矿山设计生产能力1万t/a,按年工作日300 d计算。

矿山日产矿石量=10 000 t/300 d=33 t/d。

(2)矿山服务年限的确定

① 矿区估算总矿石资源储量:$Q=3.53$ 万 t;

② 采矿回收率:$\xi=95\%$;

③ (333)类资源量可信度系数0.8;

④ 矿山可采矿石量:$A=(333)\times0.8\times95\%=3.53$ 万 $t\times0.8\times95\%=2.7$ 万 t;

⑤ 矿山服务年限:$T=A/B=2.7$ 万 t/(1 万 t/a)=2.7 a。

(3)其他技术经济指标的确定

① 根据市场行情,本区耐火黏土矿平均价格为60元/t;

② 基建投资=20万元;

③ 各项税收=20万元。

9.5 矿床经济技术分析

(1)矿山年销售收入

10 000 t×60 元/t=60 万元。

(2)矿山年生产成本

10 000 t×30 元/t=30 万元。

(3)矿山总利润

(60-30)万元×2.7-20 万元-20 万元=41 万元。

9.6 矿床经济效益评价

根据矿床经济技术分析,矿床开发总利润41万元。可见,该矿床开发具有较好的经济效益。

10 结论

本次鲁山县张店乡朱家沟耐火黏土矿地质勘察工作,大致查明了矿区的地层、构造等地质特征;大致查明了矿体的赋存层位、矿体形态、产状、规模及其走向、倾向的变化规律;大致查明了矿石质量特征;大致查明了矿体顶底板围岩特征、找矿标志等。本矿区属零星分散规模。

通过野外地质工作和室内的资料综合整理研究,检测工作达到了预期工作目的。工作中按照有关规范要求对矿体进行了控制和圈定,基本确定该矿床是符合耐火黏土材料要求的矿床。矿石资源储量、矿石质量均达到规范的要求,工作质量较好,所获地质资料可靠,报告所附资料齐全。

经估算,本矿区内共有耐火黏土矿矿石资源量 3.53 万 t,(333)类资源储量 3.53 万 t。

本次地质勘察工作存在不足与建议如下:

(1)受资金、时间限制,同时矿床规模小,仅利用了民采坑和民采工程进行圈矿。建议下一步进行勘查,查明本区的资源储量。

(2)本次没有做矿石小体重分析,引用别的矿区矿石体重值略为偏低。

(3)对矿床的生产技术条件、经济效益研究不够。

(4)未进行选矿试验。

(5)本区矿体为零星分散型矿,无须再继续投入勘探工作,可直接进入开发阶段,以减少勘查费用。

(6)应进行全分析,对有益、有害组分的变化规律做全面的了解及研究。

(7)通过本次勘察,确定鲁山张店乡朱家沟耐火黏土矿为零星分散矿。

洛宁刘秀沟金矿区复杂地层钻探技术研究

张青海

摘　要:以洛宁刘秀沟金矿区钻探项目为背景,针对破碎坍塌、掉块、缩径、漏失、涌水等复杂地层,在优化钻孔结构和钻具组合的基础上,通过对套管护壁、泥浆护壁、水泥封孔堵漏、加重泥浆的对比实验,开展了刘秀沟矿区复杂地层钻探技术研究,总结了深孔钻探技术与规律,提高了复杂地层岩芯钻探施工效率和质量,为洛宁刘秀沟金矿区类似复杂地层的钻探提供宝贵的经验与技术支撑。

关键词:复杂地层;钻探技术研究;措施;刘秀沟金矿区

1　复杂地层影响钻探的主要因素

刘秀沟金矿区位置处于华北地台南缘,熊耳山隆断区的花山-龙脖背斜南翼。断裂构造发育,主要为北东-北北东向,断层构造带深度分布在700 m以下,个别厚度达200 m。地层主要为硅化蚀变碎裂安山岩、碎裂片麻岩与构造角砾岩(局部断层泥砾岩),呈碎裂结构、块状结构、角砾状。岩石硬度属硬-偏硬岩石,研磨性中等。

刘秀沟金矿区设计钻孔深度3 000 m,为了改变矿区复杂地层钻探施工效率低、事故多的问题,我们做了以下研究工作。

首先,充分研究刘秀沟金矿区地层的构造和岩性情况,研究施钻地区地层中可能存在的破碎带以及破碎带存在的深度和厚度、破碎带的岩性和水化性质,从钻探角度对复杂地层进行分类,形成技术经济性最合适的可能的钻孔结构;以钻具在钻孔内所受的扭矩为研究对象,研究每一级口径相对应的钻具可以裸眼工作的长度,从而设计相应的套管程序。

其次,室内比较研究普通提钻取芯钻进工艺、普通绳索取芯钻进工艺、液动锤提钻取芯钻进工艺、液动锤绳索取芯钻进工艺、螺杆马达液动锤长半合管提钻取芯钻进工艺等不同工艺在刘秀沟金矿区复杂地层钻进的优缺点;重点试验研究液动锤绳索取芯钻进工艺、螺杆马达液动锤长半合管提钻取芯钻进工艺在刘秀沟金矿区复杂地层钻进的适用性和有效性。研究环状空间尺寸对泵压的影响,优化钻具的级配和组合,降低泵压以及泵压对地层稳定性的消极影响。

在此基础上,针对影响复杂地层钻探的因素,包括地层断裂构造带的存在,断裂厚度大,钻进中易出现坍塌、漏失、缩径、卡钻等,通过室内理论研究、泥浆配方实验和野外生产试验,重点研究了泥浆技术、漏失堵漏法等主要问题,完成了刘秀沟金矿区复杂地层钻探技术方案。

张青海:男,1967年生,河南省遂平县人。本科,工程师,从事隧道工程、探矿工程、地质灾害与环境治理工作。河南省地质矿产勘查开发局第三地质勘查院。

2 复杂地层钻探技术研究

2.1 泥浆技术研究

（1）不同情况下泥浆配制

针对矿区坍塌、缩径、漏失严重地层,我们收集有关文献资料,了解常用的泥浆护壁体系,跟踪掌握了国内外常用的泥浆材料及其护壁机理,比如 PHP（分子量 1800 万）的长链分子结构絮凝机理与成膜机理、网状分子结构的植物胶的成膜机理等,认为泥浆配制应随着地层变化不断调整。我们针对矿区断层破碎带地层易发生坍塌、起下钻卡阻现象,泥浆配制的原则为:提高密度,降失水,增强封堵能力和润滑防阻、卡能力;对于下钻下不到底或者沉渣过多现象,泥浆配制原则是:调整流变性,提高携带岩粉能力。比如:① 在条件允许情况下,尽可能提高排量,以提高井眼清洁程度;② 适当提高泥浆黏度;③ 适当提高转速,有助于岩屑携带;④ 优化钻柱结构,适当降低井眼环空间隙;⑤ 充分利用固控系统,降低泥浆中小岩屑含量。

根据钻孔内异常情况冲洗液性能调整方法见表 1。

表 1 　　　　　　　　　　钻孔内异常情况冲洗液性能调整表

钻孔内异常情况	原因分析	冲洗液性能调整项目			
		1	2	3	4
下钻遇阻或起钻遇卡	缩径	提高密度	增强抑制性	降滤失量	
	垮塌	提高密度	增强抑制性	降滤失量	增强封堵性
	冲洗液	改善滤饼质量		提高携带和悬浮能力	
下钻不能到底或电测不到底	垮塌	提高密度	增强抑制性	降滤失量	增强封堵性
	沉砂	调整流变性		提高携带和悬浮能力	
	冲洗液	改善滤饼质量		调整黏度和切力	
钻进时憋、跳严重	垮塌	提高密度	增强抑制性	降滤失量	增强封堵性
振动筛上钻屑过多	垮塌	提高密度	增强抑制性	降滤失量	增强封堵性
振动筛上钻屑过少	冲洗液	改善滤饼质量		提高携带和悬浮能力	

（2）泥浆试验与优选

我们选择多组泥浆体系进行试验,最终优选出 1~2 种配方。具体配方如下:

① PHP 聚丙烯醇冲洗液:清水（1 m³）＋土粉（50 kg）＋PHP（0.5 kg）＋聚丙烯醇（2.5 kg）＋碱（1 kg）;

② 磺化褐煤树脂冲洗液:水（1 m³）＋土粉（50 kg）＋磺化褐煤树脂（50 kg）＋光谱护壁剂（1 kg）＋碱（0.5 kg）＋植物胶（0.5 kg）＋803 堵漏剂（0.5 kg）＋PHP（0.5 kg）;

③ PHP 腐殖酸钾冲洗液:水（1 m³）＋土粉（25~50 kg）＋腐殖酸钾（2 kg）＋PHP（1 kg）＋植物胶（1 kg）＋润滑剂（1.5 kg）＋堵漏剂（2 kg）;

④ 重晶石水泥浆冲洗液:水（1 m³）＋土粉（25 kg）＋磺化褐煤树脂（50 kg）＋光谱护壁剂（1 kg）＋碱（0.5 kg）＋植物胶（0.5 kg）＋803 堵漏剂（0.5 kg）＋重晶石粉（1.5 kg）＋水泥（1.5 kg）。

针对深孔进行现场试验,根据试验情况,对冲洗液组分及其配方不断进行调整,逐步形成针对性强、性价比良好的冲洗液。冲洗液在 ZK322000 孔 710~930 m 段断裂破碎地层运用,无坍塌、掉块,无缩径现象。

2.2 漏失类型和堵漏方法

对于漏失地层,根据不同情况,采取堵漏措施如下所述。

(1)孔隙-微裂缝漏失时,漏失量小,孔口能够返流,宜采用如下措施:

① 静止堵漏:发现漏失后立即停钻,上提钻具一定高度,停泵静止几小时,孔内液位不再下降,可继续钻进;

② 惰性材料堵漏:加入 3% 左右的惰性堵漏材料随钻循环,在漏失位置架桥封堵;

③ 交联封堵:部分水解聚丙烯酰胺(PHP)或水解聚丙烯腈钠盐(HPAN)冲洗液中加入 $CaCl_2$、石灰或水泥作交联剂。

(2)压差引发的漏失宜采用如下措施:

① 降低泥浆密度:钻进中,循环液流的液柱压力过大压裂(漏)地层,可以采用逐步稀释泥浆、降低泥浆密度,使之与低孔隙压力的地层平衡止漏;

② 单向压力屏蔽:将 1%~3% 的液体套管随钻封堵,压力消失或降低后自行解堵。

(3)裂缝和破碎带漏失宜采用如下措施:

① 采用高失水剂如 DTR 堵剂、PCC 堵剂和狄塞尔堵漏剂,堵漏浆液在液柱压力下迅速失去水分,在孔壁形成一层致密、具有较高强度的滤饼封堵漏失层;

② 水泥护壁堵漏:选择速凝、早期强度高、密度低的硫铝酸盐水泥,也可用普通碳酸盐水泥加速凝剂、早强剂;现场施工前应检测水泥浆性能指标,包括水灰比、浆液密度、初凝和终凝时间、流动度、可泵期;然后用平衡法灌水泥浆。

(4)涌漏交替或漏失带存在径流宜采用如下措施:

① 速凝浆封堵:先灌注部分速凝胶体,在漏层通道狭窄凝固,然后再注入普通水泥浆;要选定速凝胶体的配方,并根据漏失层深度计算浆液输送时间,确定配方加量,并预先在地表做试验;

② 软胶塞速凝浆液封堵:采用柴油、水泥、膨润土不加水配成浆液;在 48 h 内不会凝固,但在孔内遇水后很快胶凝。

(5)大裂缝和溶洞漏失宜采用如下措施:

① 充填与堵漏复合封堵:从孔口投入碎石、粗砂、水泥球至孔底,之后灌注堵漏浆液;

② 大型尼龙袋桥堵:将钻杆用销钉或安全接头与有弹性的橄榄形的大尼龙袋连接,并下放到溶洞漏失部位后,从孔口注入定量的水泥浆,硬化后扫水泥塞成人造孔段。

2.3 深孔水泥护壁技术

为了解决好护壁难题,在岩芯钻探中,采用水下灌注水泥的方法护壁、堵漏、封孔、处理钻孔事故;特别是深孔钻探,当技术套管容许口径用完,泥浆护壁不能解决出现的复杂地层的情况下,采用水泥浆灌注钻孔,营造人工孔壁的办法来处理。

水下灌注是个置换的过程,必须掌握压力平衡原理,并运用该原理进行各项计算,然后按部就班地操作才能取得满意的结果。

(1)确定要灌注的孔段段长

确定灌注孔段的段长要考虑安全系数,一般要增加 5~10 m,或上下各增加 5~10 m。水下灌注水泥浆示意图见图 1。

(2)测定静水位

静水位是计算替水量和补充水量的关键数据,必须测量准确。

(3)计算替水量

$$Q=(H-h_0-h)q+Q_1$$

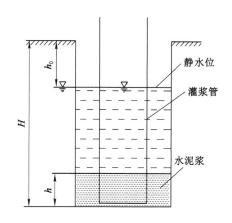

图 1 水下灌注水泥浆示意图

式中 Q——替水量，L；

  H——地面以下灌浆管长度，m；

  h_0——孔内静水位距孔口距离，m；

  h——预计水泥浆返回高度，即灌注孔段段长，m；

  Q_1——地面管线容积，大口径 $50\sim60$ L，小口径 $10\sim50$ L；

  q——每米灌浆管容积，L/m；

  $(H-h_0-h)$——静水位至预计水泥面之间的灌浆管长度。

替水可以用容器装好（小量），也可根据泵量转换成泵送时间。若要转换成泵送时间，应先校验泵量。

（4）计算灌注时间

从开始搅拌水泥至灌完水泥浆后灌浆管提出水泥浆面这段时间称为灌注时间。

灌注时间 $t=$ 水泥的搅拌时间 t_1+ 送水泥浆的时间 t_2+ 送替水的时间 t_3+

待替水到位的时间 t_4+ 提灌浆管出水泥浆面的时间 t_5

水泥的搅拌时间一般控制在 $5\sim10$ min。送水泥浆和替水的时间按以下公式计算：

$$t_2 \text{ 或 } t_3=Q/q$$

式中 Q——水泥浆量或替水量，L；

  q——水泵流量，L/min。

待替水到位的时间一般按 $0.5\sim1$ min 计算。提灌浆管出水泥浆面的时间根据平时的提钻速度及水泥浆高度确定。灌注时间应小于水泥的初凝时间，即灌浆管在水泥浆初凝之前必须提出水泥浆面，并留有余地；否则，灌浆管会被水泥凝住而发生灌注水泥事故。普通水泥的初凝时间一般按 45 min 计算，若计算的灌注时间超过水泥的初凝时间，应加缓凝剂，或采取分步灌浆的办法。

（5）计算静水位以下灌浆管的体积

$$V=(H-h_0)(d-d_1)\pi/4$$

式中 V——灌浆管体积，L；

  d——灌浆管外径，mm；

  d_1——灌浆管内径，mm。

（6）水泥灌注方法及步骤

先做出水泥封孔设计，然后按以下方法步骤进行：

① 向钻孔下入绳索钻杆，不带钻具用清水冲洗钻孔，并准确计算孔深。

② 备足封孔所需水泥,按 $\phi77$ mm 口径、0.5 水灰比计算。

③ 配制水泥早强剂。用氯化钠＋三乙醇胺复合速凝早强剂,其中的氯化钠主要起速凝作用(原理与氯化钙相近,但较弱),三乙醇胺主要起早强作用。因为三乙醇胺是表面活性剂,吸附在水泥颗粒表面,降低了其表面张力,加速了水泥的润湿水化分散,加快了水泥的水化反应;此外,三乙醇胺分子量小,在水泥颗粒表面形成薄的亲水膜,促使水泥分散,使单位体积中的颗粒数增加,故起速凝早强作用。

配方:NaCl 0.5%～1% ＋三乙醇胺 0.05%

一袋水泥＋食盐 500 g＋三乙醇胺 25 g(水泥使用 500 号以上)

操作方法:先将食盐和三乙醇胺溶液按比例溶于少量水中,待水泥浆搅制成后,再加入水泥浆中。

④ 按照前面介绍的计算方法计算出替浆水量 Q,此次灌注以泥浆泵流量换算成替浆时间,并用标准容器对泵量进行校核,以标准泵量(L/min)计时。

⑤ 回开立轴钻杆,用软纸揉成团塞入绳索钻杆内,目的是隔离孔内清水,避免浆液与水混合增大水灰比。

⑥ 在搅拌水泥浆中混入配制好的早强剂,开始泵入浆液,并设专人计时,专人观察泵压变化。

⑦ 计算好的替浆水完全进入孔内后,证明水泥浆前锋已到孔底,这时泵压开始上升(高于洗孔泵压 0.5 MPa),继续灌注 2 min 替浆水后停止灌注。

⑧ 回开立轴钻杆,稳定水泥浆 1～2 min,待钻杆内外水泥浆压差平衡后,观察孔口无清水上返流出,即可慢速起钻,灌注结束。

⑨ 灌浆管提到静水位以上 5～10 m 后,往孔内补充计算好的灌浆管排出水量,平衡孔内水位压差。

对于漏失地层,水泥封孔可考虑加入锯末等惰性材料,并封堵套管口泥浆泵加压灌注的方法堵漏。

2.4 孔内事故与处理技术

孔内事故与处理技术是复杂深孔钻探的重要关键技术之一,卡钻是复杂地层深孔钻探需要面临的主要孔内事故,由于其发生原因众多、处理复杂,需要重点预防,处理措施要有针对性;钻孔漏失和孔壁坍塌是矿区的主要孔内复杂情况,需要采取针对性技术措施加以预防和处理;在矿区预防孔内事故,重点要做好三项技术措施:准确预测地层压力、护孔和钻进施工技术措施。

3 结论

针对洛宁刘秀沟金矿区地层难以解决的坍塌、缩径、漏失严重等复杂问题,通过阅读文献及收集矿区技术资料,调研分析矿区影响钻探质量与效率的主要问题和因素,制订和研究野外试验方案,查找不足及问题,再进行试验,在调整优化钻孔结构和套管程序、钻进方法基础上,对钻井泥浆与护壁堵漏等方面进行了研究,提出了解决钻井施工中出现的孔壁坍塌、缩径、漏失严重等难题的对策建议,提高钻探生产效率、降低成本,为同类型复杂地层钻探提供了参考。

参 考 文 献

[1] 尹建国,刘青山,夏文彬,等.寨上矿区复杂地层钻探技术[J].探矿工程,2012,35(6):42-44.
[2] 罗永贵,王红阳,刘建华.小秦岭金矿田北矿带厚覆盖层钻探技术难点及对策[J].探矿工程,2014,41(1):27-29.

〔3〕杜晓瑞,等.钻井技术规程汇编〔Z〕.中原石油勘探钻井集团,1996.

〔4〕乌效鸣,胡郁乐,贺永新,等.钻井液与岩土工程浆液〔M〕.武汉:中国地质大学出版社,2002.

〔5〕何杨,王伟.浅谈钻探施工技术在复杂地层中的应用〔J〕.吉林地质,2008,27(4):100-101.

〔6〕孙满军,冯基东,杨振雷,等.浅谈第四系复杂地层钻探技术〔J〕.吉林地质,2010,29(2):151-152.

〔7〕张承勤,刘辉,陈修星.复杂地层钻进技术的研究与应用〔J〕.探矿工程:岩土钻掘工程,2001(S1):159-162,165.

马达加斯加北部某红土型铝土矿勘查工程间距的探讨

彭宗涛，李小迟，庞文进

摘　要：根据马达加斯加北部铝土矿矿体的空间展布特征及各种相关参数，通过400 m×400 m、200 m×200 m、140 m×140 m 间距工程的施工、编录、采样和化验等对比工作，利用 3DMine 矿业工程软件对矿体形态、厚度及资源储量变化等进行对比分析及研究，科学合理地论证并确定"控制的"勘查间距，补充国内现行规范《铝土矿、冶镁菱镁矿地质勘查规范》(DZ/T 0202—2002)关于大型红土型铝土矿勘查间距试验及确认的空缺，为国外同类型三水铝土矿矿床的勘查提供参考。

关键词：马达加斯加；红土型铝土矿；勘查间距

金属铝是人类消耗量最大的有色金属材料，它广泛应用于建筑业、电气、轻工业、机械制造、国防工业等领域。近几年，世界上铝的消费量持续增长，我国氧化铝需求量也增长迅速，国内产量虽然逐年增加，但供需缺口逐年加剧；同时，随着我国铝土矿资源日渐匮乏，铝土矿对外依存度急剧上升，开发利用国外的铝土矿资源符合国家鼓励政策，顺应行业趋势。目前，我国现行规范中尚无针对大型红土型铝土矿勘查工程间距的标准可依，因此，应根据节约成本、提高效率、确保资源量估算和矿床评价结果可靠程度高的原则，在勘查工作中要合理确定勘查工程间距，用最少的工程量达到勘查效益最大化的目的。

1　矿床地质概况

马达加斯加铝土矿位于马达加斯加岛北部 Tsaratanana 高原区，矿区海拔一般 1 100～1 500 m，具典型的高原丘陵-低山地貌特征，是红土型铝土矿的有利成矿区域。该区铝土矿为三水铝石型铝土矿，成矿母岩为花岗岩类酸性岩、片麻岩。该区地层为结晶基底和第四系盖层构成的"二元结构"组合。区内盖层自上而下分为三层：上层(Q_4^{4-3})为腐殖土层和黄色-浅红色黏土层，中层(Q_4^{4-2})为铝土矿层，下层(Q_4^{4-1})即半风化层。铝土矿主要赋存于第四系第二亚层(Q_4^{4-2})中，属残余物层。矿体受地形地貌控制明显，主要沿山脊、残丘的宽缓地带及缓坡呈层状、似层状分布，矿体基本裸露地表，可直接露天开采。单个矿体矿石量数百万吨至数亿吨不等。矿区地质略图见图1。

根据矿体分布、工程见矿情况及区内河流、沟谷对矿体的切割情况，全区共划分为5个矿体，编号为Ⅰ～Ⅴ号矿体，其矿体特征见表1，矿体分布位置见图2。

彭宗涛：男，1987 年 10 月生。中专，助理工程师，主要从事地质调查与找矿工作。河南省有色金属地质矿产局第三地质大队。

李小迟：河南省有色金属地质矿产局第三地质大队。

庞文进：河南省有色金属地质矿产局第三地质大队。

表 1 矿体特征一览表

矿体编号	分布位置	大致形态	矿体规模		工程数量	矿石量 /万 t	全区占比 /%
			东西向 /m	南北向 /m			
Ⅰ号	西北部	近东西向矩形	2 000	1 000	14	685.77	0.80
Ⅱ号	西部	南北向梯形	北部 900, 南部 5 400	7 500	306	9 614.55	11.15
Ⅲ号	中部	纺锤形	北部 4 600, 中部 10 500, 南部 1 400	13 300	1 714	49 595.81	57.51
Ⅳ号	东部	靴状	北部 4 000, 南部 7 500	11 900	610	17 565.47	20.37
Ⅴ号	南部	方形	4 600	4 900	79	8 773.82	10.17
合计						86 235.42	100

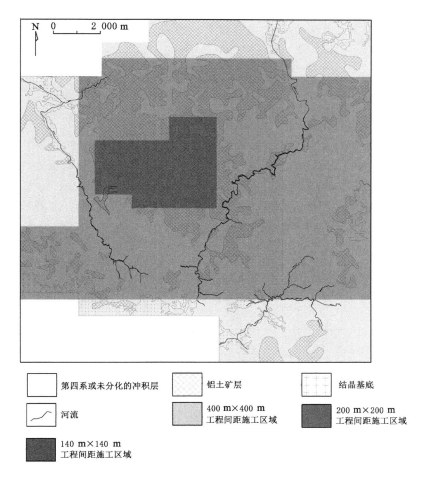

图 1 矿区地质略图

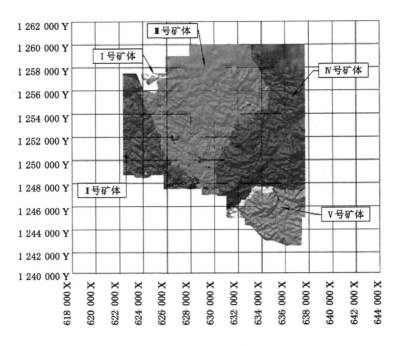

图 2　矿体分布位置示意图

2　矿床勘查类型

该区铝土矿属三水铝石型铝土矿,赋存于花岗岩等酸性岩、片麻岩为主的岩石的风化残余层中,呈似层状缓倾斜产出。矿体大部分位于残留的夷平面和边缘地带,矿体顶底板界线不太清晰。矿区地质构造较简单,矿体产状平缓,未见有对矿体起破坏作用的断裂、褶皱构造。

根据《铝土矿、冶镁菱镁矿地质勘查规范》(DZ/T 0202—2002),矿床勘查类型取决于五个主要地质因素,对其用类型系数进行量化,根据系数之和确定勘查类型。马达加斯加铝土矿矿床勘查类型确定依据见表 2。

表 2　　　　　　　　　　　　　马达加斯加铝土矿勘查类型及特征一览表

勘查类型	复杂程度	类型系数和	矿体规模	矿体形态	矿体厚度	矿体内部结构复杂程度	构造影响程度
Ⅰ类	简单	2.7	主矿体平面上呈纺锤形,长约 13 300 m,宽约 1 400～10 500 m,平均矿体厚度 4.85 m,矿体规模为大型。类型系数为 0.6	矿体为层状、似层状,连续,平面形态较规则,矿体形态按复杂程度为简单型。类型系数为 0.6	矿体厚度变化系数 36%～78%,全区矿体厚度变化系数 58%,厚度呈单一峰值的近正态分布,属稳定-较稳定类型。类型系数为 0.6	矿体内局部有夹层,平面上有少数无矿窗出现,矿体内部结构复杂程度为简单型。类型系数为 0.6	矿体呈单斜产出,倾角平缓,无断层破坏及褶皱影响,构造影响程度小。类型系数为 0.3

对以上五个确定矿床勘查类型的主要地质因素(类型系数之和为 2.7)进行综合分析,该区勘查类型确定为红土型、三水铝石型、Ⅰ类简单型。

3 矿床勘查间距的论证

3.1 矿体特征

该区矿体覆盖于地表,产状平缓,总体上呈 N-S 向展布;剖面上,矿体呈稳定的层状、似层状展布,坡度 5°～15°,平均坡度 8°左右;矿体产状受下伏的基底产状制约,随基底的起伏而变化。单个矿体水平方向上连续性较好,长几百米到十几千米,宽几百米到几千米。

3.2 现行国内规范关于勘查间距的论述

国内的红土型铝土矿矿床较少,目前只在福建漳浦、海南蓬莱、广西贵港等地有小型铝土矿矿床勘探的实例。《铝土矿、冶镁菱镁矿地质勘查规范》(DZ/T 0202—2002)中未对红土型铝土矿Ⅰ、Ⅱ勘查类型矿床给出具体工程间距的要求,只推荐Ⅲ勘查类型"控制的"工程间距为 50 m×50 m。因此,对于大型及大型以上红土型铝土矿床,工程间距没有现行的规范可供参考。为了确定合理的勘查工程间距,以便利用有限的投资成本达到最佳的勘查效益,有必要总结国外同类型的红土型铝土矿床的特征,分析比对我国南方红土型铝土矿的勘探类型,在勘查工作开始之前进行勘查间距的对比论证,对本矿区科学合理地布设勘查工程间距具有重要的意义。

3.3 矿床勘查间距的论述

首先对矿区开展 1/5 000、1/10 000 地形测量及 1/1 000 地质剖面测量、1/10 000 地质填图,对含矿层位进行准确定位;确定含矿层位后,按 400 m×400 m 工程间距,利用钻探工程和浅井工作对全区展开工程勘查,采用勘探网方法布置探矿工程,勘探线方位为纵勘探线 180°、横勘探线 90°;然后再依据分析结果,在全区范围内选择确定对Ⅲ号矿体一处面积为 18.42 km² 的区域加密至 200 m×200 m 工程间距;最后采用梅花孔加密至 140 m×140 m 工程间距进行勘查(见图 1)。分别对 3 种间距的结果进行综合研究,对主要矿体的资源量、厚度、品位、无矿窗数目等各种参数及其变化系数进行对比,结果见表 3、表 4。

表 3　　400 m×400 m 与 200 m×200 m 两种勘查间距相关参数对比情况一览表

类别	工程个数	厚度		全铝		铝硅比		无矿窗数目	矿体面积/m²	矿石量/万 t
		平均厚度/m	变化系数/%	平均含量/%	变化系数/%	平均A/S	变化系数/%			
400 m×400 m	113	5.40	29	31.49	8	0.85	29	1	15 581 829.48	12 537.14
200 m×200 m	450	5.25	29	31.67	7	0.86	27	5	17 489 523.81	13 681.18
绝对误差		(0.15)		0.18		0.01			1 907 694.329	1 144.04
相对误差/%		2.86		0.57		1.16			10.91	8.36

表 4　　200 m×200 m 与 140 m×140 m 两种勘查间距相关参数对比情况一览表

类别	工程个数	厚度		全铝		铝硅比		无矿窗数目	矿体面积/m²	矿石量/万 t
		平均厚度/m	变化系数/%	平均/%	变化系数/%	平均A/S	变化系数/%			
200 m×200 m	450	5.25	29	31.67	7	0.86	27	5	17 489 523.81	13 681.18
140 m×140 m	876	5.30	28	31.48	7	0.85	26	6	16 991 908.32	13 418.51

续表 4

类别	工程个数	厚度		全铝		铝硅比		无矿窗数目	矿体面积/m²	矿石量/万 t
		平均厚度/m	变化系数/%	平均/%	变化系数/%	平均A/S	变化系数/%			
绝对误差		0.05		(0.19)		(0.01)			(497 615.49)	(262.67)
相对误差/%		0.94		0.60		1.18			2.93	1.96

由表 3、表 4 可知,200 m×200 m、140 m×140 m 两种间距的各种参数的变化值较小,相对误差均在 3% 以内,矿石量相对误差仅为 1.96%;而 200 m×200 m 与 400 m×400 m 两种间距的各种参数的变化值较大,矿体面积相对误差达到 10.91%,矿石量相对误差达到 8.36%。这说明 200 m×200 m 与 140 m×140 m 两种间距的工程施工对矿体的控制作用基本相同。

据此可确定该矿区的相关勘查间距如下:以 800 m×800 m 间距的工程探求推断的内蕴经济资源量(333);以 400 m×400 m 间距的工程探求控制的内蕴经济资源量(332);以 200 m×200 m、140 m×140 m 间距的工程探求探明的内蕴经济资源量(331)。

4 结语

马达加斯加红土型铝土矿以钻探、浅井为主要勘查手段,采用勘探网方法布置探矿工程。本次地质勘查工作,在依据《铝土矿、冶镁菱镁矿地质勘查规范》(DZ/T 0202—2002)的基础上,充分利用 400 m×400 m、200 m×200 m、140 m×140 m 三种间距选取Ⅲ号矿体一定区域进行试验对比,选取了矿体的厚度(水平、垂直)、品位(有用元素)、无矿窗、矿体面积、矿石量等各种参数进行对比研究,综合其空间展布、规模、形态等主要地质特征,科学合理地确定其勘查间距。这既满足了确保资源量估算和矿床评价的精确性,使勘查效益达到最大化;又节省了勘查资金,提高了工程的控制有效性,缩短了勘查周期。

综上所述,本次有关铝土矿勘探的勘查间距的论证和确定是综合考虑地质、经济等因素进行的,试验结果表明其是科学合理的,实现了国内相关规范与澳大利亚 JORC、加拿大 NI43-101 标准的对接,是对国内现行规范所阐述的红土型铝土矿勘查间距的发展和补充,可为今后该类红土型铝土矿勘查工作提供参考和指导。

参 考 文 献

[1] 中商产业研究院.2015~2020 年中国铝土矿开发利用市场调研及发展预测报告[R].2014.

[2] 中华人民共和国国土资源部.铝土矿、冶镁菱镁矿地质勘查规范:DZ/T 0202—2002[M].北京:地质出版社,2002.

[3] 袁海明,等.马达加斯加共和国某矿区铝土矿勘探报告[R].2016.

[4] 徐红伟,高灶其,刘合旭.几内亚西部红土型铝土矿勘查工程间距的探讨[J].长春工程学院学报:自然科学版,2015(4):68-73.

[5] 巴尔多西 G.红土型铝土矿[M].沈阳:辽宁科学技术出版社,1994:7.

物化探技术在内蒙古牙克石大南沟钼矿勘查中的应用

张玉明

摘　要：内蒙古森林覆盖区地理环境为森林沼泽区,地表覆盖物表层为泥质腐殖质层,深层为基岩风化坡积-堆积物。基岩露头很少,地表的找矿信息更少,找矿的难度极大。因此,在这些地区进行矿产勘查工作,必须充分应用物化探技术,综合研究取得的物化探成果。

关键词：森林覆盖区;物化探技术;矿产勘查

内蒙古牙克石大南沟钼矿位于大兴安岭中段的森林覆盖区。山脉呈北北东向延伸,地形切割强烈,山崖陡峭。海拔 700～2 000 m,高差 200～500 m。地势中部高,西侧山势较缓,东侧山势陡峭,沟壑发育,谷深径幽,长年流水,森林茂密,沼泽发育,植被、草木丛生。属寒温带大陆性季风气候,寒暑差异强烈,昼夜温差大。春季干旱多风,夏季温凉短促,秋季降温急剧,冬季寒冷漫长。每年 11 月至次年 4 月为冰冻期,期间常受寒流侵袭。年平均气温 2.4 ℃,冬季平均气温 −28 ℃,最低 −46.7 ℃;夏季平均气温 19.6 ℃,最高 36.5 ℃。5～8 月为无霜期,约 103 天。雨季多集中在 6～8 月,年均降水量 1 445.5 mm,年蒸发量 480.3 mm。属于森林沼泽自然地理景观区。

由于特殊的自然地理环境,该区岩石以物理风化作用、化学风化作用为主[1]。物理风化是在低温严寒环境中,基底岩石在冻融作用下形成岩石、矿物碎屑,通过重力和流水进行机械搬运,沿水系-沟系在地表形成碎屑物质堆积。这些组分主要反映介质物源原生状态下的地质特征和矿化特征;在地表水、空气、生物、微生物等表生条件进一步的参与下,岩石风化产物形成以熟土、腐殖土、生物遗体形成的各种腐殖质、水系沉积物中的软泥、泥炭、腐泥为代表的富含水和有机质的表生介质系列,金属元素以元素活动态形式和其他易溶形式,通过地表水、生物、微生物活动进行迁移,在地表形成生物成因异常和水成因异常,其介质组分主要反映介质物源表生状态。化学风化作用在残山丘陵-准平原区及硫化物矿床分布地带比较强烈,氧化带深度可达数十米,其深度受地下水、气候、地形、围岩、矿物成分、矿物结构等因素影响,不同地带深度有所不同。作为森林沼泽区中地表元素形成和迁移的理论基础,用来指导在这些地区开展面积性土壤-水系沉物测量,编制了区域性的地球化学综合异常图。这些综合异常是进一步工作的找矿靶区。

基于对这些地区自然地理景观特征的认识,地表覆盖严重,基岩很少出露,采用单纯的地质、化探、物探方法进行找矿勘查工作,往往效果不佳。综合物化可以多方面提取找矿信息,勘查效果较好[2]。结合笔者在这些地区累计工作十多年,分别进行了 1∶20 万的地球化学扫面、1∶5 万矿产调查、钼多金属矿预普查。应用物化探技术查证并发现了大南沟、横道沟、大冒梁子沟等以钼多金属矿为主的矿区多处。

张玉明:男,1966 年生。地质学士,地矿高级工程师,长期从事野外地质找矿勘查工作。河南省地质调查院。

1　异常区地物化特征

1.1　区域地质特征

矿区大地构造位置处于西伯利亚板块东南大陆边缘二连-朝不楞-加格达奇造山带中段，属于滨太平洋构造域大兴安岭中生代岩浆岩带北段[3]（图 1）。区域上主要出露古生代—中生代地层，岩浆活动频繁，广泛分布火山岩及侵入岩，发育脆性断裂构造。

区域内地层广泛分布，以中生代陆相中性-酸性火山地层为主，古生代地层次之，总体露头较零星，大部分被第四系或森林腐殖质覆盖。主要出露的地层有古生界奥陶系铜山组、多宝山组、裸河组，志留系卧都河组，泥盆系根里河组、大民山组，石炭系上统-二叠系下统宝力高庙组、格根敖包组和二叠系上统孙家坟组，中生界三叠系老龙头组，侏罗系万宝组、塔木兰沟组、满克头鄂博组、玛尼吐组、白音高老组，新生界新近系红岭组，第四系更新统大黑沟组和全新统松散堆积物等。

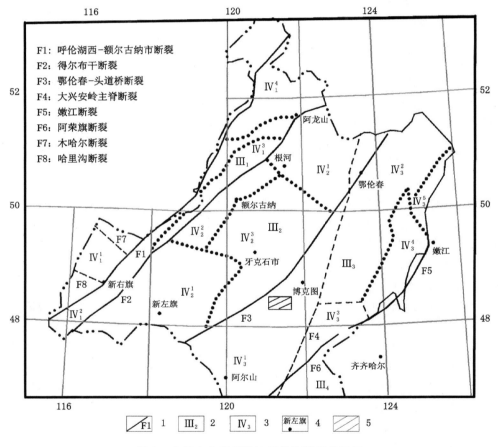

图 1　内蒙古大兴安岭地区构造单元分区图

1——断裂及编号；2——三级构造及编号；3——四级构造单元及编号；4——城镇；5——工作区

1.2　区域地球物探特征

河南省地质调查院在该地区进行了 1∶5 万磁法扫面。在 1∶5 万高磁 ΔT 等值线图上，磁异常特征明显，总体分布显示了以北东向分带为主，北西向分带为辅，局部杂乱，集中分布在岩浆岩出露区的特征。各磁异常形态不一,正负磁异常跳跃性较大,串珠状断续分布,呈北西向与北东向两组平行展布、互相交错,明显为北西向与北东向两组断裂带的反映,正磁异常的极大值和负磁异常的极低值往往出现在两组磁异常带的交汇部位,某种程度上预示了两组断层的交汇部位。磁异常的展布特征与区域上地质体分布特征一致,说明磁法测量在森林沼泽覆盖区的应用可靠。

1.3 区域地球化探特征

区域上矿区位于1:5万水系沉积物测量时圈出的大旱山-大黑山 Mo、Pb、Zn、Ag、W 综合异常带的中段。该异常带分布综合异常 20 处,其中甲类异常 1 处,乙类异常 9 处,丙类异常 10 处。该异常带以中高温元素组合为特征,主要成矿元素为 Mo、Pb、Zn、Ag、Cu、W 等,伴生 Bi、Cd、Sn 等。其中以 Mo、Pb、Zn 最为突出,显示了较好的找矿前景。

2 地物化探异常查证

2.1 矿区地质特征

由于矿区位于大兴安岭森林沼泽区,地表腐殖质覆盖严重,基岩露头较少。通过地表地质图草测,结合地物化综合剖面测制以及后期少量的探槽,大致确定了矿区地质体的岩性和边界。钼矿(化)体赋存于晚白垩世的花岗斑岩中,围岩为早白垩世中粗粒二长花岗岩。见图 2。

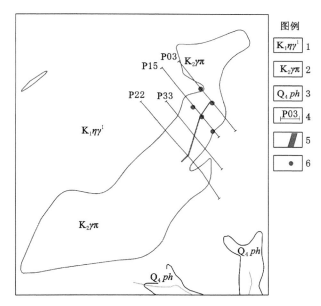

图 2 矿区地质图
1——早白垩世二长花岗岩;2——晚白垩世花岗斑岩;3——第四系全新统;
4——综合剖面;5——矿体;6——钻孔

2.2 地化综合剖面方法

按照中国地质科学院地球物理、地球化学研究所方法试验的成果,结合地质体特征,在花岗斑岩的北段布置了1:1 000 的地物化综合剖面(见图 3)。剖面图中显示在斑岩体中 Mo 的含量普遍较高,特别是在斑岩体的外接触带,一般形成峰值,最高达 89.6×10^{-6}。这说明这些地带分布有钼矿(化)体。

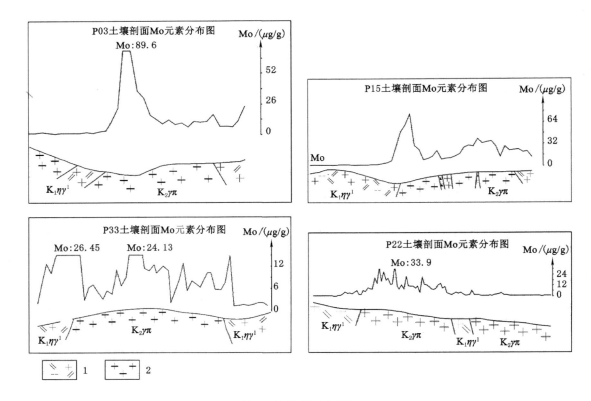

图 3　地化剖面曲线图

1——早白垩世粗中粒二长花岗岩；2——晚白垩世花岗斑岩

3　矿体特征

确定了钼矿(化)体分布的大致范围后,为了查明矿体的地表特征,在地表开展了探槽工作。由于地表腐殖物和基岩风化物的覆盖,矿体的地表分布特征不明显。为了进一步探明矿体深部空间分布特征,采用物探和钻探的工作方法。

3.1　激电测深确定矿体

为了了解地表矿体的深部特征,在沿 P03 线探槽发现矿体的部位布置了激电测深(见图 4)。在视电阻率图和视极化率图中等值线均出现了二元特征,说明岩体的分布特征为:沿测线的西北侧及深部为中粗粒的二长花岗岩,视极化率值高与岩体中主要分布的黄铁矿有关;浅部花岗斑岩中视极化率值形成一系列的串珠状高值点,其连线形成平缓的南东倾,可能是一系列矿体的倾向。

3.2　钻探控制矿体

在上述工作的基础上,分别在 P03 线、P15 线进行了深部钻探验证。结果在钻孔<200 m 浅部的花岗斑岩中发现了 4 层辉钼矿体,矿体呈层状-似层状延伸,控制走向北东 62°左右,倾向南东约 155°左右,倾角 13°～18°左右。矿体钼含量在 0.03%～0.15%,品位变化系数 103%,辉钼矿分布较均匀;矿体的厚度在 0.57～3.03 m,厚度变化系数 38%,矿体厚度均匀。初步估算的资源量达到小型钼矿床。

综合上述,地质、地球化学、地球物理方法的综合应用,多方面揭示了异常特征,对异常有了一个立体认识,通过深部钻探验证,说明异常是由矿化作用的矿致异常,而且矿体体埋藏较浅。

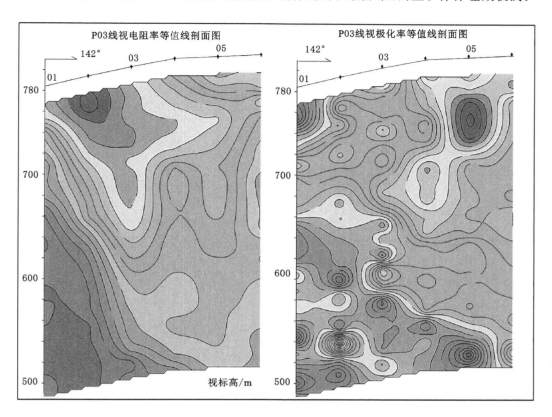

图 4　P03 线激电测深剖面图

4　结束语

在森林沼泽深覆盖区,基岩露头较少,通过肉眼能够判断的找矿信息更少。因此,综合利用物化探技术对已有的综合异常进行查证,可以较好地确定找矿靶区,确定地表矿体分布的范围,减少了找矿盲目性,提高了找矿效率。通过多年来物化探的应用,形成了以下几条不成熟的经验:

（1）在森林沼泽深覆盖区找矿,要结合地质特征,综合研究已有的物化探异常,通过地物化综合剖面的结果,进一步分解异常,缩小矿体可能分布的范围。

（2）充分应用物探技术,判断地质体在深部的空间分布特征,是验证矿体形态的关键。为下一步深部验证矿体提供技术保证。

（3）异常查证工作应开展多方法综合调查评价,应遵循"化探定向、物探定位、地质综合定性、钻探定量"的原则布置查证工作。

参 考 文 献

[1] 赵玉涛.内蒙古大兴安岭南段表生地球化学作用特征[J].内蒙古地质,2001(1):33.

[2] 程培生,汤正江.综合物化探技术在大兴安岭地区区域化探异常查证工作中的应用[J].物探与化探,2009,33(5):497-500,506.

[3] 内蒙古自治区地质矿产局.内蒙古自治区区域地质志[M].北京:地质出版社,1991:562.

其　　他

地质勘探钻孔岩芯数据库管理系统设计与实现

刘　迪

摘　要:固体矿产数据是地质勘探的重要成果,传统的勘探数据管理方法已不再适应实际工作的需要。为了进一步提高效率,本文以河南省固体矿产钻孔岩芯数据为例,制定了钻孔岩芯数据库标准,有效地设计了钻孔岩芯数据库的 E-R 概念模型,建立了数据表间的关联;基于 SQL Server 和 VC＋＋技术完成了河南省固体矿产钻孔岩芯数据库系统的建设,实现了钻孔资料的规范化录入及 Excel 格式数据的导入,钻孔数据的修改、删除、查询等功能,提高了钻孔数据信息化管理水平。

关键词:钻孔岩芯;E-R 模型;数据库管理系统

1　引言

岩芯钻孔编录是找矿地质勘探工作的一项经常性的、重要的基础作业[1],主要是通过文字和图表等形式来表达、说明钻探过程中直接观察到的岩芯情况。钻孔数据是地质工作者在野外获取的第一手实际材料,具有很强的纪实性,包含了大量可以二次开发利用的地质信息,是找矿勘探过程中地质解释和矿产预测的重要依据。通过钻孔岩芯数据的综合分析,可以有效地了解地层纵向和横向变化特征,分析成矿地质环境的变化。当前,随着地质工作的深入开展和钻孔资料的不断积累,钻孔资料的管理和成图还停留在原始编录、手工成图和纸介质的存储管理阶段,这种运行方法导致管理工作量大、处理过程复杂、工作质量没有保障、工作效率降低。传统纸质存储媒介本身的缺陷是资料管理零乱,频繁的借阅导致图纸寿命降低、原始地质钻孔信息丢失或失真,进而影响对地质情况判断,使用者也感到极大不便,甚至影响勘探工作深入。钻孔资料越原始、数量越大、特点越突出,处理起来也更复杂。怎样对这些资料进行有效、规范的管理,到目前为止,还没有一种公认的针对地质钻孔信息的数据库结构应用于实践[2]。数据库技术和 GIS 技术的发展为钻孔资料的管理和成图提供了有力的工具,应用数据库技术对钻孔资料进行综合管理,将大大提高生产和科研的工作效率[3,4],钻孔资料的信息化管理是今后发展的必然趋势。使用数字化、计算机和数据库手段统一管理钻孔数据,可最大限度地利用钻孔资料,实现钻孔信息的动态管理、实时更新,随时修改和添加得到的工作区最新资料,最大限度地发挥钻孔数据的使用价值,实现钻孔数据管理的自动化,有效地提高矿产勘查的工作效率和工作精度[5]。

刘迪:女,1980 年 11 月生。本科,工程师,主要从事地质矿产勘查、地质资料管理及二次开发等工作。河南省地质博物馆。

2 岩芯数据库设计

2.1 岩芯数据库 E-R 模型

钻孔数据库设计的目的是规范地质编录数据,同时对钻孔编录资料和测井资料进行综合管理,以便于科研和生产人员进行检索、查看、成图、数据分析和信息提取等深层次的工作。对岩芯钻孔数据的应用需求进行抽象,就可以得到岩芯钻孔的信息结构。钻孔信息结构是独立于具体存储技术的概念模型,它反映了钻孔数据库的数据处理需求及钻孔信息的组成与联系,可以有效地归纳、整理和组织分散的钻孔信息,将关键的信息按照一定顺序和模式排列和整合,使其结构化。岩芯数据库概念模型可以用"实体-关系"图(Entity-Relationship Chart,简称 E-R 图)表示,这种模型是用二维表的形式来表示实体集属性间关系及实体之间联系的形式化模型,所有的数据项都是不能再细分的最基本单位,实体间的关系用表来表示,而表的关系通过各表中的共同属性来建立。这种模型的好处是使复杂的钻孔信息间的关系变得简单、直观、更有条理,用户易于理解,而且可以用 SQL(Structure Quest Language,结构化查询语言)来操纵数据。在 E-R 图中,用矩形表示实体,椭圆表示实体属性,菱形表示实体间的联系。通过分析钻孔工程实例的数据项等内容后,设计出钻孔数据库的 E-R 图,如图 1 所示。由于实体属性项复杂,所以 E-R 图省略了实体的属性项,仅表示了实体间的关系。

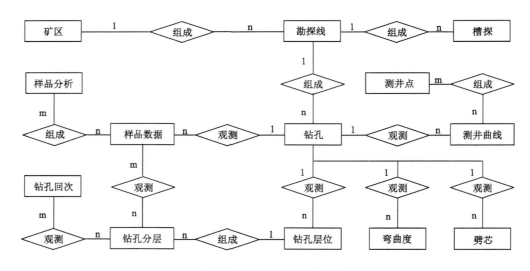

图 1 岩芯数据库 E-R 模型

2.2 岩芯数据库表间关系

根据《矿产地数据库建设工作指南》要求,规定矿产地数据库需由矿区基本信息表(MINE_BASEINFO)、勘查阶段基本信息表(EXPLSTAGE_BASE)、勘探线基本信息表(KTX_BASEINFO)、钻孔基本信息表(ZK_BASEINFO)、剖面信息表(SECT_BASEINFO)、钻孔孔深校正及弯曲度测量表(ZK_BENDING)、分层数据表(ZK_SLAYER)、标本采样数据表(BB_SAMPLE)、钻孔劈芯数据表(ZK_FLUTING)、钻孔测井曲线层记录表(ZK_CURVEL)和钻孔测井曲线点记录表(ZK_CURVEP)等 11 个表组成,如表 1 所示。

每一个表有若干属性,在数据库中对应一个关系。数据库中各表之间都互有关联,如图 2 所示,钻孔编号(ZK_CODE)、矿区代码(MINE_CODE)、勘探线(KTX_CODE)是数据库中几个主要的关键词,表间关系是分层次。

表 1　　钻孔资料数据库中数据表内容及说明

表　　名	说　　明
矿区基本信息表	该表用于描述所有矿区详细信息,如矿区名称、位置、矿产、单位等
勘查阶段基本信息表	该表用于描述勘查阶段基本信息,如矿区编号、勘查阶段、开始日期、结束日期、勘探单元等
勘探线基本信息表	该表用于描述勘探线基本信息,如勘探线编号、矿区编号、勘探线名称等
钻孔基本信息表	该表用于记录钻孔编号、钻孔类型、开孔日期、终孔日期、编录起止日期、孔口坐标、施工结果、施工质量、探矿人员、编录人员等
剖面信息表	该表用于描述剖面基本信息,如矿区编号、剖面编号、点文件、线文件等
钻孔孔深校正及弯曲度测量数据表	该表用于记录钻孔深度的记录信息和误差值等,以及用于记录钻孔测量时深度、方位角和倾斜度等
分层数据表	该表用于记录钻孔编号、分层编号、分层深度、分层岩性等
标本采样数据表	该表用于记录钻孔编号、样品编号、取样位置、代表样长、取芯长度、样品质量、取样日期、取样人等
钻孔劈芯数据表	该表用于记录钻孔劈芯信息
钻孔测井曲线层记录表	该表用于记录钻孔一定厚度的测井信息
钻孔测井曲线点记录表	该表用于记录钻孔一定深度的测井信息

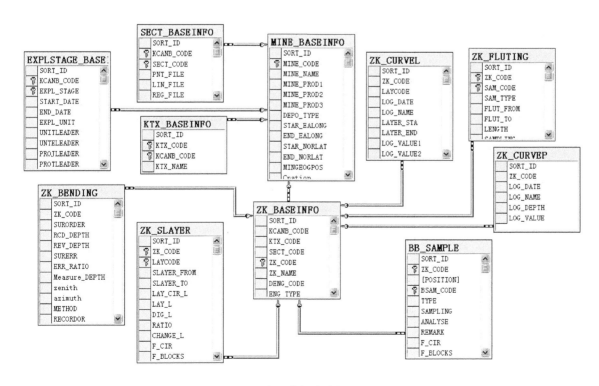

图 2　岩芯数据库表间关系

矿区基本信息表是根表,与其关联是一级关联,关联的表有勘查阶段基本信息表、勘探线基本信息表、钻孔基本信息表、剖面信息表;矿区基本信息表与其他表之间关系是通过矿区代码实现的,是一对多的关系。与钻孔基本信息表关联是二级关联,关联的表有钻孔孔深校正及弯曲度测量表、分层数据表、标本采样数据表、钻孔劈芯数据表、钻孔测井曲线层记录表和钻孔测井曲线点记录表;钻孔基本信息表与其他表之间以钻孔编号为连接词,其关系是一对多的关系,即钻孔基本信息表中的一个钻孔在其他表中有多项记录与之对应,这样可以方便对钻孔数据进行查询等各种操作,使数据库的结构更为紧凑。

3 钻孔岩芯数据管理

岩芯数据管理包括岩芯数据输入、编辑和浏览等功能,如图 3 所示。

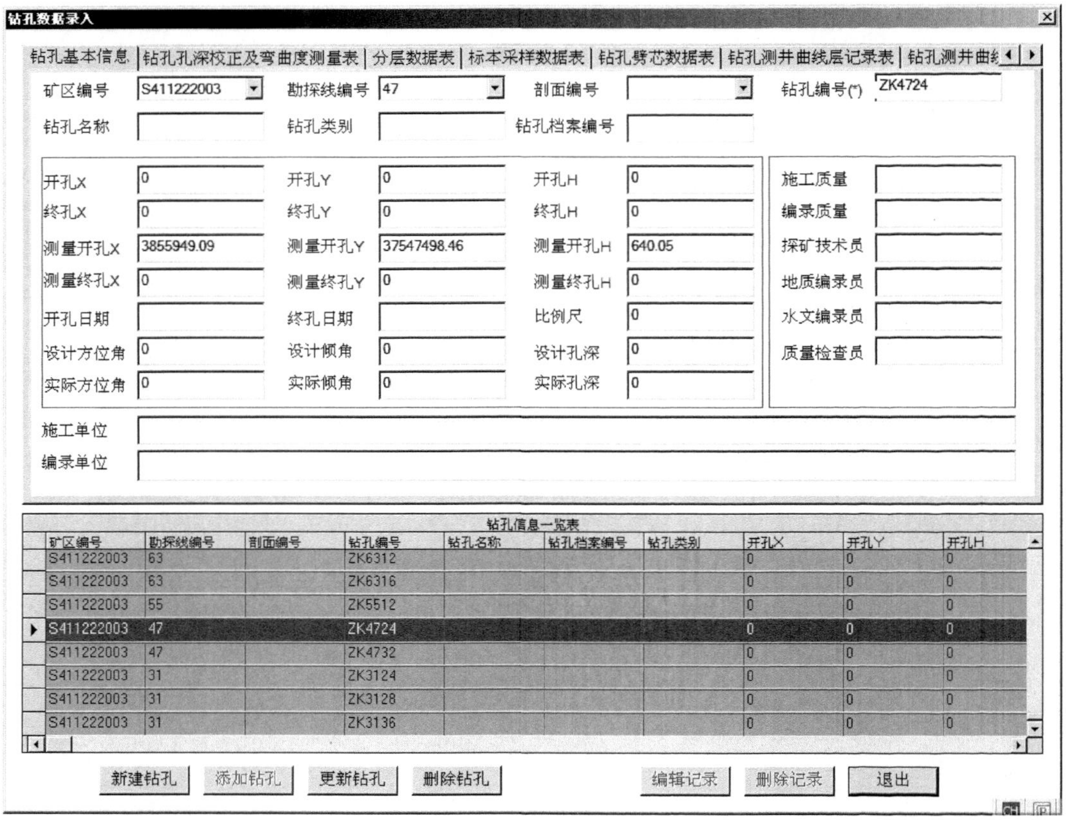

图 3   岩芯数据操作界面

数据输入功能主要是负责输入钻孔岩芯各项参数的数据及采样和观察岩芯的相关数据。系统提供岩芯数据 11 个表的交互输入方式,这种输入方式操作简单、比较直观。但由于岩芯数据复杂、数据量大、交互输入速度慢、建库周期长,因而系统还提供了批量输入的方法,支持 Excel 表格数据的导入,但要求 Excel 表格数据必须符合所设计的岩芯数据系统的结构,否则将导致输入数据丢失、不全或出错。

数据编辑功能主要包括钻孔数据更新、删除以及钻孔记录的修改、删除等。修改、删除是岩芯钻孔数据管理系统中不可缺少的一部分,因为在数据录入过程中难免会有差错,因此系统提供用户交互修改的方法,同时也有按井号修改、按完钻日期修改、按入库日期修改等多种修改方式;在删除操作上,实现随意点击选中要删除的一行或多行同时进行删除操作,并在实际删除每一行时有相应的提示供操作者选择。

数据浏览功能的主要任务是帮助用户了解库中已有岩芯的详细特征、主要参数及观察的岩芯的相关数据。

4　钻孔岩芯数据查询

4.1　钻孔数据单表查询

钻孔数据单表查询用于对钻孔数据库中不同类型数据的查询、快速检索并反馈于用户,方便地质人员快速获得研究区已有的资料。单表查询仅针对一个岩芯数据库表进行操作,系统提供了下拉滚动条方式从多个数据表中选择一个表进行查询操作,如选择"钻孔基本信息表"后,"选择查询字段名"窗体出现钻孔编号、矿区编号、勘探线编号和剖面编号等字段类型,可以选择各个字段单查,也可以使用钻孔编号、矿区编号、勘探线编号和剖面编号组合查询。在操作中添加字段,输入查询条件,构建查询表达式后点击查询按钮,查询结果便可在弹出的结果查询窗体中显示,如查询某钻孔所属矿区、勘探线和剖面的具体信息。查询结果以 Excel 表格形式输出,并能以直方图、饼状图等形式进行统计分析,如统计某个矿区有几个钻孔、几条勘探线,某条勘探线有几个钻孔等。

4.2　钻孔数据多表查询

钻孔数据多表查询可以把矿区数据表和钻孔数据表整合在一起进行查询,不同表的字段进行随机匹配,并可以设置公共字段。以对话框的方式进行多表查询,先对数据表进行选择,在表信息中选择所要查询的属性字段,双击添加字段到查询字段窗口并显示,通过输入辅助和条件查询等输入表达式。对话框可以显示矿区数据表和钻孔数据表,同时显示已选表、已选字段和查询表达式,如图 4 所示。通过公共字段设置,在列表框中选择表一和表二,在运算符中可以选择两表公共字段的关系,点击添加就可添加表达式;若再添加,则需设置两次条件间的逻辑关系,再次设置两个表之间的公共字段表达式。查询过程与单表查询基本相同,运用 SQL 查询语句,输出结果显示在对话框中。

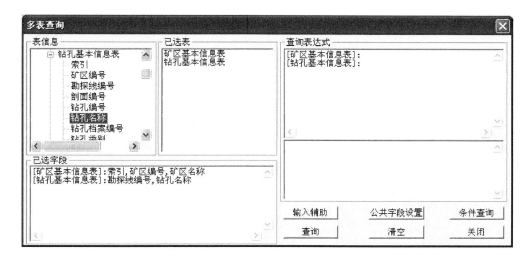

图 4　岩芯数据多表查询

5　结束语

在当今日新月异的信息时代,计算机成为人们管理各种信息的工具,计算机的使用早已深入到社会的各个角落。为适应矿山开发快速发展和大数据量的特点,充分、迅速、有效地利用钻孔数据,研制开发一套简单、灵活、可靠、易操作、有实用价值的、有自己的特色的矿山岩芯数据库管理系统对于数据管理工作非常重要。岩芯数据库管理系统按钻孔行业编录规范的不同专题内容设计成11 个属性数据库表,实现了成果数据的动态存储和管理,每个数据库都有添加、修改、删除、显示操作,能够及时更新、显示数据库中的内容,能够针对目标用户提供多种方式的数据查询功能、数据管理功能以及各种综合分析功能,为钻孔岩芯数据管理提供了极大的方便。

参 考 文 献

[1] 侯德义.找矿勘探地质学[M].北京:地质出版社,1984.

[2] 史秋晶,胡伍生,刘丹萍.工程地质钻孔信息模型及数据库研究[J].岩土力学,2007,28(4):758-762.

[3] 胡斌.基于 GIS 的勘探钻孔信息管理自动化研究[J].河南理工大学学报:自然科学版,2007,26(1):21-26.

[4] 黄树桃,王树红,韩绍阳,等.钻孔资料管理和自动成图技术研究[J].铀矿地质,2004(1):52-55.

[5] 曹建文,李满根,蔡煜琦,等.砂岩型铀矿钻孔原始地质编录数据的采集与管理[J].东华理工大学学报:自然科学版,2009,32(1):32-37.

河南铀矿地质勘探设施
"十二五"退役整治二期工程治理浅析

梁建胜，郭孝华

摘　要：鄂豫地区军工铀矿地质勘探设施"十二五"退役整治二期工程（河南片区），由河南省核工业地质局实施，包括柳林矿点、蛇沟口矿点、上陶峪矿点和范沟矿点。工程自2016年12月开工，至2017年9月野外施工结束。2018年8月湖南核工业中心实验室进行核退役项目竣工环境保护验收监测工作，并提交了竣工环境保护验收监测报告、竣工环境保护工作总结报告。经过退役整治，治理效果明显，环境和社会效益显著，达到了减少当地放射性污染，改善当地生态环境的目的。该工程的成功对促进河南省军工铀矿地质勘探设施退役整治具有重要指导与借鉴意义。

关键词：军工铀矿地质勘探；退役整治；环境监测；环境保护

河南省核工业地质局在1958～1992年期间，对河南地区开展了铀矿揭露、详查及勘探工作，完成了大量钻探、硐探、槽探、井探工作，取得了优异的铀矿地质成果，并提交了一定储量。但随着军工铀矿地质勘探设施相继关闭后，由于条件限制，并没有对遗留的军工铀矿地质勘探设施进行退役整治，因此带来了一些环境问题。在"十二五"期间，遵循"轻重缓急、分期治理"的原则，积极开展军工铀矿地质勘探设施的退役整治。

此次退役整治中，原遗留的军工铀矿地质勘探设施存在以下问题：

（1）军工铀矿地质勘探遗留的坑口、浅井，会因误入或坠落而给人畜带来安全隐患，而且还有^{222}Rn及其子体的外逸等放射性危害，有水坑口流出的放射性水任意漫流，对下游水源造成辐射影响；

（2）当地居民在辐射值高的坑道内乘凉、圈养牲畜，对人及牲畜均有放射性危害；

（3）堆积在地表的废（矿）石，铀品位约在0.01%以上，极个别达到1%，这些都不同程度地污染了地面、农田、水体等，也给周围自然和生态环境带来一定的负面影响，对公众的安全构成了潜在威胁；

（4）4个矿点的废（矿）石堆为山坡堆积型或山沟堆积型，雨季时被雨水冲刷，废（矿）石流失严重，尤其是上陶峪矿点的KD-1、KD-3废（矿）石堆地处两山沟交汇处，雨季时洪水对废（矿）石堆冲刷严重，废（矿）石被冲到下游，扩大了污染范围，并且当地居民采用废（矿）石堆附近的水作为饮用水直接使用，大大增加了对当地居民的健康影响。

本工程共治理4个铀矿点，其中坑口9个（1个有水坑口、8个无水坑口）；浅井30个；废（矿）石堆7个，废（矿）石量38 317 t，裸露面积16 729 m²。

梁建胜：男，1971年1月生。本科，工程师，从事军工铀矿地质勘探设施退役整治工作。河南省核工业地质局。

郭孝华：河南省核工业地质局。

1 治理源项及整治方法

1.1 地理位置

柳林矿点位于河南省信阳市浉河区柳林乡沙子岗村,主要河流有柳林河及小螺丝冲河。该矿点处于豫鄂两省交界的大别山北麓,周边历史名胜古迹众多,地形较复杂,地貌属丘陵区,地形西高东低、南高北低,整体山势为东西走向,最高海拔906 m,最低海拔54 m,河流为南北流向,当地植被发育。

蛇沟口矿点位于河南省洛阳市嵩县德亭镇南台村,距德亭镇12 km,距嵩县县城33 km,距天池山国家森林公园14 km。该矿点处于熊耳山东南侧,海拔高度580~810 m,相对高差120~230 m,属低山地貌,地势大致呈北东向,北东高、南西低,山坡植被较发育。

上陶峪矿点位于河南省洛阳市洛宁县涧口乡上陶峪村南1 km,工作区内交通条件方便,距离涧口乡7 km,距离洛宁县城大约16 km,其南约15 km处有神灵寨国家级森林旅游风景区,有涧神公路相通。该矿点处于丘陵山地类型的洛宁盆地南部边缘,南高北低,南部群山耸立,海拔高度1 000 m以上,附近最高山峰二郎顶687.6 m。该矿点处在东沟和东沟支沟大鼻梁交汇处漫滩上,相对高差只有10~30 m。附近主要河流为洛河水系的支流东沟河和西沟河。

范沟矿点位于河南省内乡县岞曲镇范沟村,工作区距岞曲镇15 km,距内乡县城20 km。该矿点海拔高度300~500 m,属于低山丘陵地貌,山脉走向呈北西向,地势总体北西高、南东低,山坡植被比较发育。

1.2 退役设施简述

1.2.1 坑口

柳林矿点需整治的无水坑口1个,即KD-3坑口;有水坑口1个,即KD-5坑口,该坑口渗水量0.25×10⁻³ m³/s,渗水中U$_{天然}$浓度0.03 mg/L,²²⁶Ra浓度0.368 Bq/L。坑口平均尺寸1.8 m×1.8 m,坑道总深490 m。坑口空气中氡浓度的范围值为875.0~1 210.0 Bq/m³,平均值1 042.5 Bq/m³。

蛇沟口矿点需整治的无水坑口3个,即KD-1、KD-2、KD-3坑口。坑口平均尺寸2.0 m×2.0 m,坑道总深1 745 m。坑口空气中氡浓度的范围值为463.0~1473.0 Bq/m³,平均值1 131 Bq/m³。

上陶峪矿点需整治的无水坑口2个,即KD-1、KD-2坑口,其中KD-1坑道是贯通的,实际封堵2个坑口。坑口平均尺寸2.0 m×2.0 m,坑道总深329 m。坑口空气中氡浓度的范围值为431.0~481.0 Bq/m³,平均值456 Bq/m³。

范沟矿点需整治的无水坑口2个,即KD-2、KD-3坑口。坑口平均尺寸2.0 m×1.8 m,坑道总深1 463 m。坑口空气中氡浓度的范围值为445.0~467.0 Bq/m³,平均值456 Bq/m³。

1.2.2 废(矿)石堆

柳林矿点需整治的废(矿)石堆2个,即KD-3废(矿)石堆、KD-5废(矿)石堆。废(矿)石总量4 208 t,总裸露面积2 049 m²,绝大部分废石与矿石混合堆放,废(矿)石堆贯穿辐射剂量率最小值21×10⁻⁸ Gy/h,最大值297×10⁻⁸ Gy/h,平均值100.0×10⁻⁸ Gy/h,高出当地环境本底均值近4倍;氡析出率最小值0.21 Bq/(m²·s),最大值1.62 Bq/(m²·s),平均值0.85 Bq/(m²·s),超过管理限值。废(矿)石的U$_{天然}$含量范围值为169.0~173.0 mg/kg,平均值171.0 mg/kg;²²⁶Ra含量范围值为 2 075.0～2 124.0 Bq/kg,平均值 2 099.5 Bq/kg。

蛇沟口矿点需整治的废(矿)石堆 2 个,即 KD-1、KD-2 废(矿)石堆、KD-3 废(矿)石堆。废(矿)石总量 17 782 t,总裸露面积 6 625 m²,绝大部分废石与矿石混合堆放,废(矿)石堆贯穿辐射剂量率最小值 27×10⁻⁸ Gy/h,最大值 351×10⁻⁸ Gy/h,平均值 102.0×10⁻⁸ Gy/h,高出当地环境本底均值近 4 倍;氡析出率最小值 0.28 Bq/(m²·s),最大值 1.41 Bq/(m²·s),平均值 0.84 Bq/(m²·s),超过管理限值。废(矿)石的 $U_{天然}$ 含量范围值为 173.0～176.0 mg/kg,平均值 175.0 mg/kg;^{226}Ra 含量范围值为 2 124.0～2 161.0 Bq/kg,平均值 2 142.5 Bq/kg。

上陶峪矿点需整治的废(矿)石堆 1 个,即 KD-1、KD-3 废(矿)石堆。废(矿)石总量 2 370 t,总裸露面积 2 623 m²,绝大部分废石与矿石混合堆放,废(矿)石堆贯穿辐射剂量率最小值 21×10⁻⁸ Gy/h,最大值 598×10⁻⁸ Gy/h,平均值 350.0×10⁻⁸ Gy/h,高出当地环境本底均值近 5 倍;氡析出率最小值 0.33 Bq/(m²·s),最大值 1.75 Bq/(m²·s),平均值 0.88 Bq/(m²·s),超过管理限值。废(矿)石的 $U_{天然}$ 含量平均值 229.0 mg/kg;^{226}Ra 含量平均值 2 793 Bq/kg。

范沟矿点需整治的废(矿)石堆 2 个,即 KD-2 废(矿)石堆、KD-3 废(矿)石堆。废(矿)石总量 13 957 t,总裸露面积 5 432 m²,绝大部分废石与矿石混合堆放,废(矿)石堆贯穿辐射剂量率最小值 29×10⁻⁸ Gy/h,最大值 256×10⁻⁸ Gy/h,平均值 99.0×10⁻⁸ Gy/h,高出当地环境本底均值近 4 倍;氡析出率最小值 0.39 Bq/(m²·s),最大值 1.82 Bq/(m²·s),平均值 0.81 Bq/(m²·s),超过管理限值。废(矿)石的 $U_{天然}$ 含量范围值为 168.0～171.0 mg/kg,平均值 169.5 mg/kg;^{226}Ra 含量范围值为 2 063.0～2 099.0 Bq/kg,平均值 2 081.0 Bq/kg。

1.2.3　浅井

柳林矿点需整治的浅井共计 15 个,即 QJ-301、QJ-302、QJ-303、QJ-304、QJ-305、QJ-306、QJ-307、QJ-501、QJ-502、QJ-503、QJ-504、QJ-505、QJ-506、QJ-507、QJ-508 浅井,井深共计 110.7 m。

蛇沟口矿点需整治的浅井共计 7 个,即 QJ-1、QJ-2、QJ-3、QJ-4、QJ-6、QJ-8、QJ-9 浅井,井深共计 51.6 m。

上陶峪矿点需整治的浅井共计 8 个,即 QJ-16、QJ-1、QJ-2、QJ-3、QJ-5、QJ-11、QJ-8、QJ-10 浅井,井深共计 59.1 m。

1.3　退役设施整治方法

1.3.1　无水流出坑口治理

无水坑口治理采用两道浆砌毛石墙封堵,两道毛石墙中间充填废(矿)石的治理方法。首先在坑口往里 12.4 m 岩性较稳固处砌筑第一道嵌入底板和两侧各 0.2 m 深、厚度 1.2 m 的毛石墙;中间充填废(矿)石,之后在坑口附近往内 2 m 处采用同样的方法砌筑第二道毛石墙;然后覆盖黄土掩埋坑口,覆土植被工程按照最小覆土厚度 500 mm 控制,并按照 35°的堆积坡度覆盖,夯实覆盖层黄土并植树种草。如图 1 所示。

其治理顺序为:施工准备→内侧浆砌毛石墙刻槽→内侧浆砌毛石墙砌筑→充填废(矿)石→外侧浆砌毛石墙刻槽→外侧浆砌毛石墙砌筑→覆盖黄土、夯实→植树种草。

1.3.2　有水流出坑口治理

有水坑口治理采用两道混凝土墙封闭,并在坑口内修建被动式滤水集水池进行疏排水的治理方法,各构筑物间预埋 PVC 管以利排水。有水坑口治理施工具体步骤如下(如图 2 所示):

第一步:在坑口往内 10 m 岩性较稳固处砌筑第一道嵌入底板和两侧各 0.2 m 深、厚度 1.0 m 的混凝土墙,在砌筑第一道墙时预埋 4-ϕ15 cm PVC 管。

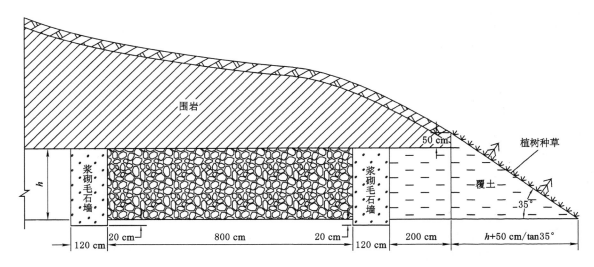

图 1　无水坑口封堵图

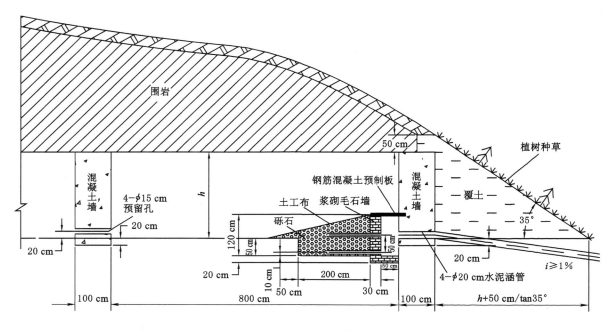

图 2　有水坑口封堵图

　　第二步:首先从坑口处开始往坑内方向量取约 1.5 m 处设置一道浆砌毛石墙(墙厚 0.3 m,墙高 1.2 m),浆砌毛石墙外侧地面铺一层厚 200 mm、宽 500 mm 的浆砌石作为过滤池用;在砌筑毛石墙时,预埋 8-φ10 cm PVC 管(上下两层,均匀布置),每条 PVC 管上要打直径为 10 mm 的小孔 50 个,然后用尼龙网布裹住 PVC 管,把其中一部分预埋到浆砌毛石墙内;在墙的另一侧及底板 2 m 长的范围内放置土工布,再在土工布上堆放砾石,按照砾石的自然安息角堆放在浆砌毛石墙的内侧,同时要保证 PVC 管的完整性。其次,在浆砌毛石墙上放置钢筋混凝土预制板。

　　第三步:砌筑第二道厚度 1.2 m 的混凝土墙,在砌筑第二道墙时预埋 4-φ20 cm 水泥涵管,钢筋混凝土预制板均匀布置。

　　第四步:坑口覆土,覆土植被工程按照最小覆土厚度 500 mm 控制,并按照 35°的堆积坡度覆盖,夯实覆盖层黄土并植树种草。通过水泥涵管将矿坑水直接疏排至就近的废(矿)石堆排水设施。

其治理顺序为:其施工准备→预埋 PVC 管,并用尼龙网保护→内侧混凝土墙浇筑→砾石堆放→浆砌石集水池→外侧混凝土墙浇筑→覆盖黄土、夯实→植树种草。

1.3.3 废(矿)石堆治理

为防止废(矿)石的流失,避免废(矿)石被暴雨洪水冲刷而进入农田及村庄,减少废(矿)石堆对人及牲畜的放射性污染及危害,在废(矿)石堆周围砌筑挡土墙及排水沟,以有利于废(矿)石堆的稳定及排水,并对部分废(矿)石堆施工方格型截水骨架护坡或 EM3 型土工网护坡,最后再对废(矿)石堆进行覆土植被工程,以抑制氡的析出和屏蔽贯穿辐射,达到有限制开放使用深度。

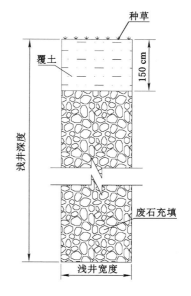

图 3 浅井封堵图

其治理施工步骤为:收集散落废(矿)石→废(矿)石堆支挡、防护及防排洪设施施工→覆盖施工→植被恢复、植被护坡施工→设立警示牌→植被养护、形成→竣工验收→长期监管。

总之,在军工铀矿地质勘探设施的退役整治施工过程中,遵循"边施工边监测、监测指导施工"的基本原则。

1.3.4 浅井治理

为阻止人畜坠落浅井和氡气外逸,浅井的治理方法是利用附近废(矿)石堆的废(矿)石把浅井回填至距地表 1.5 m 处,然后夯填黄土至地表并植树种草。如图 3 所示。

2 退役整治与环境影响评价

2.1 退役整治的目标

军工铀矿地质勘探设施的退役整治工程的目标是合理有效地降低公众的辐射剂量、保障公众安全,满足国家和行业标准的管理限值要求,使治理范围内的放射性污染环境得到有效整治,生态环境得到基本恢复。

2.2 退役整治的管理限值

2.2.1 个人剂量管理限值

根据《铀矿地质辐射环境影响评价要求》(EJ/T 977—1995)以及《铀矿地质勘查辐射防护和环境保护规定》(GB 15848—2009)的规定,退役整治的管理限值如下:

(1)退役治理过程中的公众年有效剂量管理目标值 0.5 mSv/a。

(2)退役治理工程施工过程中的职业工作人员照射剂量管理目标值为 5 mSv/a。

(3)最终状态下,个人剂量基本限值为 1 mSv/a,公众剂量基本限值为 0.25 mSv/a。

2.2.2 退役设施整治的控制标准

按照《铀矿地质勘查辐射防护和环境保护规定》(GB 15848—2009)中 8.1.1 规定:副产矿石应回填处置。其他废(矿)石应集中堆放并建挡土墙稳定存放或就地浅埋,然后覆盖黄土,植被绿化。

(1)地表^{222}Rn 析出率的管理限值

根据《铀矿地质设施退役辐射环境安全规程》(EJ 913—1994)和《铀矿地质辐射环境影响评价要求》(EJ/T 977—1995),废(矿)石堆等退役设施经退役治理与环境整治后,其表面氡析出率应≤

0.74 Bq/(m² · s)。

（2）土壤中²²⁶Ra残留量的管理限值

参照《铀矿冶辐射防护和环境保护规定》(GB 23727—2009)，土地去污整治后，对²²⁶Ra的最高比活度要求为任何平均100 m²范围内土层中平均值不高于0.18 Bq/g;对于移走废(矿)石后的土地，按0.56 Bq/g控制。

（3）地表水体中放射性核素的管理限值

根据《铀矿地质勘查辐射防护和环境保护规定》(GB 15848—2009)，退役治理后坑(井)口、废(矿)石堆等退役设施流出水或渗出水向江河排放时，保证在最不利条件下，距排放口下游最近饮用水取水点水中U天然浓度小于0.05 mg/L，水中²²⁶Ra浓度小于1.1 Bq/L。

（4）环境贯穿辐射剂量率的管理目标值

根据《铀矿地质辐射环境影响评价要求》(EJ/T 977—1995)，铀矿地质勘探退役设施γ吸收剂量率≤17.4×10⁻⁸ Gy/h(扣除本底值后)。因此，本退役治理工程，对于达到无限制开放使用深度的退役设施，其治理后的γ辐射剂量率按照接近当地本底值进行控制;对于达到有限制开放使用深度的退役设施，其治理后的γ辐射剂量率按照"本底值+17.4×10⁻⁸ Gy/h"进行控制。

2.3 退役整治工程的实施效果

2018年8月湖南核工业中心实验室对治理后的废(矿)石堆、坑口、浅井等退役治理设施进行核退役项目竣工环境保护验收监测工作，经检测，各项辐射指标得到有效的控制或消减，达到治理结果要求。具体监测数据见表1～表5。

表1　　　　　　　　废(矿)石堆治理前后辐射剂量率、氡析出率对比

序号	矿点名称	数量/个	面积/m²	贯穿辐射剂量率/(×10⁻⁸ Gy/h)					²²²Rn析出率/[Bq/(m² · s)]				
				点数	治理前		治理后		管理限值	点数	治理前		治理后		管理限值
					范围	均值	范围	均值			范围	均值	范围	均值	
1	柳林矿点	2	2 049	41	21～295	100	20.2～33.3	23.4	42.4	10	0.21～1.62	0.85	0.065～0.18	0.14	0.74
2	蛇沟口矿点	2	6 625	132	27～351	102	20.0～32.9	23.0	52.4	33	0.28～1.41	0.84	0.039～0.22	0.10	0.74
3	上陶峪矿点	1	2 623	52	21～598	350	20.1～39.1	28.2	52.4	13	0.33～1.75	0.88	0.047～0.30	0.16	0.74
4	范沟矿点	2	5 432	108	29～256	99	18.2～27.9	21.5	42.4	27	0.39～1.82	0.80	0.025～0.22	0.12	0.74
总计		7	16 729	333						83					

表2　　　　　废(矿)石堆(清挖治理)治理前后土壤中U天然、²²⁶Ra含量对比

序号	废(矿)石堆名称	面积/m²	点数	U天然/(mg/kg)				²²⁶Ra/(Bq/kg)			
				治理前	治理后		管理限值	治理前	治理后		管理限值
					范围	均值			范围	均值	
1	范沟矿点 KD-2	2 416	6	169.5	18.5～27.1	23.3	—	2 081	235.0～306.5	275.7	560

表3　　　　　　　有水坑口治理前后流出水中U天然、²²⁶Ra含量对比

序号	坑口编号	坑道深度/m	U天然/(mg/L)			²²⁶Ra/(Bq/L)		
			治理前	治理后	管理限值	治理前	治理后	管理限值
1	柳林矿点 KD-5	165	0.03	0.012	0.05	0.368	0.13	1.1

表 4　　　　　　　　　　浅井治理前后辐射监测结果统计表

序号	矿点名称	个数	点数	贯穿辐射剂量率/（×10⁻⁸ Gy/h）				管理限值
				治理前		治理后		
				范围	均值	范围	均值	
1	柳林矿点	15	15	—	—	23.3～28.3	25.8	42.4
2	上陶峪矿点	8	8	—	—	25.3～29.4	27.6	52.4
3	蛇沟口矿点	7	7	—	—	25.5～28.5	27.1	52.4
总计			30	30				

表 5　　　　　　　　　　废（矿）石堆退役治理前后照片

矿点名称	治理前	治理后
柳林矿点 KD-3 废（矿）石堆		
柳林矿点 KD-5 废（矿）石堆		
蛇沟口矿点 KD-1、KD-2 废（矿）石堆		
蛇沟口矿点 KD-3 废（矿）石堆		
上陶峪矿点 KD-1、KD-3 废（矿）石堆		

续表 5

矿点名称	治理前	治理后
上陶峪矿点 KD-1、KD-3 废(矿)石堆		
范沟矿点 KD-2 废(矿)石堆		
范沟矿点 KD-3 废(矿)石堆		

3 结论

根据《铀矿地质辐射环境影响评价要求》(EJ/T 977—1995)的规定,铀矿地质勘探设施退役场所外照射空气吸收剂量率不超过 $17.4×10^{-8}$ Gy/h(扣除本底值后)。蛇沟口矿点、上陶峪矿点所在的洛阳工作区 γ 辐射剂量率背景值范围为$(25.0～35.0)×10^{-8}$ Gy/h;范沟矿点所在的南阳工作区、柳林矿点所在的信阳工作区 γ 辐射剂量率背景值范围为 $25.0×10^{-8}$ Gy/h。在整治区域环境监测中,蛇沟口矿点、上陶峪矿点 γ 辐射剂量率均小于 $52.4×10^{-8}$ Gy/h,柳林矿点、范沟矿点 γ 辐射剂量率均小于 $42.4×10^{-8}$ Gy/h,氡析出率均小于 0.74 Bq/(m² · s),全部监测数据合格。

该退役工程经整治后,各单项指标均能满足管理限值的要求,各矿点人均个人剂量在管理限值(0.25 mSv/a)以下,退役设施处于安全稳定的状态,其辐射危害达到可接受的水平。各子项工程经退役整治后,氡析出率比治理前大幅度降低,均满足≤0.74 Bq/(m² · s)的管理限值要求,废(矿)石堆原地覆盖治理后贯穿辐射剂量率达到扣除本底值后不超过 $17.4×10^{-8}$ Gy/h 的有限制开放使用要求;迁移治理的废(矿)石堆就近运至相邻废(矿)石堆处置后,氡析出率均满足≤0.74 Bq/(m² · s)的管理限值要求,贯穿辐射剂量率降低到原本底值水平,达到无限制开放使用程度。因此,鄂豫地区军工铀矿地质勘探设施"十二五"退役整治二期工程(河南片区)退役整治后达到治理目标,生态环境得到恢复。

参 考 文 献

[1] 荣峰,倪玉辉,詹乐音,等.鄂豫地区军工铀矿地质勘探设施退役整治工程可行性研究报告[R].中核第四研究设计工程有限公司,2016.

[2] 钟志贤,潘庚华,岳启建,等.鄂豫地区铀矿地质勘探设施"十二五"退役整治二期工程(河南片区)环境影响报告表[R].核工业二三○研究所,2016.

[3] 何文星,王抚抚,罗义,等.鄂豫地区铀矿地质勘探设施"十二五"退役整治二期工程竣工环境保护验收监测报告表(河南片区)[R].湖南省核工业中心实验室,2018.

鹤壁市浚县象山矿山公园建设可行性研究

张　楠

摘　要：象山位于浚县东北,在20世纪80年代经过大规模石灰岩矿开采,对原有地形地貌和生态环境构成严重破坏,且局部地段旧采坑边坡有发生崩塌的危险。为响应国家生态环境治理的号召,对象山旧采坑进行相关治理,打造矿山公园观光旅游,探讨矿山地质环境恢复治理的新思路。

关键词：象山;矿山地质环境治理;矿山公园

我国许多矿山或矿业城市面临严重的环境破坏和资源枯竭问题,解决问题的根本出路是贯彻科学发展观,走绿色矿业道路。矿山公园是这一思想的最佳体现,其突出特点是变被动的恢复型环境治理为主动的发展型环境保护与开发,对矿山或矿业城市的环境建设以及经济结构调整具有多重意义。

鹤壁市浚县象山灰岩矿开采活动久远,大规模开采开始于20世纪80年代,顶峰时期象山区域共有开采矿山200余家,从业人员上万名。采石业在为当地经济发展作出巨大贡献的同时,对当地环境造成了严重破坏。因灰岩矿露天开采造成土地资源破坏、山体破碎崩塌危险加剧、地形地貌景观破坏等,给当地的生产和生活构成了威胁,对当地的环境面貌和旅游业的发展造成消极的影响,急需进行治理。

1　象山现状

象山灰岩矿旧址位于鹤壁市浚县县城东北屯子镇,东边靠近S219省道,长期以来一直是灰岩矿开采区,多为民间私人采场,开采过程中没有相关的规划,偷挖滥采现象严重。为推进生态环境保护,改善当地生活和生产环境,推动可持续发展,自2012年以来,浚县政府陆续关停了象山周边所有采石场。经过多年开采,目前象山主体部分已经开挖出一个中间凹坑、四周陡崖的不规则区域,北宽南窄,北面有一近椭圆形采坑相对较深,平时多有积水,南面主采坑坑底平坦、边缘陡坡,有二级开采平台遗留,总面积0.97 km²,开采形成的裸露破碎的岩壁与周边环境形成极大反差,破坏了当地的生态环境(见图1)。

2　矿山治理的目的的意义

从2012年起,按照浚县政府统一安排,开始集中治理象山环境问题,关停所有采石场,但象山周边已闭坑的灰岩矿并未治理。根据现场踏勘以及搜集的资料,矿区由于长期的无序露天开采,象山原有的山峰已经消失,并在原位置形成巨大的多台阶采坑,局部采坑边缘处陡坡岩体破碎,极易

张楠:男,1986年生。环境工程专业学士,工程师,从事地质环境相关工作。河南省有色金属地质矿产局第四地质大队。

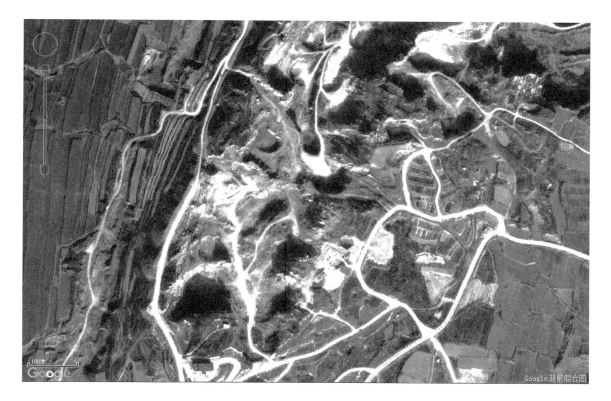

图 1　象山现状

形成崩塌；灰岩矿开采后遗留的矿坑和裸露的陡立采面以及旧采场中随处堆放的破碎岩石,与周边景观形成极大反差,也与外围的景区极不相称,对当地生态环境和居民的生活以及浚县当地的旅游业造成不利影响。根据财政部、国土资源部、环境保护部《关于推进山水林田湖生态保护修复工作的通知》(财建〔2016〕725 号),国土资源部、工业及信息化部、财政部、环境保护部、国家能源局《关于加强矿山地质环境恢复和综合治理的指导意见》(国土资发〔2016〕63 号),以及财政部、国土资源部《探矿权采矿权使用费和价款使用管理办法(试行)》(财建〔2003〕530 号)的相关精神,对象山废弃矿山进行恢复治理,在采坑各处因地制宜地进行相关建设,筹建象山矿山公园,对当地的经济发展和人民群众的生活水平提高有极大的推动作用,对类似矿山的环境治理也有着积极的借鉴意义。

3　矿山公园设计

3.1　设计原则

(1)以人为本,防灾、灭灾的原则

因多年矿山开发造成的矿山环境问题是多方面的,无论是缓变性的灾害,还是突发性的灾害,都对矿区居民和矿山职工的生命财产安全构成威胁,矿山环境治理首先要从保证矿区人民生命财产安全为第一原则,达到防灾、灭灾的目的。

(2)因地制宜,因害治理、力争实效的原则

矿山公园的建设要尽量保留原有矿山遗迹的特色,从经济学的角度出发,避免对原有地貌进行过大的改变。象山的治理应分地段进行,对崩塌的处理采用危岩体清理、局部削坡放缓坡度的方式,消除岩体崩塌的可能;对地形地貌景观的破坏要根据各个地段的具体情况采用不同的措施,局

部挖填整平覆土,引入水源;对矿坑进行治理复绿,打造以娱乐休闲为主题的生态景区。在对矿山进行治理、生态环境进行恢复的同时,也创造了新的经济增长点,达到治理与改造并举、恢复与发展并行的可持续发展。

3.2 分区设计

针对象山区域废弃矿山目前的情况,初步设计依据不同特点分为三个区域进行恢复性治理,分别是娱乐休闲区、种植区、垂钓区三个区域。

3.2.1 娱乐休闲区设计

矿坑西北部边坡因开采活动形成一陡立岩面,岩体较为完整,没有像其他地段那样因为开采与岩体裂隙发育形成较多的破碎体,现状较为稳定。该区域长 207 m,高 40 m,设计治理后作为攀岩游戏休闲区,最大限度地利用该岩面,同时减少额外的治理工程量。

设计首先对该岩面上部浮石进行清除,并在岩面顶部进行硬化处理,边缘设立护栏,为公园开放后游人使用做准备。其次对岩面进行预应力锚索固定,采用 1 000 kN 级锚索,设置密度 4 m×4 m,锚杆内部嵌入岩体,锚孔以混凝土浇筑填充,锚杆底部露出岩面以混凝土垫墩固定;锚杆之间以钢筋网格相连,采用 20 mm 钢筋以"井"字形网格连接锚杆底部,布满岩面;最后在钢筋网外架设模板,以 C30 混凝土对岩面进行灌注。

治理完成后该岩面可为攀岩游戏使用,既对原有矿坑进行了治理,改善了原有的环境,又开发出新的旅游休闲景点,创造了新的经济创收点。

3.2.2 种植区设计

矿坑中部区域均为底部平坦、边坡较为破碎陡峭的原主采坑部分,采坑底部区域面积 14 000 m²,因岩层倾向平缓,底部近乎水平,设计治理后作为种植区。

首先对采坑边坡进行治理。主采坑边坡因为开采活动导致岩体破碎,部分地段较为陡峭,易发生崩塌、滑落等灾害,对坡上、坑底的人员构成威胁,需要对危岩进行清理。设计对主采坑东西两侧原开采面进行危岩清理,清除危岩的同时达到放缓坡度的目的,设计清理后使边坡角度小于 45°。预计需要清理区域 7 000 m²,清理危岩量 12 000 m³。

其次为避免有零星的落石滚落造成危害,在东西两侧边坡底部距离 3 m 处设立浆砌石挡墙,挡墙设计高 2 m、厚 1 m,预计浆砌石方量 5 000 m³,挡墙顶部以砂浆抹面,面对采坑面以砂浆批条。为美化边坡,在挡墙与边坡间区域覆土 30 cm,于覆土上种植爬山虎,共计需要种植爬山虎 8 700 株。

采坑中间区域先以黏土覆盖进行防渗,再以耕植土覆盖于黏土上层,平整后该区域可作为种植区使用。种植区内部设立东西向和南北向各两条道路,宽 4 m,路基压实后以 C20 混凝土浇筑路面,以"井"字形道路将种植区分隔成 9 个方块。

治理完成后,该区域边坡以爬山虎覆盖,对原有的裸露采面形成美化;中央种植区可发展生态农业或者有偿种植园,美化环境的同时创造收益,为当地的经济发展制造新的增长点。

3.2.3 垂钓区设计

采坑东北部因为开采活动形成一处低于中心采坑的区域,因为底部基岩的隔水作用,一年中有大半时间因雨水汇集而形成水坑。对该区域的治理如果和中央采坑一样改造为种植区,则排水问题较难解决,因此根据该处特点设计治理为垂钓区,既充分利用该处现有特点,减少治理成本,又为中央种植区解决了排水和引水的问题。

首先对该采坑周边的边坡进行治理,对因开采活动造成的破碎岩体进行清理,对边坡进行放缓坡度处理,预计需要清理石方量 3 000 m³。对部分易发生崩落的地段采用坡面主动网防护,彻底解决落石对下方人员、建筑等的威胁。

为了建设水生生态区,需要进一步加强该区域的防渗蓄水功能,对该采坑底部采取防渗处理。先于坑底部以防渗黏土进行覆盖,再以土工防渗膜覆盖于黏土层上,预计需要土工防渗膜作业 3 500 m²。

防渗作业完成后于水池中央修建凉亭,以小桥与水池边相连。水池蓄水后需要在水池边修建护栏与若干休息凉亭。

治理完成后该水域将成为整个矿山公园的点睛之笔,不仅可作为单独的垂钓休闲区,还可作为其他区域游玩后的休息区,对改善整个矿山公园的环境起到重要作用。

3.3　矿山公园建设的可行性

浚县政府和矿山企业治理矿山地质环境的积极性很高,浚县政府极为重视矿区的矿山地质环境治理,《浚县矿山环境保护规划》及《浚县地质灾害防治规划》均把本地区的矿山地质环境治理作为重点项目,并多次邀请、指派专家到现场考察,同时不断给予资助。

该治理项目方案充分利用原有矿山自身的特点,因地制宜,治理效果直观。项目施工所采用的主要机械是自卸载重汽车、推土机、装载机,这些机械是矿山企业设备的优势,当地设备充足,技术科学可行,整个工程施工操作简单。

4　资金来源

象山矿山公园建设周期长,资金投入大,仅近期规划投资就涉及基础设施、园林绿化、旅游服务设施、环境治理等多个方面,投资金额较大。矿山公园需依靠国家优惠政策,同时加大招商引资力度,吸引社会资本进入,多方位筹措资金。

5　矿山公园建设前景

鹤壁市浚县历史悠久,旅游资源丰富,象山附近的大伾山景区是河南省文明景区,国家 4A 景点,游客量较大。矿山公园建成后应主打自身特色,突出矿山遗迹的特点,充分发挥休闲、娱乐等多种功能,同时与大伾山景区联合营销,扩大客流量,增长知名度,逐步打造自己的品牌特色。根据国内外矿山公园建设的案例分析,象山矿山公园发展前景良好。

6　预期效益

（1）防灾、减灾效益

该治理项目的实施,消除了象山周边矿山发生地质灾害的潜在威胁,对周边人民群众的生命财产安全起到了保护作用,防灾、减灾效益显著。

（2）社会效益

象山矿山公园的建设,修复了废弃矿山对当地环境的破坏,改善了当地的生态环境,为人民群众提供了一个新的休闲娱乐场所,提高了人民群众的生活水平。同时,矿山公园的建设为当地增加了地方特色,树立了自身的品牌,为浚县提供了良好的投资环境,有力地促进了当地社会经济的发展,为发展旅游城市提供了基础条件。

（3）借鉴意义

我国许多矿山或矿业城市面临严重的环境破坏和资源枯竭问题,解决问题的根本出路是贯彻科学发展观,走绿色矿业道路。矿山公园是这一思想的最佳体现,其突出特点是变被动的恢复型环境治理为主动的发展型环境保护与开发,对矿山或矿业城市的资源环境建设以及经济结构调整具有多重意义。国内外矿山公园建设刚刚起步,应在政策、技术等方面给予支持,促进矿山公园的发展。象山矿山公园的建设将为相似矿山的恢复治理提供一个新的思路,具有一定的借鉴参考意义。

矿山治理与环境改造并举,进行生态环境修复的同时通过特色旅游增加新的经济增长点,是矿业经济可持续发展的新思路。综上所述,本项地质环境治理工程是一项利国利民、造福子孙后代的工程,社会效益和经济效益显著。

参 考 文 献

[1] 刘敏琦.加强矿山公园建设的几点建议[J].资源导刊(河南),2009(4):17-18.

基于 VB.NET 编程实现地球化学参数表的 Word 输出

余广学，付志晖

摘　要：在地球化学勘查资料整理中，采用 VB.NET 语言编写应用程序，计算不同地质（功能）单元的地球化学参数：样本数（N）、平均值（$\overline{X}$）、标准离差（So）、变异系数（Cv）、元素浓集比率（K）、浓度克拉克值（Kk），按地球化学勘查报告中"地球化学参数表"格式组织数据，直接输出 Word 文本。

关键词：地球化学勘查；地球化学参数；VB.NET；Word 格式输出

地球化学勘查是对自然界各种物质中的化学元素及其他地球化学特征的变化规律进行系统调查研究的全过程，习称化探。在对化探数据分析整理过程中，为研究地球化学指标分布分配和变化规律，需要准确、快速地计算不同地质（功能）单元、地球化学指标的不同地球化学参数。一个项目往往涉及十多个地质单元、几十个元素，需要以清晰明了的格式展现地球化学参数；在编写地球化学测量报告时，简单而烦锁的表格制作费时、费力并容易出现错漏。为解决以上化探数据分析整理中的问题，本文依据《区域地球化学勘查规范 比例尺 1∶200 000》（DZ/T 0167—1995）、《地球化学勘查术语》（GB/T 14496—1993），采用 VB.NET 语言编写应用程序，该程序能够在安装有 .NET Framework 的计算机上顺利运行，经过简单的操作，就可屏幕展示和以 Word 文本输出，省时、省力、准确、高效。

1　数据库建立及基础数据录入

图 1 为应用程序运行后，生成的 Word 文本格式的"主要地质单元地球化学参数表"。表中包

地质单元名称	样品数	Sc					Co					Cu				
		$\overline{X}$	S_0	Cv	K	Kk	$\overline{X}$	S_0	Cv	K	Kk	$\overline{X}$	S_0	Cv	K	Kk
第四系	103	13.654	3.541	0.26	1.03	0.8	16.371	4.201	0.26	1.29	0.86	28.77	11.827	0.41	1.23	1.11
南湾组	118	14.661	4.285	0.29	1.1	0.86	15.78	6.27	0.4	1.24	0.83	25.388	9.31	0.37	1.08	0.98
二郎坪群	23	17.514	5.548	0.32	1.32	1.03	19.8	5.372	0.27	1.56	1.04	36.58	12.382	0.34	1.56	1.41
肖家庙组	31	15.75	4.864	0.31	1.18	0.93	18.273	5.122	0.28	1.44	0.96	23.89	5.806	0.24	1.02	0.92
龟山岩组	43	14.947	3.79	0.25	1.1	0.88	16.687	4.527	0.27	1.31	0.88	35.671	22.271	0.62	1.52	1.37
浒湾岩组	33	14.68	2.636	0.18	1.1	0.86	15.32	4.35	0.28	1.21	0.81	24.089	6.775	0.28	1.03	0.93
新县超单元	51	9.142	3.695	0.4	0.69	0.54	7.358	2.202	0.3	0.58	0.39	15.122	5.654	0.37	0.64	0.58
灵山岩体	114	8.324	2.748	0.33	0.63	0.49	9.51	4.96	0.52	0.75	0.5	17.391	8.775	0.5	0.74	0.67
白垩纪二长花岗岩	39	8.333	4.313	0.52	0.63	0.49	10.917	4.316	0.4	0.86	0.57	24.57	9.973	0.41	1.05	0.95
古生代花岗岩	31	13.533	4.856	0.36	1.02	0.8	6.51	1.705	0.26	0.52	0.34	14.565	3.406	0.23	0.62	0.56
黄毛岩体	85	14.781	5.433	0.37	1.11	0.87	10.131	5.2	0.51	0.8	0.53	18.483	6.053	0.33	0.79	0.71
周河-田铺岩体	62	19.557	5.474	0.28	1.47	1.15	9.032	2.892	0.32	0.71	0.48	23.948	11.989	0.5	1.02	0.92
全区	841	13.291	5.3	0.4	1	0.78	12.7	5.95	0.47	1	0.67	23.471	12.04	0.51	1	0.9
地壳丰度值		17					19					26				

图 1　主要地质单元地球化学参数表 Word 输出

余广学：男，1964 年生。高级工程师，主要从事矿产地质勘查工作。河南省岩石矿物测试中心。

付志晖：河南省岩石矿物测试中心。

括地质单元名称、地质单元样品数、元素名称及元素的平均值($\overline{X}$)、标准离差(So)、变异系数(Cv)、元素浓集比率(K)、浓度克拉克值(Kk)及元素地壳丰度值等 9 项内容,这些内容是程序内部计算的,为此,需要建立数据库并录入基础数据。数据库为 Access 格式,所需基础数据存放在 3 个表中:

(1) 地质单元代码表:包括地质单元名称、地质单元代码两个字段;

(2) 成图数据表:主要存放各样点上元素分析结果,最后一个字段为样点的地质单元代码;

(3) 元素丰度值表:主要包括元素各种丰度值。

数据库建立及基础数据录入可以用 Office,也可用作者编制的程序。

2 地球化学参数表内容组织与计算

(1) 定制数据类型

定义用于保存多个数值(类型相同或不同)的数据(结构)[1],数据为两层复合定制数据结构,先定义"地质单元名称"结构数组,然后进一步定义"元素"结构数组。

```
Public Structure YSTZZ_Struct
    Dim DZDY_nam As String
    ′DZDY_nam—地质单元名称
    Dim YSTZ() As YSTZ_Struct
    ′YSTZ—各地质单元元素特征值
End Structure
′定义地质单元中元素特征值
Public Structure YSTZ_Struct
    Dim YS_nam As String
    ′YS_nam—元素名称
    Dim Sam_num As Integer
    ′Sam_num—单元中样品数量
    Dim X_As Double
    ′X_As—单元中元素含量均值
    Dim S As Double
    ′S—方差
    Dim K As Double
    ′K—浓集比率
    Dim Kk As Double
    ′Kk—浓度克拉克值
    Dim Cv As Double
    ′Cv—变异系数
End Structure
```

(2) 地球化学参数计算方法

打开数据库,读出"成图数据表""地质单元代码表""元素丰度值表"中数据,根据地质单元数量决定"地质单元名称"结构数组的大小,依次把"地质单元代码表"中的"地质单元名称"按从小到大的顺序赋给 DZDY_na m 变量;根据"成图数据表"中元素的数量决定"元素"结构数组的大小,依次读取元素名称赋给 YS_na m 变量。地球化学参数按规定计算公式计算,全区用整个数据库数据计算地球化学参数值,各地质单元根据"成图数据表"中"地质单元代码"字段标识分别计算相应地球化学参数值。

3 地球化学参数表 Word 文本输出

(1) 添加组件

为了使 VB. net 能直接输出 Word 文档,在源程序的引用项需要添加组件。

Microsoft. Office. Interop. Word

(2) 建立 word 文档

```
Private Sub Button1_Click(ByVal sender As System. Object, _
    ByVal e As System. EventArgs) Handles Button1. Click
    Dim WordApp As New Word. Application
    Dim WordDoc As Word. Document
    WordDoc = WordApp. Documents. Add()
    WordDoc. Activate()
    WordApp. Visible = True
    WordDoc. Save As(FileName:=Trim(BG_Name & "报告. docx"))
    ' BG_Name & "报告. docx"—Word 文档名称
End Sub
```

(3) 设置文本样式

```
Public Sub Set_Word_Format(ByVal WordDoc As Word. Document)
    With WordDoc. Styles("标题 2" ). Font
        ' "标题 2"—标题级别(如"标题 1"、"标题 3"、"正文"等)
        . NameFarEast = "黑体"
        '字体名称,其他如楷体、宋体等
        . Size =Font_Size
        '字号
        . Bold = True
        '粗体
        . Italic = False
        '非斜体
        . StrikeThrough = False
        '无删除线
        . DoubleStrikeThrough = False
        '无双删除线
        . Superscript = False
        '是否上标
        . Subscript = False
        '是否下标
    End With
End Sub
```

(4) 创建文档结构

即创建 Word 文档的标题,以便报告内容在指定位置输出。

```
Public Sub CreateWD(ByVal WordDoc As Word. Document)
    …
    WordApp. Selection. InsertBreak()
    Set_Format(WordApp. Selection,"标题 1")
    WordApp. Selection. TypeText(Text:="第四章　地球化学特征")
    WordApp. Selection. TypeParagraph()
    Set_Format(WordApp. Selection,"标题 2")
    WordApp. Selection. TypeText(Text:="第一节　测区地球化学总体特征")
    WordApp. Selection. TypeParagraph()
    WordApp. Selection. TypeParagraph()
    Set_Format(WordApp. Selection,"标题 2")
    WordApp. Selection. TypeText(Text:="第二节　测区各地质单元地球"_&"化学特征(")
    WordApp. Selection. TypeParagraph()
    WordApp. Selection. TypeParagraph()
    Set_Format(WordApp. Selection,"标题 3")
    WordApp. Selection. TypeText(Text:="一、地层单元地球化学特征")
    …
End Sub
```

注:…为省略号,表示前后还有其他内容,因太多,在此省略。

(5)组织地球化学参数表的二维数组

按照"图 1　主要地质单元地球化学参数表 Word 输出"的格式组织二维数组。

(6)地质单元地球化学参数表 Word 输出

由一子程序完成。程序先进行页面设置,然后创建表格,最后填写表格内容,并在 Word 中输出。

```
Public Sub Create_DZDYCS_Tab(ByVal WordDoc As Word. Document,ByVal _
Sel As Word. Selection,ByVal YS(,) As String,ByVal DZDY_dat(,) As String,_
ByVal B_Name As String)
    '子程序变量:
    'YS(,)—二维字符串数组,存放需要输出的元素名称及其丰度值
    'DZDY_dat(,)—二维字符串数组,存放需要输出的各地质单元名称、样品数量及地球化学参数
    'B_Name—字符中变量,为表头名称
    Dim Rows_Num, Cols_Num, i, j, m As Integer
    Rows_Num = UBound(DZDY_dat, 1) + 3
    m =YS. Length - 1
    Cols_Num = UBound(DZDY_dat, 2) + 1
    '页面设计
    WithSel. PageSetup
    . Orientation = Word. WdOrientation. WdOrientLandscape
    '页面方向为纵向
    . OddAndEvenPagesHeaderFooter = False
    '不勾选"奇偶页不同"
```

```
    . DifferentFirstPageHeaderFooter = False '不勾选"首页不同"
    . VerticalAlignment = Word. WdVerticalAlignment. WdAlignVerticalCenter
    '页面垂直对齐方式为 WdAlignVerticalTop"顶端对齐"WdAlignVerticalCenter"居中"
    WdAlignVerticalJustify"两边对齐"WdAlignVerticalBottomw"底端对齐"
    . SuppressEndnotes = False
    '不隐藏尾注
    . MirrorMargins = False
    '不设置首页的内外边距
    . BookFoldRevPrinting = False
    '不设置手动双面打印
    . BookFoldPrintingSheets = 1
    '默认打印份数为 1
End With
    Set_Format(WordApp. Selection，"表图名")
    Sel. Font. Size = BM_size
    WordApp. Selection. TypeText(Text：=B_Name)
    Sel. Font. Bold = False '取消粗体
    Sel. ParagraphFormat. LineSpacing = WordApp. LinesToPoints(1. 0)
    Dim SY_Tab As Word. Table = WordDoc. Tables. Add _
    (Range：=Sel. Range，NumRows：=Rows_Num，NumColumns：=17)
    '创建表格
With SY_Tab
    . Rows. Alignment = Word. WdRowAlignment. WdAlignRowCenter
    . Rows. Height = 6
    . Style = "网格型"
    . Columns(1). SetWidth(80，Word. WdRulerStyle. WdAdjustProportional)
    . ApplyStyleHeadingRows = True
    . ApplyStyleLastRow = True
    . ApplyStyleFirstColumn = True
    . ApplyStyleLastColumn = True
End With
    Dim tempRange As Word. Range
    tempRange = WordDoc. Range(SY_Tab. Range. End，SY_Tab. Range. End)
    '合并表头
    Dim MRange As Word. Range
    Dim myTable As Word. Table = SY_Tab
    '合并第一行
    MRange = WordDoc. Range(myTable. Cell(1，3). Range. Start，myTable. Cell _
    (1，7). Range. End)
    MRange. Select()
    WordApp. Selection. Cells. Merge()
    MRange. Cells. VerticalAlignment=_
```

```
Word. WdCellVerticalAlignment. WdCellAlignVerticalCenter
MRange = WordDoc. Range(myTable. Cell(1, 4). Range. Start, myTable. Cell _
(1, 8). Range. End)
MRange. Select()
WordApp. Selection. Cells. Merge()
MRange. Cells. VerticalAlignment = _
Word. WdCellVerticalAlignment. WdCellAlignVerticalCenter
MRange = WordDoc. Range(myTable. Cell(1, 5). Range. Start, myTable. Cell _
(1, 9). Range. End)
MRange. Select()
WordApp. Selection. Cells. Merge()
MRange. Cells. VerticalAlignment = _
Word. WdCellVerticalAlignment. WdCellAlignVerticalCenter
SY_Tab. Cell(Row:=1, Column:=1). Range. Font. Size = 10
SY_Tab. Cell(Row:=1, Column:=1). Range. InsertAfter(Text:="地质单元名称")
SY_Tab. Cell(Row:=1, Column:=2). Range. Font. Size = 10
SY_Tab. Cell(Row:=1, Column:=2). Range. InsertAfter(Text:="样品数")
For i = 0 To UBound(YS, 1)
    With SY_Tab. Cell(Row:=1, Colu mn:=i + 3). Range
        . Cells. VerticalAlignment = _
        Word. WdCellVerticalAlignment. WdCellAlignVerticalCenter
        . Font. Name = BG_Font_nam
        . Font. Size = 10
        . Delete()
        . InsertAfter(Text:=Trim(YS(i, 0)))
    End With
Next
'合并最后一行,填写元素丰度值
MRange = WordDoc. Range(myTable. Cell(Rows_Num, 3). Range. Start _
, myTable. Cell(Rows_Num, 7). Range. End)
MRange. Select()
WordApp. Selection. Cells. Merge()
MRange. Cells. VerticalAlignment =  _
Word. WdCellVerticalAlignment. WdCellAlignVerticalCenter
MRange = WordDoc. Range(myTable. Cell(Rows_Num, 4). Range. Start _
, myTable. Cell(Rows_Num, 8). Range. End)
MRange. Select()
WordApp. Selection. Cells. Merge()
MRange. Cells. VerticalAlignment = _
Word. WdCellVerticalAlignment. WdCellAlignVerticalCenter
MRange = WordDoc. Range(myTable. Cell(Rows_Num, 5). Range. Start _
, myTable. Cell(Rows_Num, 9). Range. End)
```

```
MRange. Select()
WordApp. Selection. Cells. Merge()
MRange. Cells. VerticalAlignment = _
Word. WdCellVerticalAlignment. WdCellAlignVerticalCenter
'填充丰度值
SY_Tab. Cell(Rows_Num, 1). Range. Font. Size = 10
SY_Tab. Cell(Rows_Num, 1). Range. Font. Name = BG_Font_nam
SY_Tab. Cell(Rows_Num, 1). Range. InsertAfter(Text: = "地壳丰度值")
For i = 0 To UBound(YS, 1)
    With SY_Tab. Cell(Row: = Rows_Num, Column: = i + 3). Range
        . Cells. VerticalAlignment = _
        Word. WdCellVerticalAlignment. WdCellAlignVerticalCenter
        . Font. Name = BG_Font_nam
        . Font. Size = 10
        . Delete()
        . InsertAfter(Text: = Trim(YS(i, 1)))
    End With
Next
'填充元素特征值
For i = 0 To Rows_Num - 3
    For j = 0 To Cols_Num - 1
        With SY_Tab. Cell(Row: = i + 2, Column: = j + 1). Range
            . Cells. VerticalAlignment = _
            Word. WdCellVerticalAlignment. WdCellAlignVerticalCenter
            . Font. Name = BG_Font_nam
            . Font. Size = 10
            . Delete()
            MRange = WordDoc. Range(SY_Tab. Cell(i + 2, j + 1). Range. Start _
            , SY_Tab. Cell(i + 2, j + 1). Range. End)
            MRange. Select()
            WordApp. Selection. EndKey()
            DZDY_dat(i, j) = Trim(DZDY_dat(i, j))
            MRange = WordDoc. Range(SY_Tab. Cell(i + 2, j + 1). Range. Start _
            , SY_Tab. Cell(i + 2, j + 1). Range. End)
            MRange. Select()
            WordApp. Selection. EndKey()
            Sup_Sub_Prn(DZDY_dat(i, j))
        End With
    Next
Next
MRange = WordDoc. Range(myTable. Cell(1, 1). Range. Start, myTable. Cell _
(2, 1). Range. End)
```

```
        MRange. Select()
        WordApp. Selection. Cells. Merge()
        MRange. Cells. VerticalAlignment = _
        Word. WdCellVerticalAlignment. WdCellAlignVerticalCenter
        MRange = WordDoc. Range(myTable. Cell(1，2). Range. Start，myTable. Cell _
        (2，2). Range. End)
        MRange. Select()
        WordApp. Selection. Cells. Merge()
        MRange. Cells. VerticalAlignment = _
        Word. WdCellVerticalAlignment. WdCellAlignVerticalCenter
        SY_Tab. AutoFitBehavior(Word. WdAutoFitBehavior. WdAutoFitContent)
        '按表格内容调整表格
        SY_Tab. AutoFitBehavior(Word. WdAutoFitBehavior. WdAutoFitWindow)
        '按窗体大小调整表格内容
    End Sub
```

依次组织一张表格内容（3 个元素的地球化学参数）数据，调用 Create_DZDYCS_Tab 子程序，生成 Word 表格。

4　结论

本文介绍了采用 VB. NET 编程语言实现地球化学参数表 Word 输出时，数据库及表的创建、表格数据的组织及结构、输出文档的生成子程序、地球化学参数表 Word 输出子程序；解决了在编写地球化学测量报告时，简单、烦锁、费时、费力并容易出现错漏的表格制作问题。该程序能够在安装有. NET Framework 的计算机上顺利运行，经过简单的操作，就可屏幕展示和以 Word 文本输出，省时、省力、准确、高效。

参 考 文 献

[1] EVANGELOS PETROUTSOS. Visual Basic 2005 从入门到精通［M］. 王军，等，译. 北京：电子工业出版社，2007.

基于 Visual Basic 2005 绘制化探综合剖面图

余广学，付志晖

摘　要：利用 MapGIS 组件技术，通过可视化语言 Visual Basic 2005 编程实现多元素化探综合剖面图的绘制。程序直接读取存放在 Excel 文件中的化探数据表；根据采样点高程值，按化探剖面图比例尺自动优选地质剖面图部分的坐标轴参数，并绘制地形地质剖面图；根据采样点元素最高含量值自动优选元素剖面图的坐标轴参数，并绘制元素折线图；程序同时完成图名、比例尺、线型比例尺绘制，并按照《地球化学勘查图图式、图例及用色标准》（DZ/T 0075—1993）中剖面图的图式对图面进行初步整饰。该程序实用性强、操作简单、速度快、效率高、效果好。

关键词：MapGIS 组件技术；自动优化；化探综合剖面图；初步整饰

　　化探剖面测量是异常查证工作中最常用的技术手段之一。化探综合剖面图是反映化探剖面测量的成果图件。目前，化探剖面图主要通过 Grapher、Surfer、AutoCAD、MapGIS、RGMAPGIS 等绘制，但这些方法均有无法回避的缺陷：Surfer 不能充填颜色，生成的图件属非正式成果图件，难以普及；用 AutoCAD 工作量较大，工作效率低；数字地质调查软件（RGMAPGIS）已成为物探、化探工作常用的绘图软件之一，该软件体系基于 MapGIS、VC＋6.0 开发平台，是面向广大地质工作者和国内数字地质矿产调查需求与数字矿山的解决方案而开发的，但其设置相对麻烦，元素剖面图、地质剖面图、图饰等要分别绘制。

　　MapGIS 组件是武汉中地信息有限公司基于 MapGIS 软件平台编写而成的，是把 MapGIS 软件的绝大部分功能有机整合，形成组件，便于其他软件开发环境二次开发。

　　本文利用 MapGIS 组件技术，通过可视化语言 Visual Basic 2005 编程实现多元素化探剖面图的绘制。程序直接读取存放在 Excel 文件中的化探数据表；根据采样点高程值，按化探剖面比例尺自动优选地质剖面图部分坐标轴参数，并绘制地形地质剖面图；根据采样点元素组中最高含量值自动优选元素折线图部分的坐标轴参数，并绘制元素剖面图；程序同时完成图名、比例尺、线型比例尺绘制，并按照《地球化学勘查图图式、图例及用色标准》（DZ/T 0075—93）中剖面图的图式对图面进行初步整饰。此程序实用性强、操作简单、速度快、效率高、效果好。生产实践表明，利用此程序绘制一个基本完整的多元素化探综合剖面图仅用几分钟，效率极高。

1　数据组织

　　绘制化探剖面图的原始数据存放在 Excel 文件中。一条化探剖面建立一个 Excel 数据文件，包括 3 个不同的数据表，分别存放化探剖面基本信息、剖面测量数据和地质分界数据。

余广学：男，1964 年生。高级工程师，主要从事矿产地质勘查工作。河南省岩石矿物测试中心。

付志晖：河南省岩石矿物测试中心。

1.1　化探剖面基本信息表

存放化探剖面基本信息,包括剖面起点纵向坐标、起点横向坐标、起点高程、剖面方位、点距、比例尺、图名7个字段。起点横向坐标不带带号。

1.2　剖面测量数据表

存放化探剖面测量数据,包括样号、点号、纵向坐标(X)、横向坐标(Y)、高程及一组含量级别相近的元素分析结果。横向坐标(Y)不带带号。

1.3　地质分界数据表

存放地质分界数据,包括分界线序号、纵向坐标(X)、横向坐标(Y)、高程及分界线产状[倾向(°)、倾角(°)]、界线类型。

2　主要参数计算

2.1　样点投影算法

在进行小比例尺化探剖面测量时,所使用的定位设备主要是手持式GPS,受GPS精度及实际地形地貌影响,采样点位不完全在剖面线上,样点距离也不完全是按设计的点距均匀分布。为了真实反映采样点上元素含量在剖面上的变化规律,需要把采样点投影到剖面线上。

计算采样点在剖面线的投影位置,首先计算剖面前进方向上相邻两点的水平距离(L)及两点连线的方位(α)。然后,利用下式计算样点在剖面上的投影位置。

$$l = l_1 + L \cdot \text{Math.Cos}(\alpha - \beta)$$

其中　L——相邻两点的水平距离;

　　　α——两点连线的方位;

　　　β——剖面方向;

　　　l_1——两采样点距离在剖面线上的投影长度;

　　　l——采样点在剖面线上投影点到剖面起点间的距离。

2.2　地质剖面图坐标轴参数优选

地质剖面图是化探剖面图的一部分,由于不同剖面线上地形地貌差异很大、高差不同,如何合理地选择地质剖面图 Y 轴(高程)的最大、最小值是图面美观的重要因素。

为此,新建一个结构数据、编写一个函数,根据图形比例尺及实际最高(Hmax)、最低(Hmin)高程值计算 Y 坐标轴标注的最高(HYmax)、最低(HYmin)高程值、单位长度(Unit_length,Y 轴刻度值代表高差)、比例系数(Hcoeff,图上 1 mm 相当于多少高程)。若比例尺已知,则 Hcoeff ＝ 比例数值/1 000。

按惯例地质标尺刻度线一般间隔 10 mm,那么

$$\text{Unit\_length} = 10 * \text{Hcoeff}$$

考虑刻度值都取 5、10 的倍数,在计算 Y 轴的最大、最小值时,采用取整法,即

$$\text{HYmax} = \text{int}(实\ \text{Hmax}/\text{Unit\_length}) * \text{Unit\_length} + 3 * \text{Unit\_length}$$

$$\text{HYmin} = \text{int}(\text{Hmin}/\text{Unit\_length}) - 3 * \text{Unit\_length}$$

Y 轴的最大值加 3 个单位长度为的是不让地形线顶满坐标轴;Y 轴最小值减 3 个单位长度是

为填充岩性花纹预留的高度,当预留的高度低于 0 m 时,则

$$Ymin = -n * Unit\_length$$

地质剖面图坐标 X 轴的最大值取剖面终点在剖面线上的投影到剖面起点的距离。

2.3　元素剖面图坐标轴参数优选

元素剖面图是化探剖面图的中心内容,坐标轴参数的选择以能反映元素在剖面线上的变化规律为目的。

为此,新建一个结构数据、编写一个函数,根据元素组中含量最大值(Emax)计算 Y 坐标轴标注的最大值(Ymax)、单位长度(Unit_length,Y 轴刻度值代表含量值)、Y 坐标轴的刻度数(Y_num)、比例系数(coeff,图上 1 mm 相当于多少含量值)。先用 $Emax/10^n$ 确定最大含量值数量级,根据量值确定单位长度。

$$Unit\_length = 2(或 5 或 10) * 10^m$$

式中,m 取 n 或 n-1;Y 轴标刻度值为 2、5、10 的倍数。

$$Y\_num = int(Emax/Unit\_length) + 1$$

$$Ymax = Y\_num * Y\_Step$$

$$coeff = Ymax/(Y\_num * 10)$$

元素剖面图的 X 坐标轴取采样点在剖面线上投影位置到起点长度,5 个采样点标注一个采样号。

2.4　剖面图图上坐标确定

以地质剖面图的左下角为(0,0),采样点地形地质图的 Y 坐标值=(采样点实际高程-HYmin)* Hcoeff,X 坐标值=l * Hcoeff。

元素剖面图的 Y 坐标值=(HYmax-HYmin)* Hcoeff+图间隔+(元素含量值 * coeff),X 坐标值=l * Hcoeff。

3　程序运行

3.1　化探综合平剖图绘制流程

程序运行,首先选择 Excel 数据文件,然后读取数据表,如果只有化探剖面基本信息表、剖面测量数据表,程序只绘制元素剖面图;如果没有这两种数据表,程序结束;如果还有地质分界数据表,则程序绘制综合剖面图。如图 1 所示。

元素拆线的颜色程序渐变选取,与标注的元素符号相同。

3.2　数据准备

按照图 2、图 3、图 4 的格式分别输入化探综合剖面图原始数据。

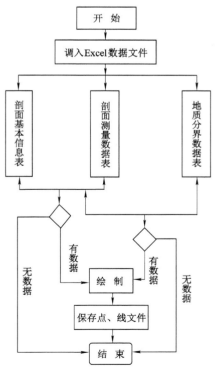

图 1　程序绘制流程图

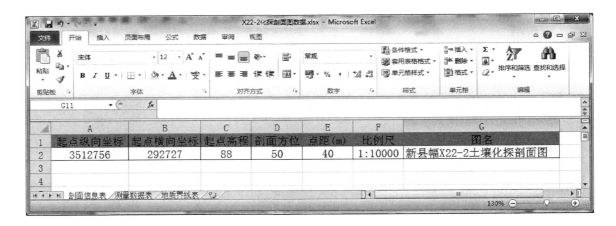

图2 剖面基本信息表

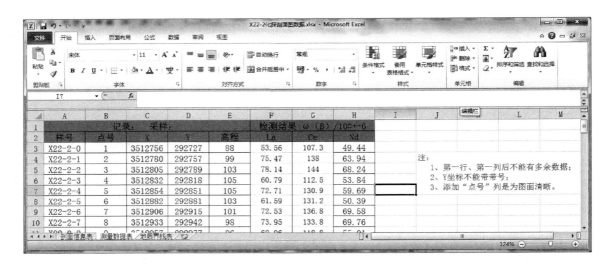

图3 剖面测量数据表

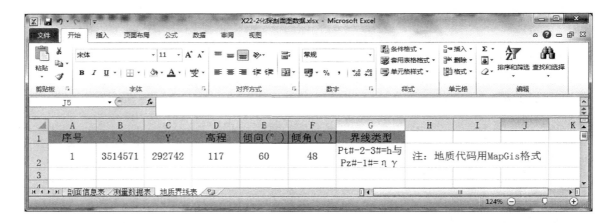

图4 地质分界数据表

3.3　程序运行

选择数据来源,程序设计有三种:Excel 文件、Txt 格式、直接从 Excel 表中粘贴。后两种格式只能绘制元素剖面图。点击"确定"按钮,确定数据来源,点击"绘图"按钮,绘制化探综合剖面图。

程序输出三个文件:过程数据文件,.txt 格式,存放各采样点的坐标、两点间水平距离、累计水平距离、高差、累计高差、采样点在剖面线上投影的水平距离等。点明码文件,.wat 格式,保存化探综合剖面图上所有的点。由于 MapGIS 二次开发组件 MapGIS BasCom1 1.0 Type Library 不能对点属性设置修改,所以生成点明码文件,再用 MapGIS 的文件转换功能,把点明码文件转换成 MapGIS 格式的点文件(.wt 格式)。剖面线文件,.wl 格式,保存绘制的化探综合剖面图所有的线。

程序运行界面如图 5 所示。

图 5　程序运行界面

4　应用实例

2015 年,河南省岩石矿物测试中心承担了河南省 2014 省财政地质勘查项目"1:20 万新县幅、桐柏-信阳幅、固始-商城幅区域化探 32 项元素补测与成图"。按任务要求,进行综合异常的三级查证,需要完成 3 个图幅 20 多条化探综合剖面测量,化探剖面图比例尺为 1:10 000,使用手持 GPS 定位。该项目使用本程序绘制的化探综合剖面图只需添加岩性花纹,不用再进行图面整饰,一次成图,极大地提高了工作效率,得到了评审专家的好评。如图 6 所示。

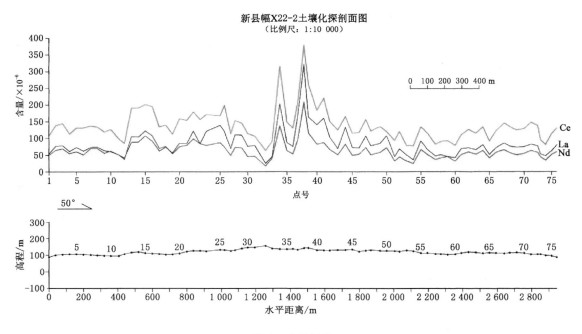

图 6　成果图件

5　结论

　　MapGIS 组件 MapGIS BasCom1 1.0 Type Library,为 MapGIS 的二次开发提供了很好的接口,本文用可视化语言 Visual Basic 2005 编程实现多元素化探综合剖面图的绘制。用 Visual Basic 2005 完成 Excel 文件的读取、采样点位投影变换计算、绘图参数的确定、图式的编排,实现化探综合剖面图的一次成型。实践证明,该程序实用性强、操作简单、速度快、效率高、效果好,并可减少人为因素带来的差错。该程序通过修改测量数据表也可实现对重、磁、电等剖面图的绘制。

参 考 文 献

[1] 武汉中地信息工程有限公司,北京中地时代软件工程有限公司.MAPGIS 组件开发手册[M].武汉:武汉大学出版社,2002.

[2] 武汉中地信息工程有限公司,北京中地时代软件工程有限公司.MAPGIS 二次开发培训教程(VB 版)[M].武汉:武汉大学出版社,2004.

[3] EVANGELOS PETROULTSOS. Visual Basic 2005 从入门到精通[M].王军,等,译.北京:电子工业出版社,2007:71.

[4] 李超岭,杨东来,李丰丹,等.中国数字地质调查系统的基本架构及其核心技术的实现[J].地质通报,2008,27(7):923-944.

[5] 龚红蕾,张仲猛,师淑娟,等.基于 MapGIS 组件技术批量绘制多元素化探剖面图[J].物探与化探,2016,40(6):1223-1226.

[6] 吴信才.MAPGIS 地理信息系统[M].北京:电子工业出版社,2004.

马达加斯加某红土型铝土矿溶出性能的研究

李小迟，彭宗涛，庞文进

摘　要:矿床位于马达加斯加岛北部,属于红土型三水铝土矿,为中铁-低硫型,矿石中惰性硅与活性硅的双重叠加是其有别于典型红土型铝土矿的最大特征。本文科学分析原矿性质,选择合理的配矿方案,通过洗矿、选择性破碎、浮选脱硅和产品沉降试验进行研究,查明了该类型铝土矿石的工业性能,为马达加斯加岛类似矿床的开发及利用提供参考依据。

关键词:马达加斯加;三水铝土矿;深色矿样;试验研究;浮选脱硅

马达加斯加岛位于非洲大陆架东南,印度洋西南部,由冈瓦纳古陆裂解分离而来,为非洲克拉通的组成部分[1]。马达加斯加岛上矿产资源丰富,已发现 40 多种可利用的矿产。2017 年,河南省有色金属地质矿产局在马达加斯加岛北部约 200 km² 的区域勘探发现某超大型红土型铝土矿,主要矿石矿物为三水铝石,资源储量巨大,对于马达加斯加岛的矿业发展具有里程碑式的意义。由于该矿床的矿石中含有大量的石英而有别于世界上典型红土型铝土矿,所以对其溶出性能进行研究就显得尤为迫切和重要,也为世界各地同类型铝土矿矿床的开发及利用提供参考依据。

1　地质概况

1.1　矿区地质

矿区位于马达加斯加岛北部高原区,具有典型的高原丘陵-低山地貌特征,由结晶基底和第四系盖层构成"二元结构"组合。

红土盖层属第四系全新统(Q_4)红土层,为沙壤土、砂土,黏性差,自上而下分为三层。上层(Q_4^{4-3}):腐殖土层、黄色-浅红色黏土层;中层(Q_4^{4-2}):主要含矿层位;下层(Q_4^{4-1}):半风化层。

基底由两部分组成:各类岩浆岩体(时代未分)和早寒武世变质岩系。马达加斯加岛早寒武世变质岩系基底结构极为复杂,由于经历了多期变形、变质作用,其原生构造已难以辨认,为一套变质角闪、变粒相的岩系组成。矿区出露的岩浆岩为中-酸性岩浆岩侵入岩,主要为石英(碱长)正长岩,还有少量的二长花岗岩、斜长花岗岩等。矿区内主要分布黑云辉石长片麻岩、斜长角闪片麻岩、角闪二长片麻岩、角闪辉石二长片麻岩等,其中出露范围最大为角闪二长片麻岩。

1.2　矿床地质

矿区铝土矿矿体呈帽状、壳状、似层状、透镜状近水平及缓倾斜产出,矿体厚度与地势的关系较

李小迟:男,1985 年 6 月生。本科,助理工程师,从事固体矿床勘查工作。河南省有色金属地质矿产局第三地质大队。
彭宗涛:河南省有色金属地质矿产局第三地质大队。
庞文进:河南省有色金属地质矿产局第三地质大队。

为密切[2],地势越高,矿体厚度越大,地势越低,矿体厚度越小,直至尖灭(见图1)。依据矿体分割及地形情况,全区可划分为9个矿体。矿体平均厚度4.41 m,厚度变化系数58%。矿体 Al_2O_3 品位频数变化曲线呈单一峰值的正态分布,主要分布在27%～35%这个区域,AAl_2O_3(有效铝)品位随 Al_2O_3 品位增高而增高;全区矿体平均 Al_2O_3 品位31.16%,品位变化系数10%;全区矿体平均A/S为0.88,A/S变化系数49%。

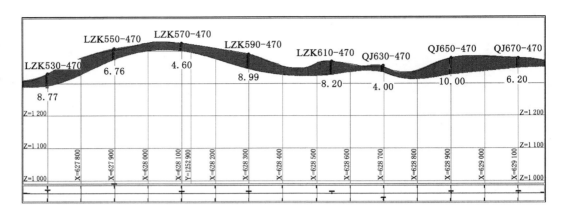

图1　横470勘探线剖面示意图

矿石自然类型为三水铝石型,呈红褐色、紫红色等,具泥质、胶质、块状等结构,镜下显示为显微鳞片结构、微粒晶质结构、交代结构;矿石构造主要为土状、蜂窝状、蠕虫状、层纹状构造等。在自然状态下,矿石呈松散土状、块状、硬度低;被水浸湿后,矿石呈泥状胶结,具黏性;水洗后,矿石呈细小颗粒状、土状。主要矿物为三水铝石、高岭石、石英、黏土质矿物(主要为高岭石)等,主要化学成分为 Al_2O_3、SiO_2、Fe_2O_3、TiO_2 等(见表1),次要化学成分为 CaO、MgO、K_2O、Na_2O 等(见表2)。矿石中的 Al_2O_3 是由含铝、硅成分均较高的母岩(花岗岩类酸性岩、片麻岩)风化而成,体现出 Al_2O_3 在上、下部富集不明显,中部大量富集的规律。矿体的直接顶板为第四系全新统残坡积层(Q_4^{4-3})红土层,直接底板为半风化层(Q_4^{4-1})或基岩,矿体内夹层的连续性较差,一般为单工程可见。本区的矿石工业类型为中铁-低硫的三水型铝土矿[3]。

表1　　　　　　　　　　　　　矿石的主要化学成分含量表

分析项目	Al_2O_3	SiO_2	Fe_2O_3	TiO_2	Loss	AAl_2O_3	$RSiO_2$	A/S
含量/%	31.14	38.98	11.18	2.17	15.84	18.48	12.18	0.88

注:Loss为烧失量,AAl_2O_3 为有效铝,$RSiO_2$ 为活性硅,A/S为铝硅比值。

表2　　　　　　　　　　　　　矿石的次要化学成分含量表

分析项目	K_2O	Na_2O	CaO	MgO	P_2O_5	S	V	Ga
含量/%	0.090 0	0.055 2	0.087 4	0.058 1	0.303 2	0.035 1	0.011 5	0.005 7

2　原矿性质及配矿方案

2.1　原矿性质分析

在矿区内选择有代表性的矿体及工程共采集31件样品,矿样总重447 kg。矿样分别进行混匀、缩分,取总重量的四分之一作为原矿分析的样品。经化验分析,原矿的主要成分为三水铝石、石英、高岭石、铝针铁矿、赤铁矿、钛铁矿和锐钛矿;原矿氧化铝含量和铝硅比均不高,波动较大,氧化铝含量在 25.25%～47.53% 之间波动,铝硅比在 0.45～2.61 之间波动。

2.2　配矿方案

结合矿体地质特征,根据矿样的外观,将矿样分为深色和浅色两种,每种矿样分别取 3 kg,按照矿样颜色不同混合成深色矿样和浅色矿样(见图 2)。配矿方案为:深色矿样 18 个小样,浅色矿样 13 个小样,综合大样 31 个小样,每个小样均取 3 kg,混匀。深色矿样、浅色矿样和综合大样的原矿化学分析结果见表 3,物相分析结果见表 4。按照塑性指数的测定方法[4],分别对深色矿样、浅色矿样和综合大样 3 个矿样进行塑性指数的测定,3 个矿样的塑性指数分别为 5.73、5.92 和 5.87,属于易洗矿石。

(a)　　　　　　　　　　　　　　　　　　(b)

图 2　两种工程矿样原矿图片
(a)浅色矿样;(b)深色矿样

表 3　　　　　　　　　　　深色矿样、浅色矿样和综合大样的原矿化学分析结果　　　　　　　　　　　%

样品名称	Al₂O₃	SiO₂	Fe₂O₃	TiO₂	K₂O	Na₂O	CaO	MgO	A/S	灼减
深色矿样	34.82	31.76	10.49	2.09	0.02	0.01	0.07	0.04	1.10	18.91
浅色矿样	29.87	44.67	8.70	1.64	0.02	0.01	0.07	0.06	0.67	14.08
综合大样	32.33	38.04	9.55	1.89	0.02	0.01	0.07	0.05	0.85	16.48

表 4　　　　　　　　　　　深色矿样、浅色矿样和综合大样的原矿物相分析结果　　　　　　　　　　　%

样品名称	三水铝石	高岭石	石英	铝针铁矿	赤铁矿	钛铁矿	锐钛矿
综合大样	33.5	22.6	25.0	9.4	2	2	0.8
深色矿样	35.0	27.0	19.0	10.3	2	2	1.0
浅色矿样	31.5	16.5	37.0	8.0	2	2	0.6

3　溶出性能的实验研究

3.1　洗矿实验研究

洗矿筛分采用筛孔尺寸为 10 mm、5 mm、3 mm、1 mm 的标准筛进行水洗筛分试验,筛分各粒级产品烘干、破碎、制样、送样,分析各粒级的主要元素以及物相组成。

深色矿样洗矿试验:+10 mm、(−10+5) mm 两个粒级产品具有较高的氧化铝含量、铝硅比和有效铝硅比;(−3+1) mm 和−1 mm 两个粒级的产品氧化铝含量、铝硅比和有效铝硅比较低;而(−5+3) mm 粒级的产品氧化铝含量、铝硅比和有效铝硅比介于中间。根据产品铝硅比为依据可以将洗矿分级粒径定为 5 mm,此时洗精矿的产率、氧化铝含量和铝硅比、活性铝硅比分别为 35.74%、49.93%和 3.27、13.65;而根据产品有效铝硅比为依据可以将分级粒径定为 3 mm,此时洗精矿的产率、氧化铝含量和铝硅比、活性铝硅比分别为 40.56%、48.76%和 2.89、13.43。

浅色矿样洗矿试验:各个粒级产品铝硅比和有效铝硅比均较低,洗精矿品质较差。+10 mm、(−10+5) mm 两个粒级产品具有较高的氧化铝含量、铝硅比和有效铝硅比;(−3+1) mm 和−1 mm 两个粒级的产品氧化铝含量、铝硅比和有效铝硅比较低;而(−5+3) mm 粒级的产品氧化铝含量、铝硅比和有效铝硅比介于中间。根据产品铝硅比为依据可以将洗矿分级粒径定为 5 mm,此时洗精矿的产率、氧化铝含量和铝硅比、活性铝硅比分别为 23.05%、38.87%和 1.23、2.41;而根据产品有效铝硅比为依据可以将分级粒径定为 3 mm,此时洗精矿的产率、氧化铝含量和铝硅比、活性铝硅比分别为 26.32%、37.72%和 1.14、2.28。

综合大样洗矿试验:洗矿结果介于深色矿样和浅色矿样之间。根据产品铝硅比为依据可以将洗矿分级粒径定为 5 mm,此时洗精矿的产率、氧化铝含量和铝硅比、活性铝硅比分别为 29.73%、45.86 和 2.11、6.04;而根据产品有效铝硅比为依据可以将分级粒径定为 3 mm,此时洗精矿的产率、氧化铝含量和铝硅比、活性铝硅比分别为 33.96%、44.58%和 1.91、5.76。

3.2　选择性破碎试验研究

对深色矿样、浅色矿样、综合大样的洗精矿进行选择性破碎试验研究,分别考察对辊破碎、颚式破碎和球磨三种矿石碎磨方式对洗精矿中含硅矿物分布的影响,试验结果显示:洗精矿采用对辊破碎机进行破碎以及球磨机进行选择性磨矿均不能实现明显的选择性破碎趋势,采用颚式破碎机进行细破具有一定的选择性破碎效果。在所考察的粒级中,+1.7 mm 粒级的矿物铝硅比高于洗精矿,(−1.7+0.5) mm 粒级的矿物铝硅比低于洗精矿,−0.5 mm 粒级的矿物铝硅比和洗精矿相差不大。

3.3　浮选脱硅试验研究

浮选脱硅试验研究[5]所使用矿样为深色矿样、浅色矿样和综合大样的洗矿精矿产品。

深色矿样浮选脱硅试验:当磨矿细度为−0.075 mm 粒级含量 69.15%的时候,进行深色矿样浮选脱硅试验,主要考察捕收剂用量对浮选指标的影响。试验结果显示:深色矿样有较好的可选性,通过浮选脱硅可以大幅度提高精矿的铝硅比。当捕收剂用量为 420 g/t 时,浮选精矿的产率、氧化铝含量和铝硅比分别为 72.11%、55.25%和 9.37;当捕收剂用量为 700 g/t 时,浮选精矿的产率、氧化铝含量和铝硅比分别为 63.10%、56.46%和 13.51;当捕收剂用量为 960 g/t 时,浮选精矿的产率、氧化铝含量和铝硅比分别为 52.72%、58.08%和 27.79。

浅色矿样浮选脱硅试验:当磨矿细度为−0.075 mm 粒级含量 67.34%的时候,进行浅色矿样浮选脱硅试验,主要考察捕收剂用量对浮选指标的影响。试验结果显示:浅色矿样的可选性较差,浮选脱硅对于精矿品位的提高有限。当捕收剂用量较低时,浮选脱硅效果较差,随着捕收剂用量增加,浮选尾铝硅比随之降低,浮选脱硅效果变好。根据分析,造成浅色矿物浮选脱硅指标较差的原因,可能是浅色矿样中的含硅脉石矿物和含铝矿物嵌布关系更为复杂。

综合大样浮选脱硅及溶出性能试验:当磨矿细度为−0.075 mm 粒级含量 67.66%的时候,进行综合大样浮选脱硅试验,主要考察捕收剂用量对浮选指标的影响。试验结果显示:综合大样的可选性介于深色矿样和浅色矿样之间。当捕收剂用量为 960 g/t 时,浮选精矿产率、氧化铝含量和铝硅比分别为 53.53%、54.76% 和 7.99。对捕收剂用量为 960 g/t 的浮选尾矿和精矿产品进行物相分析,试验结果(见表 5)显示:综合大样选尾矿中三水铝石的含量为 39.7%,高岭石和石英的含量为 23.9% 和 25.5%;而选精矿中三水铝石含量为 80.6%,高岭石和石英的含量为 3.9% 和 5%。这说明通过浮选可以去除矿样中的大部分高岭石和石英。

表 5　　　　　　　　　　　综合大样浮选尾矿和精矿物相组成分析　　　　　　　　　　　　　　%

产品	三水铝石	铝针铁矿	赤铁矿	高岭石	石英	锐钛矿	金红石
选尾矿	39.7	3.7	2	23.9	25.5	0.3	0.5
选精矿	80.6	4	2	3.9	5	0.7	1.3

对浮选尾矿和精矿分别进行低温溶出,溶出试验在氢氧化钠溶液(浓度为<30%)、温度 145 ℃ 的条件下溶出 30 min,浮选产品可溶出氧化铝与可反应硅测定结果见表 6。而综合大样浮选精矿的有效氧化铝为 37.16%,活性二氧化硅为 6.16%;浮选精矿中的有效氧化铝含量为 51.19%,活性二氧化硅为 2.05%。通过浮选可以大幅度提高矿石的品质,浮选精矿的质量等级已经超过了澳大利亚铝土矿有限公司的铝土矿质量"优级"标准和我国有色金属行业的"LK7-50"标准(YS/T 78—1994)。铝硅比为 7.74 的马达加斯加岛铝土矿浮选精矿低温拜耳法溶出赤泥的 A/S 和 N/S 分别为 0.52 和 0.18,氧化铝的理论溶出率为 93.40%。

表 6　　　　　　　　　　综合大样浮选产品可溶出氧化铝与可反应硅测定结果

浮选产品	Al_2O_3	SiO_2	Fe_2O_3	TiO_2	AAl_2O_3	$RSiO_2$
尾矿 1	36.23	33.82	6.1	0.87	26.58	7.52
尾矿 2	37.23	35.73	5.57	0.64	27.83	7.42
尾矿 3	32.07	44.47	4.53	0.63	25.61	4.93
尾矿 4	35.71	37.86	4.93	0.74	30.04	4.21
精矿	54.81	7.08	5.74	1.27	51.19	2.05

3.4　产品沉降试验研究

本次沉降试验[6]主要针对洗尾矿和浮选脱硅后的选精矿和选尾矿开展,所有沉降试验均在矿浆初始 pH 条件下进行。试验共考察了絮凝剂种类、絮凝剂用量和矿浆浓度对沉降效果的影响,并初步确定了其最佳沉降参数。

3.4.1　洗尾矿沉降试验

絮凝剂种类筛选试验:本次试验选择了洗尾矿常用的 6 种絮凝剂进行筛选研究,选用综合大样洗尾矿进行絮凝剂筛选试验矿样。结果显示:6 种常用洗尾矿絮凝剂对马达加斯加岛综合洗尾矿都具有较好的沉降效果,上清液水质很清澈,其中 BKS-923 的沉速最快,相对单价最低,因此综合考虑该洗尾矿较适宜的絮凝剂为 BKS-923。

沉降浓度试验:当絮凝剂 BKS-923 用量为 60 g/t 时,考察 3 种洗尾矿的最适宜沉降浓度,记录沉降时间 10 min,考察沉降到 100 mL 高度(120 mm)时所需时间。结果显示:当药剂用量相同时,在浓度为 4.59%～23.22% 范围内,浓度越低沉降速度越快。根据设计场地和选址,选择适当的沉降浓度,一般建议洗尾矿沉降浓度 6%～8% 较佳。

絮凝剂用量试验:考察絮凝剂 BKS-923 不同用量对洗尾矿沉降效果的影响,药剂用量分别考察 30 g/t、60 g/t、90 g/t、120 g/t,记录沉降 10 min,考察 250 mL 沉降到 100 mL 高度(120 mm)时所需时间。结果显示:在不同药剂用量下,沉降速度有较大的差异,随药剂用量的增加初始沉降速度加快;3 种尾矿沉降后的上清液均很清澈,固含量均<100 mg/L。延长沉降时间至 30 min 后,由沉降曲线可知药剂用量越大底流压缩层浓度越低,因此,药剂用量也不宜过大。不同药剂用量的沉降曲线见图 3、图 4 和图 5。

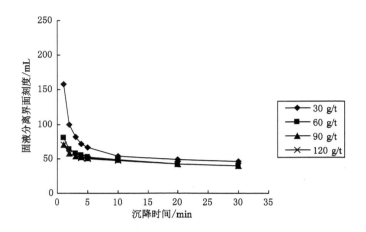

图 3 深色矿样洗尾矿不同药剂用量的沉降曲线图

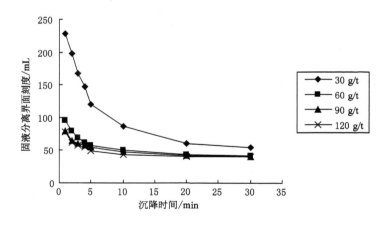

图 4 浅色矿样洗尾矿不同药剂用量的沉降曲线图

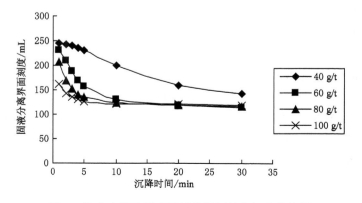

图 5 综合大样洗尾矿不同药剂用量的沉降曲线图

3.4.2　浮选精矿沉降试验

选用综合大样选精矿为代表进行浮选精矿沉降试验研究。

絮凝剂种类筛选试验:浮选精矿的 pH 值呈碱性,本次试验选择了碱性浮选矿浆常用的 4 种铝土矿絮凝剂进行筛选研究,絮凝时间 10 min,在相同的试验条件下添加不同种类絮凝剂进行对比筛选。结果显示:絮凝剂 BKS-P80 的沉降速度最快,且清液层澄清度最好,因此,初步确定此次试验选精矿矿浆的沉降选择絮凝剂 BKS-P80。

沉降浓度试验:采用 BKS-P80 作为沉降絮凝剂,在相同的药剂制度下考察了 3 个矿浆浓度 6.93%、12.06%、15.80%,记录沉降 10 min,考察沉降 250 mL 到 100 mL 高度(120 mm)时所需时间。结果显示:药剂制度相同时,随着矿浆浓度的增加,沉降速度越来越慢。根据试验结果并结合生产时间经验,建议选精矿沉降浓度不要超过 15%,否则絮凝剂用量会大幅增加,从而导致影响回水循环利用。

絮凝剂用量试验:考察絮凝剂 BKS-P80 不同用量对浮选精矿沉降效果的影响,试验选择矿浆浓度为 6.93%,药剂用量分别考察 0 g/t、40 g/t、60 g/t、80 g/t、100 g/t,记录沉降 10 min,考察沉降到 100 mL 高度(120 mm)时所需时间,沉降效果见图 6。结果显示:在一定范围内,随着絮凝剂用量的增加,沉降速度明显加快,上清液澄清度也越来越好,当用量达到 60 g/t 时开始变化不大,随着用量继续增加到 100 g/t 时,因为过量絮凝剂的加入,压缩层浓度反而变低了。因此,当选精矿浓度为 6.93%时,建议絮凝剂 BKS-P80 的用量为 60 g/t 为宜。

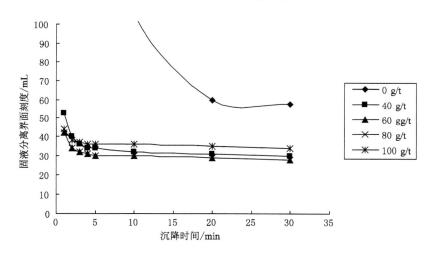

图 6　选精矿不同药剂用量的沉降曲线图

3.4.3　浮选尾矿沉降试验

选用综合大样选尾矿为代表进行浮选尾矿沉降试验研究矿样。

沉降浓度试验:浮选尾矿沉降选用絮凝剂种类同为 BKS-P80。在相同的药剂制度下考察了 3 个矿浆浓度 4.50%、6.20%、10.60%,记录沉降 30 min,考察沉降 250 mL 到 100 mL 高度(120 mm)时所需时间。结果显示:药剂制度相同时,随着矿浆浓度的增加,沉降速度越来越慢,根据试验结果并结合生产时间经验,建议选尾矿沉降浓度不要超过 10%,否则絮凝剂用量会大幅增加,从而导致影响回水循环利用。

絮凝剂用量试验:考察絮凝剂 BKS-P80 不同用量对浮选尾矿沉降效果的影响,试验选择矿浆浓度为 6.20%,药剂用量分别考察 150 g/t、200 g/t、250 g/t、300 g/t(均为相对于干尾矿的用量),记录沉降 10 min,考察沉降到 100 mL 高度(120 mm)时所需时间,选尾矿沉降试验效果见图 7。结果显示:在一定范围内,随着絮凝剂用量从 150 g/t(干尾矿)逐渐增加,沉降速度也明显加快,上清液澄清度也越来越好,当用量增加到 300 g/t(干尾矿)时,上清液固含量＜100 mg/L。因此,建议絮凝剂 BKS-P80 的用量为 300 g/t(干尾矿)为宜。

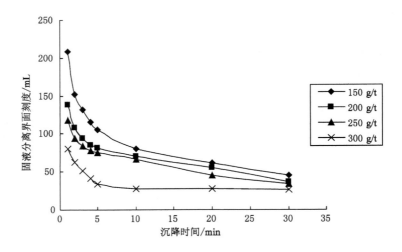

图 7　选尾矿不同药剂用量的沉降曲线图

4　结论

通过对马达加斯加岛北部某红土型铝土矿开展原矿分析、洗矿、选矿脱硅、尾矿沉降试验研究,得出如下结论:

（1）矿样为三水铝石型铝土矿,矿石中主要矿物为三水铝石、高岭石、石英、铝针铁矿、赤铁矿、锐钛矿和金红石。

（2）根据矿样的外观,按照矿样颜色不同等比例混合成深色矿样和浅色矿样。深色矿样颜色为红褐色,浅色矿样颜色为浅红色,包含紫红色、白色颗粒。深色矿样中氧化铝含量和铝硅比相对较高,分别为 34.82％和 1.10,浅色矿样中氧化铝含量和铝硅比相对偏低,分别为 29.87％和 0.67。综合大样为每个小样按照重量等比例取样混匀,矿样氧化铝含量和铝硅比分别为 32.33％和 0.85。

（3）洗矿结论:

① 马达加斯加岛铝土矿 3 个矿样的塑性指数分别为 5.73、5.92 和 5.87,属于易洗矿石。

② 深色矿样洗矿产品的品质相对较好。根据产品铝硅比为依据可以将洗矿分级粒径定为 5 mm,此时洗精矿的产率、氧化铝含量和铝硅比、活性铝硅比分别为 35.74％、49.93％和 3.27、13.65;而根据产品有效铝硅比为依据可以将分级粒径定为 3 mm,此时洗精矿的产率、氧化铝含量和铝硅比、活性铝硅比分别为 40.56％、48.76％和 2.89、13.43。

③ 浅色矿样各个粒级产品铝硅比和有效铝硅比均比深色矿样低,根据产品铝硅比为依据可以将洗矿分级粒径定为 5 mm,此时洗精矿的产率、氧化铝含量和铝硅比、活性铝硅比分别为 23.05％、38.87％和 1.23、2.41;而根据产品有效铝硅比为依据可以将分级粒径定为 3 mm,此时洗精矿的产率、氧化铝含量和铝硅比、活性铝硅比分别为 26.32％、37.72％和 1.14、2.28。

④ 综合大样的洗矿结果介于深色矿样和浅色矿样之间。根据产品铝硅比为依据可以将洗矿分级粒径定为 5 mm,此时洗精矿的产率、氧化铝含量和铝硅比、活性铝硅比分别为 29.73％、45.86％和 2.11、6.04;而根据产品有效铝硅比为依据可以将分级粒径定为 3 mm,此时洗精矿的产率、氧化铝含量和铝硅比、活性铝硅比分别为 33.96％、44.58％和 1.91、5.76。

（4）选择性破碎结论：采用颚式破碎机进行细破的破碎产品中二氧化硅的分布具有一定的趋势，在所考察的粒级中，+1.7 mm粒级的矿物铝硅比高于洗精矿，（−1.7+0.5）mm粒级矿物的铝硅比低于洗精矿，−0.5 mm粒级的矿物铝硅比和洗精矿相差不大。由于石英在矿物中的粒级分布范围广，想要通过选择性破碎预先抛除一部分石英存在一定的难度。

（5）浮选脱硅结论：

① 深色矿样具有较好的可选性，通过浮选脱硅可以大幅度提高精矿的铝硅比[7]。当捕收剂用量为 700 g/t 的时候，浮选精矿的产率、氧化铝含量和铝硅比分别为 63.10%、56.46% 和 13.51；当捕收剂用量为 960 g/t 的时候，浮选精矿的产率、氧化铝含量和铝硅比分别为 52.72%、58.08% 和 27.79。

② 浅色矿样的可选性较差。当捕收剂用量较低时，浮选脱硅效果较差，随着捕收剂用量增加，浮选尾矿铝硅比随之降低，浮选脱硅效果变好，但是，浮选脱硅对于精矿品位的提高有限。当捕收剂用量为 960 g/t 的时候，浮选精矿的产率、氧化铝含量和铝硅比分别为 53.67%、47.16% 和 2.46。

③ 综合大样的可选性介于深色矿样和浅色矿样之间，当捕收剂用量为 960 g/t 的时候，浮选精矿产率、氧化铝含量和铝硅比分别为 53.53%、54.76% 和 7.99。

④ 通过浮选可以大幅度提高矿石的品质。铝硅比为 7.74 的马达加斯加岛铝土矿浮选精矿低温拜耳法溶出赤泥的 A/S 和 N/S 分别为 0.52 和 0.18，氧化铝的理论溶出率为 93.40%。

（6）絮凝沉降结论：

① 对于洗尾矿，在 pH 值 6.5 的自然沉降条件下，絮凝剂 BKS-923 沉降效果最好。建议洗尾矿沉降浓度控制在 6%~8%，絮凝剂用量为 60 g/t（干尾矿）。

② 对浮选尾矿和浮选精矿，在浮选矿浆本身具有碱性条件下沉降，絮凝剂 BKS-P80 沉降效果最好。根据试验结果结合一般生产经验，建议选精矿沉降浓度不要超过 15%，选尾矿沉降浓度不要超过 10%；当其矿浆浓度控制在 6%~8% 范围时，选精矿的最适宜用量为 60 g/t（干精矿），选尾矿的最适宜用量为 300 g/t（干尾矿）。

参 考 文 献

[1] 车继英,赵院冬,王奎良,等.马达加斯加前寒武纪变质基底特征综述[J].地质与资源,2013,22(4):340-346.

[2] 陈志友.几内亚皮塔省红土型铝土矿矿床地质特征及成矿规律[J].西部探矿工程,2016(3):127-130.

[3] 袁海明,等.马达加斯加共和国某矿区铝土矿勘探报告[R].2016.

[4] 王捷.氧化铝生产工艺[M].北京:冶金工业出版社,2006.

[5] 毕诗文.铝土矿的拜耳法溶出[M].北京:冶金工业出版社,1997.

[6] 柳建春,黄宝贵.红土型铝土矿中三水铝石的分离方法研究[J].岩矿测试,1995,14(3):161-165.

[7] 余新阳,魏新安,曾安.某低品位红土型铝土矿脱硅提纯选矿试验研究[J].非金属矿,2015,38(1):48-51.

浅析河南省水文地质图的编图单元划分

张　婧,周瑞平,常　珂,田东升

摘　要:在已有成果图件基础上充分吸收几年来河南省水工环方面的最新成果,以地下水系统的理论和观点编制水文地质图,为河南省地下水科学开发利用、环境保护和经济发展方面规划服务。本文仅就《河南省水文地质图》编图单元划分的原则、依据等方面进行讨论,旨在为以后河南省水文地质工作提供可借鉴的经验及体会。

关键词:水文地质图;编图

水文地质图的主要任务是反映区域内地下水形成的条件、赋存规律、地下水的各种特征及周围环境的相互关系。河南省水文地质图以河南省第三代水文地质图为基础,根据本次编图工作的技术要求,结合近年来有关水源地勘查及评价资料补充并修编相关内容,图件比例尺 1:500 000。地质地理底图采用 2001 年河南省地质调查院修编的《河南省地质图》。

1　编图单元内容

河南省水文地质图按照综合水文地质图的编图要求,编图单元包括区域地下水系统及富水性、地下水水质、地下水埋藏特征、地表主要水点及其他相关内容。

2　编图单元划分

2.1　地下水系统划分

2.1.1　划分原则

正确地进行地下水系统划分,有助于水资源的客观评价、综合开发和实行科学的优化管理。为了研究河南省地下水资源的形成,评价、管理和保护地下水资源,运用系统理论原理,以浅层地下水资源分区为主体,按以下原则进行地下水系统划分:

(1)地下水系统是各种组成要素的整体,是一个存在于一定环境之中的相对独立的整体,是补、径、排和水循环的统一体,进行地下水资源分区应考虑储水空间的完整性和水循环的连续性;

(2)地下水系统的地质、水文地质条件与含水介质场的结构,是地下水系统的基础,进行地下水系统划分应考虑其地质、水文地质条件与含水介质场的结构;

(3)地下水系统的环境条件与其各种要素之间,是相互联系、相互依存、相互作用和相互制约

张婧:女,1984 年 3 月生。硕士,工程师,主要从事地质灾害和矿山地质环境监测方面工作。河南省地质环境监测院。
周瑞平:河南省地质环境监测院。
常珂:河南省地质环境监测院。
田东升:河南省地质环境监测院。

的关系,进行地下水系统划分应考虑分区的环境条件;

（4）按照地下水系统、地下水亚系统和地下水子系统三个层次进行划分。

2.1.2　划分依据和边界条件

本次工作在研究前人成果的基础上,用系统论的分析方法,对河南省山区及平原区地下水系统进行划分。在各地下水亚系统,特别是山区亚系统内,常形成独立的、具有一定开发利用价值的岩溶地下水子系统。综合考虑河南省地下水系统的介质场、动力场、化学场等特征及与水文系统的关系[1],各地下水系统、亚系统划分依据和边界条件的确定原则如下:

（1）地下水系统

从水文流域系统观点出发,以区域地质构造和沉积环境为基础进行地下水系统划分。山区以地表分水岭和区域地质构造为边界圈定范围,地表分水岭与地下分水岭大部分地区一致,局部地段受地质构造影响二者不一致,其界线依地质构造情况确定;平原区按沉积环境及地下水流场圈定边界范围[2]。地下水系统命名冠以地表水系名称。

（2）地下水亚系统

地下水亚系统划分应考虑水循环和水动力性征,以次级分水岭、地质构造、含水层系统的结构组合类型及地下水流场特征确定亚区边界,以较大的二级流域为单位划分亚区,太行山及桐柏、大别山区等,没有形成大的二级水系,按区域划分。以亚系统冠以地貌特征或河流名称和地下水类型命名。

（3）地下水子系统

根据研究程度和实际需要对岩溶裂隙水子系统进行了划分,以其水动力场特征作为地下水子系统的划分依据,以地名、泉域进行命名。

根据上述地下水系统划分原则,将河南省地下水系统划分为:卫河地下水系统（Ⅰ）、黄河地下水系统（Ⅱ）、淮河地下水系统（Ⅲ）、汉水地下水系统（Ⅳ）,并依据其地质、地貌特点,将其分别划分出地下水系统亚区。另外,信阳地区南部局部地段为大别山南坡,亦属汉水地下水系统,因面积小而未单独划分,暂归并于淮河地下水系统的桐柏、大别山地下水亚系统。

2.1.3　各系统水文地质特征

（1）卫河地下水系统（Ⅰ）

① 太行山山区地下水亚系统（Ⅰ₁）

位于太行山东麓、东南麓,为中低山地形,面积约 4 916 km²。构造方向主要为 SW-NE,含水岩层主要为下古生界碳酸盐岩,岩溶裂隙发育,富水性好,山前常有断裂及弱透水岩层阻水,形成大的岩溶水泉点。典型的岩溶大泉有九里山泉、百泉、小南海泉、珍珠泉等,每个岩溶水泉域都形成一个相对独立的地下水子系统。上游与山西晋城地区岩溶水沟通,焦作一带为岩溶水的集中排泄区。自 20 世纪 80 年代以来,受人工开采及气候影响,多数岩溶大泉相继衰竭。

② 卫河冲洪积平原地下水亚系统（Ⅰ₂）

位于博爱、淇县、安阳一带,系卫河及其支流冲洪积作用形成,面积约 5 828 km²。地形上包括各支流的山前冲洪积扇及其扇前洼地。地下水为孔隙潜水,水文地质条件差别较大,洪积扇的中上部含水层粒度较粗,富水性较好,洪积扇的下部及扇前地带颗粒细,富水性差。主要冲洪积扇有峪河冲洪积扇、黄水河-百泉河冲洪积扇、沧河-淇河冲洪积扇、安阳河-漳河冲洪积扇等[3]。地下水排泄,主要为开采,其次为蒸发。

（2）黄河地下水系统（Ⅱ）

① 宏农-青龙涧河地下水亚系统（Ⅱ₁）

含宏农涧及三门峡以西黄河小支流流域,面积约 4 624 km²。东界为扣门山和三教地阻水断层,西界至省界,南界基本与地表分水岭一致,北界为黄河。水文地质条件较复杂,灵陕盆地为孔隙水,沿黄河地带受三门峡水库水位变化影响较大,一级阶地及漫滩区有开发潜力,二、三级阶地及塬区等大部分已超采。北部及东部低中山区为基岩裂隙水及岩溶水,基岩裂隙水富水性弱,无开发利用价值。三门峡东部及杜关背斜轴部地带岩溶地区相对富水,具有一定的供水意义,可进一步勘探。

② 伊洛河地下水亚系统(II_2)

含伊洛河流域及河口附近直接入黄的支流流域,面积约 18 630 km²。本区大部分为基岩山区及黄土岗地区,地下水资源较贫乏,一般不具备供水意义。洛阳及偃师、宜阳、洛宁等地,沿洛河河谷地带,地下水补给条件好,水量较丰富,资源模数为 $20 \times 10^4 \sim 30 \times 10^4$ m³/(km²·a),是沿河城市供水的主要水源;其次是岩溶水,地下水资源相对较丰富,主要分布于嵩山北麓、崤山东段及熊耳山北坡等地,较大的泉点有圣水峪泉、仁村泉、龙门泉、妙水寺泉等,由于地下水开采及矿坑排水等原因,现大部分泉已干涸。

③ 沁蟒河地下水亚系统(II_3)

含沁蟒河流域河南省境内大部地区及西部黄河北岸直接入黄的小支流流域,面积约 1 630 km²。中西部地下水主要为基岩裂隙水,富水性较弱;东北沁河及蟒河冲洪积扇地下水丰富,据沁北电厂勘探报告,沁河冲洪积扇地下水可采资源为 3 m³/s,加上冲洪积扇以上沁河河谷地带,地下水可采量可达 6 m³/s;东北有为岩溶水分布,地下水资源亦较丰富,在济源多青附近,岩溶地下水通过封口断层补给第四系孔隙水。

④ 黄河冲洪积平原地下水亚系统(II_4)

位于洛阳市吉利区以下,郑州黄河铁路桥以上为扇柄、以下为扇形地,面积约 44 363 km²。扇形地岩性由上游到下游、由主流带向两侧边缘,由粗变细。主流带岩性主要为细砂、中砂、粉砂,西北部及东南部边缘地带岩性主要为黏性土,基本无含水砂层,与邻区间形成弱透水或隔水的边界。地下水为潜水及微承压水。地下水总体流向为自西向东,由于受黄河影响,形成黄河北地下水流向为自西南向东北,黄河南地下水流向自西北向南东。根据地下水趋势面,将该亚区划分为黄河北($\mathrm{II}_{4\text{-}1}$)、黄河南($\mathrm{II}_{4\text{-}2}$)及黄河影响带($\mathrm{II}_{4\text{-}3}$)3 个孔隙地下水子系统:黄河北子系统地下水开采量大,超采严重;黄河南子系统地下水基本处于采补平衡状态;黄河影响带子系统地下水补给条件优越,含水层富水性最好,补给模数可达 20×10^4 m³/(km²·a)左右,沿黄河地带尚有较大开发潜力。

(3)淮河地下水系统(Ⅲ)

① 沙颍河上游地下水亚系统(III_1)

位于嵩山以南,含嵩山北麓及箕山和外方山东段,面积约 11 890 km²。地质构造线方向为近东西向,含水层分布与构造线方向一致。主要含水层为下元古界碳酸盐岩,局部河谷地带第四系含水层较好,其他基岩裂隙含水层富水性差。碳酸盐岩岩溶裂隙含水层主要分布在嵩山北坡、箕山南北两侧及外方山北麓,岩溶水径流方向主要为自西向东。主要岩溶大泉有超化泉、灰徐沟泉、告成泉、柏树咀泉、观音堂泉等,由于岩溶水开采量大,加上矿坑排水,现大部分泉点已干涸。第四系松散岩类孔隙水主要分布在汝河河谷地带,郏县、汝州境内汝河河谷宽度大,含水层为砂、卵石层,富水性好,具开发价值。

② 桐柏大别山地下水亚系统(III_2)

含桐柏山南坡和大别山河南部分,面积约 10 785 km²。地层主要为火成岩及变质岩,地下水主要为风化裂隙水,补给条件差,补给模数小于 5×10^4 m³/(km²·a)。含水层富水性弱,地下水未具开采价值,只能作为当地居民分散用水水源。

③ 淮河冲洪积平原地下水亚系统(III_3)

分布在黄河冲洪积平原亚区以南,含淮河平原及桐柏、大别山山前岗地,面积约 37 159 km²。

接触地带山区基岩透水性弱,岗地及平原区第四系松散层主要为黏性土,二者水力联系很弱,只在山前河谷出口处山区对平原区产生补给作用[4]。本区水文地质条件差异较大,平原区地下水相对较丰富,地下水水位埋藏浅,含水层富水性较好,目前开采强度不大,尚有开采潜力;岗地区地形起伏大,补给条件差,含水层薄,富水性弱,在岗间河谷地区含水层相对较好,地下水具有一定的开发价值。地下水排泄为蒸发及开采。

(4) 汉水地下水系统(Ⅳ)

① 伏牛山-桐柏山地下水亚系统(Ⅳ₁)

含伏牛山南坡、外方山西南段及桐柏山西坡,为一环形的中低山地形,面积约 15 584 km²。地下水主要为基岩裂隙水,水文地质条件差,一般不具备开发利用价值。西部淅川一带发育下古生界碳酸盐岩,岩溶裂隙发育较好,地下水相对较丰富。碳酸盐岩的展布方向为北西-南东向,主要河谷发育方向为南北向,河谷地段为地下水的主要排泄区。

② 南阳盆地地下水亚系统(Ⅳ₂)

含盆地内的河谷平原及周边岗地,面积约 11 598 km²。岗地上部为黏性土,透水性差,地下水补给条件差,富水性弱;河谷平原为唐、白河河谷地带,含水层为砂砾石层,地下水补给条件好,富水性强,是城市供水的主要水源。地下水径流方向总体上为自北向南,东西部岗地局部流向为向西或向东。地下水排泄,主要为开采,其次为径流。

2.2 含水层组类型及富水性

2.2.1 松散堆积物孔隙水

根据河南省情况,松散堆积物孔隙水分为平原山间盆地孔隙潜水、山间河谷平原孔隙水、豫东冲湖积平原孔隙水及黄土孔隙水。其中,平原山间盆地孔隙潜水包括山前冲洪积平原、山间盆地孔隙水,冲湖积平原砂、黏土层潜水,山间河谷平原沙砾石层潜水。山前冲洪积平原位于豫北、豫西、豫南山地与冲积平原过渡地带,主要由山前冲洪积扇组成。其中豫北山前冲洪积扇含水层为 Q₄、Q₃ 砂砾石含水层,豫南山前冲洪积扇含水层主要由 Q₂ 亚砂土及粉砂含水层组成。前者富水性明显好于后者,原因在于其形成环境及新构造运动特征不同。

山间河谷平原孔隙水包括砂、汝、颖河等山间冲积平原含水层。浅层含水层岩性为沙砾石层,厚度数米至数十米不等;深部含水层含泥质较多,富水性较差。

黄土孔隙水主要分布于灵三盆地黄土塬区。地下水类型多为黄土裂隙孔洞水,水位埋深差异较大,下部有下更新统、新近系的河湖相砂质黏土、砂砾石及半胶结沙砾石层。总体富水性较差,单井涌水量 300~500 m³/d。

豫东冲湖积平原孔隙水构成河南省境内孔隙水含水层集中分布区,受沉积环境、水动力条件及补给条件制约,其富水性呈现从山前至平原腹地降低的趋势。

上述含水层富水性依据单井涌水量(m³/d)分为 0~500、500~1 000、1 000~3 000、3 000 以上四个等级,分别赋色上图。

2.2.2 碳酸盐岩裂隙溶洞水

含水层岩性为震旦系灯影组、中-上寒武统及奥陶系灰岩、白云岩。含水层类型为岩溶裂隙水,包括裸露及半裸露岩溶裂隙水和隐伏岩溶裂隙水,富水性极不均匀。考虑到河南省煤矿区目前开采水平和岩溶裂隙水在采矿活动中的重要意义,其富水性依据地下水径流模数[10⁴ m³/(km²·a)]分为小于 1 000、1 000~2 000、大于 2 000 三个等级,分别赋色上图。

2.2.3 碎屑岩类裂隙孔隙水

主要为分布在中、新生代陆相沉积盆地周围比较稳定的裂隙孔隙水,含水层岩性主要为志留系、石炭系、二叠系、三叠系、侏罗系、白垩系砂岩裂隙含水层及古近系砂岩裂隙孔隙含水层。其富水性依据地下水径流模数[10^4 m^3/(km^2·a)]为普遍小于 1 000 等级。

2.2.4　基岩裂隙水

主要为位于山地区的岩浆岩及下寒武统变质岩系裂隙水。其富水性依据地下水径流模数[10^4 m^3/(km^2·a)]分为小于 500 和大于 500 两个等级。

2.2.5　下伏有供水意义的含水层组及富水性

主要指深层松散堆积物承压水,为区域城镇集中供水水源地主要水源,地下水水质较好且稳定。其富水性依据单孔涌水量(m^3/d)划分为小于 1 000、1 000～3 000、大于 3 000 三个等级,以不同倾向线条及组合分别表示。

2.3　地下水水质

依据现有的地下水水质资料可见,共采取各类水样 473 组,其中浅层地下水样 346 组,中深层地下水样 95 组,其余 32 组为地表水样。2013 年河南省地下水动态监测项目采取浅层地下水样 75 组。此外,根据本次编图需要共采取地下水样 76 组[5]。分析结果显示,河南省境内咸水区(矿化度大于 1.0 g/L)总面积 14 175 km^2,以豫东、豫北分布较为集中,南阳盆地局部分布。

根据河南省地下水水质演变趋势及现状,依照矿化度将地下咸水矿化度分为 1～3 g/L 和 3～5 g/L 分区上图。

2.4　其他水文地质要素

2.4.1　地下水径流特征

由于基岩山区及河谷地下水水位埋藏较深且变化较大,监测资料缺乏,本次编图主要以丘陵岗地及平原区 2014 年枯水期地下水水位统调资料为依据反映地下水流场特征。

浅层地下水的径流条件受地形地貌、水文、人为等多重因素的共同影响,不同区段的径流方向不同。黄河以北地区受黄河对地下水补给作用的影响,浅层地下水总的流向是由西向东、由南向北,内黄-滑县一带对地下水的超强度开采,已形成大范围的区域性水位降落漏斗,面积达 7 622 km^2;安阳市区、新乡市区及温县-孟州一带也出现了水位降落漏斗,面积分别为 493 km^2、594 km^2、775 km^2。黄河以南地区地下水流向主要受地形控制,黄河作为地上悬河对地下水的补给作用十分明显,局部地段如郑州市区、开封市区等地因强烈开采形成了小的水位降落漏斗,面积分别为 318 km^2、195 km^2,大的、区域性的水位降落漏斗尚未形成,地下水总的流向没有改变,依然是由西北向东南[6]。灵三盆地浅层地下水的径流条件受地形控制,总的流向是由西南向东北。南阳盆地浅层地下水的径流方向则是由盆地边缘向盆地中心、由北向南,大的水位降落漏斗尚未形成。全省浅层地下水位降落漏斗区的总面积约 9 997 km^2。

2.4.2　地下水埋藏特征

松散岩类孔隙含水岩组主要分布在黄淮海冲积平原、山前倾斜平原和灵三、伊洛、南阳等盆地中,面积约 12.0×10^4 km^2,地下水主要赋存在第四系、新近系砂、砂砾、卵砾石层孔隙中[7]。根据松散岩类含水层的岩性组合及埋藏条件,过去一般将松散岩类孔隙水划分为浅层、中深层、深层三类含水层组。根据本次编图技术要求,中深层、深层含水层组合并为深层地下水,将松散岩类孔隙水分为浅、深层两类。深层地下水的分布状况,以其顶板埋深等值线表示。

2.4.3　泉点

由于气候变化和地下水开采强度不断增加,河南省境内多数泉点流量日趋减少甚至干涸。本次编图仅将流量大于 1 L/s 的泉点上图(包括部分温泉)。

受气候及地质环境制约,河南省境内岩溶地下河不甚发育,偶有溶洞、落水洞溶蚀洼地等溶蚀现象发育。

2.5　图层划分

图层划分见表 1。

表 1　　　　　　　　　　　　　　　　水文地质图图层划分

序号	分类	名称	内容	成图方式
1	地理图层	地理要素	河流(到三级支流)、重要山峰名称标注; 省级行政区划境界线; 地、市级(含)以上及专业内容需要的居民地	面图元 线图元 点图元
2	背景图层	特殊水文要素	大中型水库	面图元 线图元 点图元
		地质要素	地层、构造线	
3	专业图层	地下水类型及含水层组富水性	松散堆积物孔隙水、碳酸盐岩裂隙溶洞水、碎屑岩孔隙裂隙水、岩浆岩变质岩裂隙水	面图元
4		下伏有供水意义的含水层组及富水性	下伏承压松散含水层组	面图元
5		咸水分布区	微咸水、半咸水	面图元 线图元
6		控制性水点	包括泉、钻孔、岩溶和其他水文特征	点图元
		水文地质界线	一般的水文地质界线、主要控水构造界线和岩溶界线	线图元 点图元
7		水文地质剖面图	岩性、地质构造要素、地下水水位、水文地质参数(单位涌水量 q、水位降深 s、渗透系数 k 等)、不同含水岩组界线、第四系各统界线等	面图元 线图元 点图元

3　总结

(1)本次河南省水文地质图修编是在原河南省水文地质图基础上,结合近 10 年来水文地质调查、监测及地下水资源调查评价成果,同时吸收有关环境水文地质和矿山水文地质等专题研究成果,较全面反映了河南省水文地质条件现状及演变趋势。

(2)本次河南省水文地质图编图工作系以中国地质调查局《全国地质环境图系空间数据库建设技术要求》为依据,各类分级指标更为合理,层次更为清晰。同时,依托河南省地质环境信息平台,结合河南省数字地质环境图系管理系统,逐步实现水文地质环境信息的动态更新,促进综合研究成果的转化应用,为地下水资源保护与管理提供科学支撑。

(3)结合本次编图工作要求及有关方面调查研究工作现状,有关研究工作有待补充深化,主要在以下几个方面:

① 不同包气带条件下大气降水对地下水补给机理及相关参数的试验研究。

② 深层地下水与浅层地下水补给关系研究。

③ 开采条件下矿区地下水动态及含水层破坏机理和防治研究等。

参 考 文 献

[1] 赵云章,朱中道,王继华,等.河南省地下水资源与环境[M].北京:中国大地出版社,2004:30-55.

[2] 中国地质调查局.水文地质手册[M].北京:地质出版社,2012:275-290.

[3] 李满洲,李广坤,李玉信,等.河南平原第四纪地质演化与环境变迁[M].北京:地质出版社,2013:250-260.

[4] 李满洲,等.河南平原地下水潜力调查与可更新能力评价报告[R].河南省地质环境监测院,2010:62-69.

[5] 魏秀琴,等.河南省地下水环境调查与评价[R].河南省地质环境监测院,2006:85-90.

[6] 赵云章,邵景力,闫震鹏,等.黄河下游影响带地下水系统边界的划分方法[J].地球学报,2004,25(1):99-102.

[7] 河南省地质矿产局水文地质一队.河南平原第四系地下水系统研究报告[R].1984.

郑州市区岩土工程勘察中的"孤岛"现象

张　畅

摘　要：在郑州地区长期的岩土工程勘察中，发现局部地层地质时代明显老于周边地层地质时代的情况，类似于海洋中的孤岛或暗礁，我们称其为"孤岛"现象，其成因不排除在长期的地质历史时期，该地区原始地貌存在类似于孤岛的地形，只是后期由于地壳的变动和河流的冲积掩埋于地下。

关键词：岩土工程勘察；地层；孤岛

1　地形地貌

郑州市区位于河南省中西部黄土丘陵与东部黄河冲洪积平原的交接地带，为华北平原的一部分。地形西高东低。地貌单元自西向东依次为：黄土丘陵区，主要分布在郑州市的西部和西南部，地形高差大，冲沟发育，上部为不同成因的黄土及黄土状土，下部为新近系和奥陶系、二叠系、三叠系、白垩系等前第四系地层；山前冲洪积平原，地面标高约 $120.0\sim190.0$ m，地面波状起伏，坡降 $3‰\sim21‰$，冲沟发育一般，呈南北向或北东向展布，平面呈树枝状或平行状排列，延伸长，彼此间隔均匀，沟中沟发育，地表为浅黄、黄褐色晚更新世风积黄土覆盖；黄河冲洪积二级阶地，地面高程约 $110\sim145$ m，向东北倾斜，坡度 13% 左右，阶地地面波状起伏，冲沟发育，主要呈东南向展布，切割深度 $1.5\sim20.0$ m，阶地前缘在乳牛厂、六厂、电厂一线；黄河冲洪积一级阶地，地面高程 $96\sim120$ m，阶地地面较平坦，地势向东北倾斜，坡度 $9\%\sim18\%$，冲沟发育，北东向展布，切割深度 $1.5\sim6.0$ m，多被人工改造、填平为掩埋冲沟，阶地前缘位于火力发电厂、肉联厂、大石桥、老赵寨、凤凰台一线；黄河泛滥冲积平原，地面高程 $96\sim100$ m 以下，倾向北东，坡度为 1.7% 左右，地表大部分被黄河新近沉积粉土覆盖，在老城区分布有厚度不等的人工填土。

2　地层岩性

郑州市及其周边地层以第四系为主，自下更新统至全新统均有分布，自西向东由老渐新；东南部丘陵区的下部出露有前第四系地层。郑州市区全部为第四系松散堆积物所覆盖，总厚度 $280\sim300$ m，由新至老地层分述如下：

（1）第四系全新统人工填土层（Q_4^{ml}）：

主要成分为混凝土块、砖块、灰土、建筑垃圾，夹有灰褐、褐黄色粉土及黑色灰渣，稍湿，中密～密实。埋深一般在 $0\sim3$ m。

（2）第四系上更新统冲洪积层（Q_3^{al+pl}）：

张畅：男，1971 年 3 月生。本科，高级工程师，主要从事岩土工程和水利水电工程的勘测设计工作。黄河勘测规划设计研究院有限公司。

　　上段以黄褐、褐黄色黏质粉土、粉砂为主,中密~密实状,多以粉土夹粉砂或粉砂夹粉土状分布,局部呈透镜体状。含少量钙质结核、钙质网纹,呈稍湿状态。埋深一般在 7~15 m 左右。

　　中段以黄褐、褐黄色粉质黏土、黏质粉土为主,呈硬塑或密实状。含较多钙质结核、钙质网纹。埋深一般在 20 m 左右。

　　下段以棕黄、褐黄色粉质黏土、黏质粉土为主,呈硬塑或密实状。含较多钙质结核,局部富集成层。埋深一般在 32 m。

　　(3) 第四系中更新统冲洪积层(Q$_2^{al+pl}$):

　　以棕红、棕黄色粉质黏土、黏质粉土为主,呈硬塑或密实状。含较多钙质结核及层状钙质胶结层。埋深一般在 32~70 m。

　　(4) 第四系下更新统冲洪积层(Q$_1^{al+pl}$):

　　以灰白色砾石为主,夹棕红、灰绿色黏土、粉质黏土透镜体,砂砾石分选性差,粒径 1~7 cm。层顶埋深 70 m 左右,厚 90~200 m。

　　(5) 前第四系地层(AnQ)

　　新近系(N)地层为紫红、褐红色泥岩、砂质泥岩及泥质砂岩。古近系(E)地层为暗紫红色泥岩、棕色砂岩、硅质砂岩及棕色含砾砂岩。新近系和古近系地层层底埋深 500~800 m,从西向东埋深加大。其下伏为白垩系、三叠系地层。

3　黄河泛滥冲积平原地层中的"孤岛"现象

3.1　恒泰国际公寓

3.1.1　工程概况

　　恒泰国际公寓位于郑州市东区东明路与郑汴路交叉口的西北角,南邻郑汴路,东邻东明路,北邻蓬莱大酒店,西侧为运动场地,为 1 幢单体建筑。项目占地约 5 200 m²,底层平面尺寸约 48 m×55 m,其中地上 32 层,地下 2 层,基础埋深约 11.0 m,结构型式为钢筋混凝土框架剪力墙核心筒结构,柱网间距一般为 8.4 m×8.4 m,局部较小,如电梯井、楼梯,单柱柱底最大竖向荷载为26 716.1 kN。地面高程约 94.3 m,地貌单元为黄河泛滥冲积平原。

3.1.2　地层岩性

　　根据场地野外钻探、现场鉴定和原位测试结果,65 m 勘探深度内所揭露土层均由第四系堆积物组成。在垂直方向 65 m 范围内分布有 3 套地层:地表 0~5.6 m 为第四系全新统人工堆积杂填土(Q$_4^{ml}$),场区普遍分布,上部多为混凝土地面、墙基、建筑垃圾。5.6~9.0 m 为第四系全新统冲积物(Q$_4^{al}$),岩性为粉土,褐黄~暗黄色,稍湿,密实状,摇震反应无,干强度韧性低,含少量小钙质结核,结核直径 0.5~2 cm,局部见针状孔隙,含砂质。9.0~31.0 m 左右为第四系上更新统冲洪积物(Q$_3^{al+pl}$),岩性为粉砂、粉土和细砂,粉砂呈浅黄~暗黄色,稍湿,中密~密实状,颗粒较细,级配良好,矿物成分为石英、长石、云母;粉土呈褐黄~暗黄色,湿,密实状,摇震反应无,干强度韧性低,含少量小钙质结核,具锈斑;细砂呈浅黄~暗黄色,饱和,密实状,颗粒较纯,级配良好,矿物成分为石英、长石、云母。31.0~65.0 m 左右为第四系中更新统冲洪积物(Q$_2^{al+pl}$),岩性主要为粉质黏土、粉土和钙质胶结层,粉质黏土呈褐黄夹灰黄或灰白色,硬塑状,干强度韧性中等,黏性较大,切面有亮纹,含大量钙质结核及冲洪积成因的小砾石、小卵石,粒径 0.5~3 cm,含量约 20%~40%,具锈斑;粉土呈棕黄~棕红色,湿,密实状,摇震反应无,干强度韧性中等,含厚约 20 cm 的胶结钙质结核层,稍具黏性,具黑色铁锰质斑点;钙质胶结层呈灰白~紫灰色,坚硬状,多处已胶结或半胶结,岩芯呈柱状,未胶结处钙质结核含量达 80%～90%,半胶结粗砂充填。

3.1.3　周边地层岩性

根据恒泰国际公寓周边地层,如北部蓬莱大酒店和东部宇通客车厂家属楼地层,其岩性地表 1.50～2.50 m 为杂填土,2.50～8.00 m 为浅黄色粉土,8.00～15.00 m 为灰～青灰色粉土,15.00～19.00 m 为灰色粉质黏土,19.0～30.0 m 为灰色粉砂和细砂,均为第四系全新统河流相冲洪物。

3.1.4　地层分析

恒泰国际公寓场地附近无断裂通过,其地层除上部 8.0～9.0 m 以上地层成因基本相同外,以下地层时代明显老于周边地层。该 32 层建筑采用天然地基,周边建筑 6～28 层采用复合地基或桩基,地层明显优于周边,且该工程已竣工近 10 年,沉降量和沉降差均较小。同一深度地层对比见图 1。

恒泰国际公寓				蓬莱阁大酒店			
地质时代	岩性	层底深度/m	柱状图 1:500	地质时代	岩性	层底深度/m	柱状图 1:500
Q_4^{ml}	杂填土	5.60		Q_4^{ml}	杂填土	2.50	
Q_{4-2}^{al}	褐黄色粉土	9.00		Q_{4-3}^{al}	浅黄粉土	8.00	
				Q_{4-2}^{al}	灰色粉土	15.00	
				Q_{4-2}^{al}	灰色粉质黏土	19.00	
Q_3^{al+pl}	棕黄粉砂、棕黄粉土、棕黄细砂	31.00		Q_{4-1}^{al+pl}	灰色粉砂、灰色细砂	30.00	
Q_2^{al+pl}	棕红、棕黄硬塑-坚硬状粉质黏土夹胶结层	65.00		Q_3^{al+pl}	褐黄、棕黄可塑-硬塑状粉质黏土	65.00	

图 1　恒泰国际公寓与蓬莱阁大酒店地层对比柱状图

3.2　中原福塔

3.2.1　工程概况

河南省广播电视发射塔工程(中原福塔),高 388 m,为世界最高钢塔。发射塔位于郑州市航海东路与机场高速路交会处东北部,占地 9.4 万 m²。塔身为全钢结构,建成高度 388 m,总建筑面积 5.8 万 m²,概算总投资 8.2 亿元人民币。塔楼设置有空中花园、旋转餐厅、观光平台等,整体造型如五瓣盛开的梅花在空中绽放。塔以发射广播电视节目信号为主,同时具有旅游观光、展览、餐饮、娱乐、休闲等综合服务功能。基础底部单柱荷载为 122 000 kN/根,抗拔力为 30 500 kN/根。

3.2.2　地层岩性

根据场地野外钻探、现场鉴定和原位测试结果,在垂直方向 100 m 范围内分布地层为:地表 0～2.0 m 为第四系全新统人工堆积杂填土(Q_4^{ml});2.0～10.0 m 左右为第四系全新统冲积物(Q_4^{al})粉土和粉砂;10.0～42.0 m 左右为第四系上更新统冲积物(Q_3^{al})粉土、细砂和粉质黏土;42.0～47.0 m 左右为长石石英砂岩,肉红～灰白色,坚硬,岩芯呈柱状,为硅质或硅钙质胶结;47.0～100.0 m 为砂岩与泥岩互层,砂岩有细砂岩和粗砂岩,呈灰白～褐黄色,岩芯呈柱状,泥岩呈棕红色,坚硬状,有层理、层面及节理,失水易裂,含铁锰质结核。地层柱状图见图 2。

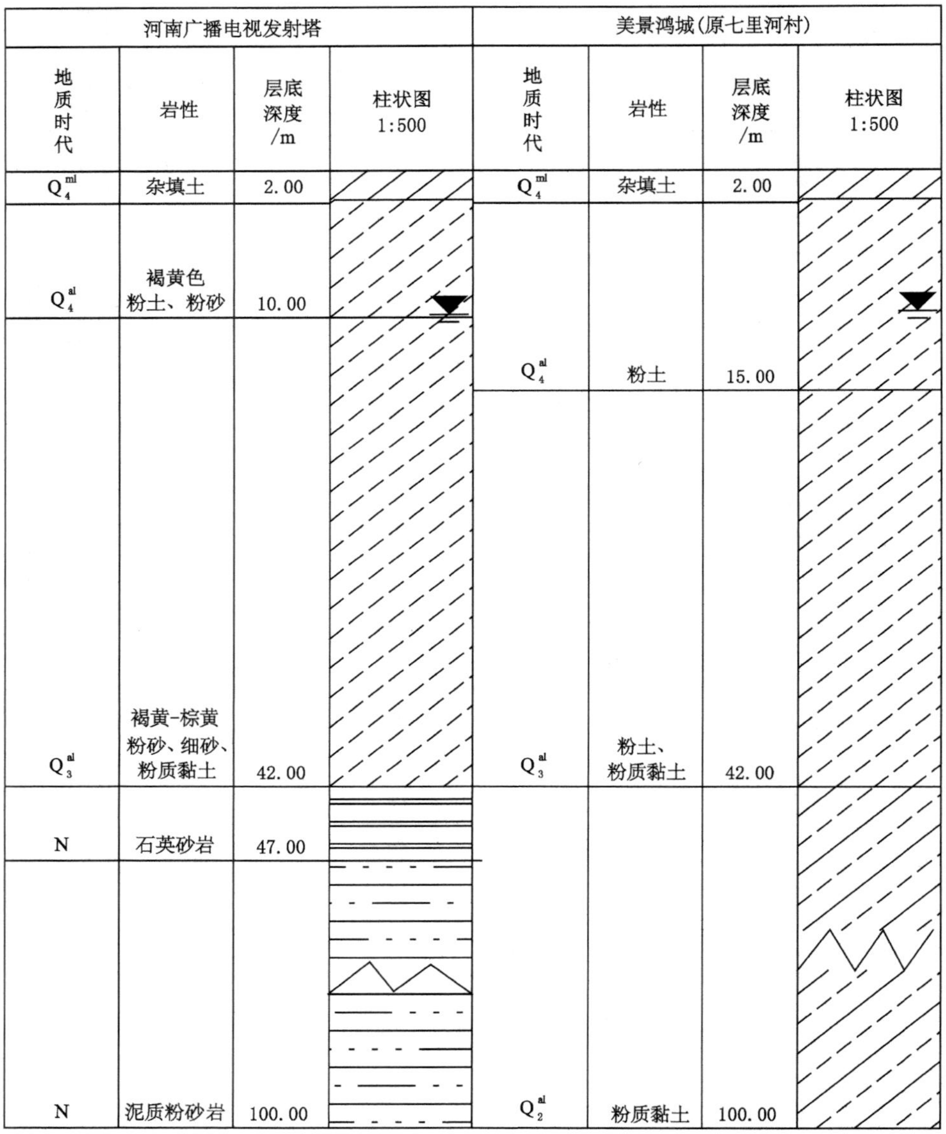

图 2　河南省广播电视发射塔与美景鸿城地层对比柱状图

3.2.3　周边地层岩性

根据中原福塔北、东、南部地层,地表 0～2.0 m 为第四系全新统人工堆积杂填土(Q_4^{ml});2.0～15.0 m 左右为第四系全新统冲积物(Q_4^{al})粉土;15.0～42.0 m 左右为第四系上更新统冲积物(Q_3^{al})粉土和粉质黏土;42.0～100.0 m 左右为可塑-硬塑状的粉质黏土或黏质粉土。

3.2.4　地层分析

中原福塔场地及附近无断裂通过,除上部 42.0 m 以上地层成因基本相同外,以下中原福塔地层时代明显老于周边地层,42 m 以下中原福塔地层以岩为主,而周边地层以土为主。中原福塔以石英砂岩为桩端持力层,为摩擦端承桩,而周边 28～30 层建筑采用桩基,桩入土深度近 40 m。中原福塔工程已竣工近 10 年,曾获得国家优质工程银质奖。

4　成因分析与结论

通过黄河勘测规划设计研究院在郑州地区长期积累的勘察成果,发现在郑州市东部黄河冲积平原第四系地层中存在局部地层明显老于周边地层的情况,类似于海洋中的孤岛或暗礁,我们称其为"孤岛"现象,其成因不排除在长期的地质历史时期,该地区原始地形存在类似于孤岛的地形,只是在后期由于地壳的变动和河流的冲积掩埋于地下而已。所以在岩土工程勘察中不能盲目乐观地认为黄河冲积平原中地层都是后期沉积的,认为高层建筑都需要进行地基处理,而忽略地层中的孤岛或古岸边地层情况。

参 考 文 献

[1] 黄河勘测规划设计有限公司.恒泰国际公寓岩土工程勘察报告[R].2008.
[2] 黄河勘测规划设计有限公司.蓬莱阁大酒店岩土工程勘察报告[R].2009.
[3] 黄河勘测规划设计有限公司.河南省广播电视发射塔岩土工程勘察报告[R].2005.
[4] 河南省建筑设计研究院有限公司.美景鸿城岩土工程勘察报告[R].2011.